地空导弹发射系统及其技术（第2版）

冯 刚　王学智　刘少伟　程永强　刘建设　时建明　编著

国防工業出版社

·北京·

内 容 简 介

本书以地空导弹发射系统为研究对象，主要阐述了地空导弹发射系统的相关概念、主要组成部分的工作原理及采用的相关技术。系统介绍了导弹发射方式、发射系统、发射技术、发射场地等基本概念，发射装置的一般组成、各组成部分的设计要求和典型结构，发射控制系统的工作程序、计算机控制发控系统、发控系统数据通信和发控系统配电技术，倾斜发射、弹射发射和垂直发射方式及采用的关键技术等。

本书可作为武器发射工程等专业本科生和兵器发射理论与技术等方向研究生的教材和参考资料，也可供从事导弹发射系统研究、设计和试验的有关工程技术人员阅读和使用。

图书在版编目(CIP)数据

地空导弹发射系统及其技术/冯刚等编著．—2版．
—北京：国防工业出版社，2023.3
ISBN 978-7-118-12824-6

Ⅰ．①地… Ⅱ．①冯… Ⅲ．①地空导弹系统-发射系统 Ⅳ．①E92

中国国家版本馆CIP数据核字(2023)第034831号

※

国防工业出版社出版发行
（北京市海淀区紫竹院南路23号 邮政编码100048）
莱州市丰源印刷有限公司印刷
新华书店经售
*
开本 787×1092 1/16 **印张** 15¼ **字数** 344千字
2023年3月第2版第1次印刷 **印数** 1—1500册 **定价** 98.00元

国防书店：(010)88540777 书店传真：(010)88540776
发行业务：(010)88540717 发行传真：(010)88540762

前　　言

随着高新技术的不断发展及其在武器装备中的应用，地空导弹武器装备得到了跨越式发展，大量高新技术密集、多学科交叉融合、信息化程度高、体系结构复杂、功能综合多样的新型地空导弹武器系统列装部队，呈现出“多代多型共用、防空反导并举、反辐射反隐身兼顾”的局面。

导弹发射系统作为地空导弹武器系统中的重要地面作战装备，也由以往的模拟化分立型、倾斜自力发射发展为数字化集成型、垂直弹射发射，呈现出集自动化技术、机电一体化技术、液压技术、信息检测技术和数据传输技术等为一体的技术特点。

本书针对导弹发射系统的发展及其技术特点，在深入研究国内外现役各型号地空导弹发射系统的基础上，以通用设备、通用原理和通用技术为主线，从通用的视角系统介绍了地空导弹发射系统的相关概念、主要组成部分的工作原理及采用的相关技术，内容丰富、翔实，理论联系实际。

全书共六章。第一章介绍导弹发射方式、发射系统、发射技术、发射场地等基本概念。第二章介绍发射装置的一般组成、各主要组成部分的设计要求和典型结构。第三章介绍发射控制系统的组成、工作程序及采用的相关技术。第四章介绍倾斜发射的发展概况及特点、导弹发射动力学的一些基本概念、倾斜发射导弹滑离技术、倾斜发射导弹初始瞄准技术。第五章介绍弹射技术的发展及特点、典型弹射器及一般组成、活塞式弹射器的结构及原理、火药燃烧基础、弹射内弹道模型及求解设计。第六章介绍垂直发射的发展概况及特点、与导弹垂直发射密切相关的捷联惯导技术、推力矢量控制技术、大攻角飞行控制技术、俯仰转弯方案设计、初始瞄准技术等关键技术。

本书的成稿，凝聚了空军工程大学防空反导学院发射系统教研室几代人的心血和智慧，是集体创作的成果，也是作者多年从事导弹发射系统教学和科研工作的成果总结。

本书的出版得到了军队“双重”项目的资助，在此表示衷心感谢。本书参考了大量航天工业部门的装备资料，引用了许多专家学者的研究成果，作者对列入或未列入参考文献的专家学者在该领域所做出的贡献和无私奉献表示崇高的敬意，对能引用他们的成果感到十分荣幸并表示由衷的谢意。

限于编者的水平，不妥与不足在所难免，敬请广大读者批评指正。

编著者

2022 年 3 月于西安

目　　录

第一章　概　　述

导弹发射系统是地空导弹武器系统的重要组成部分,主要完成导弹的可靠发射,并保证要求的发射精度。本章主要介绍导弹发射方式及其分类,导弹发射系统的结构组成、战术技术性能、地位与作用、一般工作程序,导弹发射技术及其主要研究内容,导弹发射场地,导弹发射系统的发展概况与发展趋势等内容。

第一节　导弹发射方式

导弹发射方式是反映武器系统作战性能的重要特征因素,发射方式的选择是导弹武器系统论证的重要内容之一,也直接关系到导弹发射系统的结构组成、战术技术性能和作战使用等。因此,在研究导弹发射系统之前,先讨论地空导弹的发射方式。

一、导弹的发射

导弹的发射是指以导弹为对象,运用测试技术和发射技术,按照一定的程序和规范,对其进行技术准备和实施发射的过程。

狭义地说,导弹的发射是指发射装置上的待发导弹,自按下发射按钮到飞离发射装置的过程,其中包括发射装置、发射控制系统、弹上仪器和发动机等设备在此期间所进行的各种运作。有些导弹,如波束导引的导弹,导弹必须进入导引波束之后才能对它进行制导,因此往往把导弹飞抵起控点的这一段过程也计入发射过程。

广义地说,导弹的发射是指导弹部队自上级下达发射战斗任务后,经武器系统战斗队形的展开,技术准备至实施发射乃至射后撤离的全过程。在该过程中,不同类型的武器系统都要分别进行一系列的战技勤务操作。

发射成功的标志是导弹飞离发射装置时具有预定的初始姿态和速度。发射成功与否直接影响导弹的作战效果,是导弹作战过程的关键环节之一。

二、发射方式的含义

所谓导弹的发射方式,是由发射地点、发射动力和发射姿态综合形成的发射方案及其在发射系统上的具体体现。

发射方式直接影响导弹武器系统的作战能力、发射精度、生存能力、补给方式和研制成本等。发射方式的确定,应根据武器系统的战术技术要求来进行有机地综合考虑、反复论证、甚至通过必要的试验,才能得以完成。

地空导弹的发射方式,随着科学技术的发展和导弹武器系统战术技术性能的提高,特别是导弹机动性和命中精度的提高而在不断地变化和发展。一般说来，导弹的发射方式主要取决于发展该武器系统的战略、战术指导思想，对武器系统的战术技术要求、作战部署和运用原则。

选择最优发射方式的程序大致如下：根据对武器系统的战术技术要求和导弹的类型、尺寸、重量和射程等指标，考虑国家现有的技术水平和经济能力等条件，初步选定某种或某几种不同的发射方式；确定每种发射方式的发射准备过程、发射技术及其技术装备设施组成、作战使用流程；计算每种发射方式的发射准备时间和生存能力；计算研制和生产成本；在给定的经费条件下，计算武器系统的效能指标；通过比较而选定战斗效能好、生存能力高的最优方案。

三、发射方式的分类

由于地空导弹的用途、结构、重量和制导方式等不同，使得导弹采用的发射方式也各不相同。导弹发射方式可从导弹发射动力、发射姿态和发射地点等方面来进行分类，这种分类方法与导弹的分类及导弹发射装置的分类有着密切的联系。

（1）按导弹发射动力可分为自力发射方式、弹射发射方式和复合发射方式。

（2）按导弹发射时的姿态可分为倾斜发射方式和垂直发射方式，其中倾斜发射方式又分为倾斜变射角和倾斜定射角等方式。

（3）按导弹发射地点分，地空导弹均属陆基发射方式，具体可分为地面机动式（自行式、牵引式、便携式）和固定式（地面、半地下）。

（4）一种特殊发射方式：贮运发射箱（筒）式发射方式。

四、自力发射方式和弹射发射方式

1. 自力发射方式

自力发射是指导弹起飞时依靠其自身的发动机或助推器的推力而离开发射装置。这种发射方式在实际中应用最早最广，可用来发射各种类型的导弹。

采用自力倾斜发射时，为了获得较大的起飞加速度，常常采用助推器或单室双推力火箭发动机。采用自力垂直发射时，导弹的初始加速度较小，有时也需要助推器，但起飞后常自行脱落，以减轻飞行重量。

2. 弹射发射方式

弹射发射方式是指导弹在起飞时由发射装置给导弹一个推力，使导弹加速运动直至离开发射装置。当导弹被弹射到一定高度以后，导弹的主发动机点火工作，推动导弹继续加速飞行。弹射也称为“冷”发射，即不点燃导弹发动机的发射。

弹射力对导弹的作用时间很短，但推力很大，可使导弹获得很大的加速度。这对减轻导弹重量和尺寸，提高发射精度来说是很重要的技术措施。这种发射方式的应用将越来越广，由战术导弹到战略导弹都可应用。

有关弹射发射的内容将在第五章进行详细介绍。

3. 两种发射方式的优缺点对比

（1）弹射发射导弹，可以免除自力发射带来的极为复杂的燃气排导问题，简化燃气流防护设备。

(2) 弹射发射小型导弹,可以比自力发射获得大得多的导弹出口速度,减少了从导弹启动到导弹与目标遭遇这段时间。这有利于提高导弹的发射精度,缩小杀伤区近界,提高近距离作战的能力。

(3) 弹射发射的缺点是由于发射装置上有动力源而带来的发射装置结构复杂、重量加大的问题。

弹射发射和自力发射,究竟选择哪一种为好,必须对具体情况进行具体分析,才能选择得合理。

五、倾斜发射方式和垂直发射方式

1. 倾斜发射方式

倾斜发射是指发射前导弹(或箱弹)在发射装置的定向器(或起落臂)上,跟踪、瞄准目标,发射时弹体沿定向器(或发射箱)导轨滑行一段距离后脱离导轨,同时获得一定的速度,并使导弹进入到一定的弹道上。

倾斜发射方式根据定向器的形式,分为导轨式倾斜发射和支承式倾斜发射两种方式;还可根据导弹的发射角度,分为变角倾斜发射和定角倾斜发射两种方式。

导轨式倾斜发射方式根据导弹前后定向件离轨的时间,分为同时滑离式和不同时滑离式两种;还可根据导弹在定向器上的位置,分为上支弹式和下挂弹式两种。

导弹发射时,必须保证导弹需要的发射精度和发射的可靠性。导弹倾斜发射时,不论采用哪种发射方式,均应保证导弹具有必要的离轨速度,以便导弹进入预定弹道。

1) 导轨式倾斜发射

这种发射方式采用导轨式定向器,发射时导轨对导弹起支承、滑行和导向作用,保证导弹的滑离速度和发射方向。

为了减小发射偏差,保证发射精度,要求导轨应平直,导轨与定向件的间隙要适中,既能使导弹顺利滑行,又可防止导弹跳动和滚动,同时要求定向器有足够的强度和刚度。

采用不同的导轨形式,可以使导弹同时滑离,也可以使导弹不同时滑离。当导弹滑离速度较低,头部下沉较大时,应选用同时滑离的发射方式。当导弹滑离速度较大,前后定向件距离较短,或导弹助推器能产生竖向推力作用,导弹起飞时产生的头部下沉较小,对发射精度影响不大时,可采用不同时滑离的发射方式。

导弹安放在定向器的上面称为上支弹式,导弹挂在定向器的下面称为下挂弹式。采用下挂弹式比较容易解决导弹下沉后的碰撞问题,但会使起落部分的耳轴位置增高,给作战使用带来不便。

2) 支承式倾斜发射

这种发射方式采用支承式定向器(因导轨长度为零,又称零长式定向器),它只能确定导弹的起始方向,不能控制导弹的飞行路线。为了保证发射精度和发射可靠性,要求发射时导弹前后定向件要同时解除约束,防止导弹头部下沉;要求导弹与定向器之间有足够的间隙,以免导弹整体下沉后与定向器相碰;要求有足够的闭锁力,保证需要的离架速度。若导弹起飞时的推重比较大,并采用较大的发射高低角,或导弹的自动驾驶仪在整个发射阶段能进行控制时,可采用这种发射方式。

3) 变角倾斜发射

这种发射方式采用在高低和方位上都能跟踪、瞄准目标的发射装置,其高低角的工作范围一般为0°~85°;方位角的工作范围一般为0°~360°。

采用变角发射时,需要发射装置具有跟踪瞄准功能,瞄准部分应具有足够大的跟踪瞄准速度、加速度和调转速度、以保证能及时对目标进行跟踪瞄准,满足发射精度要求。

由于变角倾斜发射方式能够较好地满足战术技术要求,因此地空导弹广泛采用此种发射方式。

4) 定角倾斜发射

这种发射方式采用高低角或方位角是固定不变的发射装置,当攻击不同方向的目标时,一是靠发射装置的起落部分转向,二是靠导弹机动飞行奔向目标。

定角发射装置结构比较简单,尺寸小、重量轻。从设计和使用发射装置的角度来看,这是很理想的。但对导弹来说,必须具有足够大的机动能力,以免失去战机或被拦截。

5) 倾斜发射过程

导弹倾斜发射过程一般可分为如下几个步骤:

(1) 根据空中目标的方位和高度,确定导弹的初始射向和初始姿态;

(2) 将发射装置调转到打击空中目标需要的方向;

(3) 根据空中目标的最大飞行速度,确定发射装置跟踪目标的速度和加速度;

(4) 发射导弹,使导弹飞离发射装置。

倾斜发射技术的主要内容就是对上述发射过程的有关问题进行分析,确定有关的总体设计参数。有关这些方面的内容将在第四章进行详细介绍。

2. 垂直发射方式

垂直发射是指按照目标的信息,首先将放置在呈垂直状态发射筒内的导弹垂直向上发射,然后按照预先设计的方位对准和俯仰转弯方案进行转弯,进入到一定的弹道上。

垂直发射方式可分为自力垂直发射("热"发射)和弹射垂直发射("冷"发射)两种。

1) 自力垂直发射

自力垂直发射是指利用导弹发动机点火产生的推力,将导弹从发射箱(筒)中垂直推出的发射方式。

燃气排导是自力垂直发射系统设计时要解决的主要技术问题。自力垂直发射由于导弹发动机点火推动导弹起飞,因此,需要根据对燃气流温度场、压力场的分析,研制能承受高温高压燃气流作用的燃气排导装置,保证导弹、发射装置、阵地的安全。由于要考虑燃气排导和防护问题,使得自力垂直发射装置的结构比较复杂。

2) 弹射垂直发射

弹射垂直发射是指利用导弹以外的动力(如燃气),先将导弹弹射离开发射箱(筒),待导弹到达预定的安全高度后,在空中点燃导弹发动机,使导弹快速飞向目标的发射方式。

弹射垂直发射与自力垂直发射的最大不同点是,弹射垂直发射时导弹不是靠火箭助推器的推力发射,不存在燃气排导问题。因此,弹射垂直发射系统避开了燃气排导这一复杂的技术难点。由于不需要燃气排导装置,使得弹射垂直发射装置结构相对简单些。

导弹弹射器是弹射垂直发射系统设计时要解决的主要技术问题。由于贮运发射箱(筒)内需配备弹射器,而使得发射箱的结构较为复杂。

我国多年研制地空导弹的经验证明,地空导弹发动机工作安全可靠性在导弹发射时已达到很高的水平,从未发生过发动机点火时在发射装置上爆炸的情况。相反,因发动机“哑火”或延迟点火而导弹未发射出去的情况曾发生过。若导弹弹射出去后,出现发动机“哑火”或延迟点火时间过长,将会危及地面人员、设备、阵地安全。因此,采用弹射发射导弹时对导弹的可靠性要求更高了。

从发展来看,战术导弹采用垂直发射方式是未来的发展方向。过去垂直发射方式仅用于攻击固定目标的战略、战术弹道导弹,攻击活动目标的战术导弹一般都采用倾斜发射方式。进入20世纪70年代以后,由于战术上的需要和技术上的可能,开始对战术导弹垂直发射技术进行研究。20世纪80年代初,攻击活动目标的战术导弹垂直发射技术取得突破,并获得成功,垂直发射技术开始在舰空导弹和地空导弹中得到应用。

垂直发射技术需要研究的问题是方位对准方案设计、俯仰转弯方案设计、转弯动力方案设计等。垂直发射的关键技术是推力矢量控制技术、捷联惯导技术、亚声速大攻角飞行控制技术、自推力发射排焰技术等。有关这些方面的内容将在第六章进行详细介绍。

六、其他发射方式

1. 机动发射方式

机动发射方式是指导弹的发射阵地可根据需要而迅速改变,这对地空导弹来说是非常重要的。例如,执行野战防空任务的地空导弹要能随野战部队迅速转移,并及时参加战斗。由于高空侦察技术和远程导弹命中精度的提高,对地空导弹来说,只有采用机动发射才能提高其生存能力。

地空导弹武器的机动方式有车载和便携两种,车载是主要的机动方式。在车载机动中除有轮式和履带式自行车辆外,还有牵引式车辆。轮式装甲越野车辆作为导弹发射装置运载体,其机动能力和防护性能较好,而且成本较低;履带式装甲车运载体通过性较好,但造价很贵;牵引式运载体的优点是拖车承载能力一般不受限制,轻型或重型发射装置都可采用,成本低,但机动性较差。从目前来看,上述几种机动车辆都被广泛采用,有的导弹武器先后或同时采用几种机动形式。如美国“霍克”地空导弹发射装置运载体首先采用单轴拖车而后又采用履带车。

便携式机动方式用于超低空防空导弹武器系统。常由单兵或兵组背负,在战场上可随时转移发射阵地,而且能快速投入战斗。背负机动的导弹武器,每人负重一般不大于20~25kg,远距离行军时仍应由车载运输。

2. 贮运发射箱(筒)式发射方式

贮运发射箱是发射装置定向器的一种特殊形式,一般称它为贮运发射箱定向器(简称为箱式定向器或发射箱)。按贮运发射箱的本体结构形式,可分为方形箱式和筒形箱式两种类型,也可称为发射箱和发射筒。前者结构紧凑,后者适用于不折合或半折合尾翼的导弹。这两种类型在第二、三代地空导弹发射系统中都得到了广泛的应用。

贮运发射箱除了具有一般定向器的功能外,还能在运输、贮存中起导弹包装箱的作用,在贮运期间很好地保护导弹,对增加导弹的使用寿命有重要作用。

对于贮运发射箱式发射,导弹与发射箱组合状态是基本使用状态,导弹一般以箱弹组合状态出厂。在服役期间,运输、存放、值勤、发射等均在箱弹组合状态下进行,导弹的预防性维护也在箱弹组合状态下进行,只有在必须对导弹故障作进一步诊断及更换弹上设备时,才将导弹出箱,分解。因此,采用贮运发射箱式发射,必将给导弹发射前的准备工作和为此所需用的各种设备带来较大的变化。它对导弹武器系统的作战程序和战术性能,也产生一定的影响。为此,可以把它也视为一种发射方式。

有关贮运发射箱的内容将在第二章第六节进行详细介绍。

第二节 导弹发射系统

导弹发射系统包括在导弹进入临射状态到点火起飞并飞抵起控点的过程中,一直与导弹保持联系并处于工作中的所有技术设备。导弹发射系统的结构与组成、功能和性能直接影响武器系统的战术技术性能和作战效能。

一、导弹发射系统定义

导弹发射系统是指发射前完成对导弹的固定、支承及射前检查和准备工作;发射时按照指挥控制系统(以下简称指控系统)的要求控制发射导弹,并赋予导弹初始射向和离轨速度;发射后与装弹设备一起完成导弹再装填的设备总和。

导弹发射系统又称导弹发射设备,通常将导弹发射设备集成安装在一辆具有机动能力的车辆底盘上,构成导弹发射车。

二、导弹发射系统组成

由于地空导弹类型、发射方式、作战使命等不同,导弹发射系统的组成与结构也有较大区别。通常由发射装置、发射控制系统、初始射向控制(或展开)设备、发电配电设备和通信设备等组成。下面分别介绍倾斜发射系统和垂直发射系统的组成。

1. 典型地空导弹倾斜发射系统组成

典型地空导弹倾斜发射系统,一般由倾斜发射装置、发射控制系统、随动系统、发电配电设备、通信设备、调平装置和军用越野车底盘等组成,如图 1-1 所示。

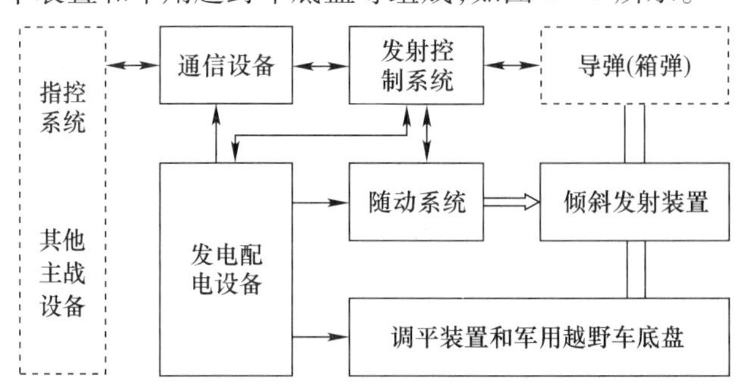

图 1-1 典型地空导弹倾斜发射系统组成及功能联系简图

倾斜发射装置在导弹发射前，能安全可靠地支承固定导弹，并在随动系统控制下，完成方位和高低两个射界内的运动，为导弹提供规定的初始射向；发射时，为导弹提供足够的轨上运动距离，使导弹具有一定的离轨速度，保证导弹发射的初始精度，同时对导弹发动机喷出的燃气流进行排导；发射后，可与装填设备配合，安全、快速、顺利地装退导弹。

发射控制系统是由地面发控设备和弹上有关的控制执行部件组成的一套电气遥控设备，通常是由计算机控制的一种逻辑程序控制系统，属于开环控制系统。发射控制系统通过一套逻辑电路与弹上控制执行部件一起来实现发射控制系统的各项功能，它是指控系统和发射装置上的导弹之间的接口设备，通过它把指控系统和发射装置上的导弹连接在一起。发射控制系统在指控系统的指挥和控制下，完成导弹的射前检查、发射准备和发射控制。当发射不成功时，发射控制系统能及时断开弹上供电电源，停止发射导弹。

随动系统能够根据指控系统给出的角度控制信号，控制发射装置带动导弹在方位和高低射界内进行自动跟踪瞄准，赋予导弹一定的初始射向，同时向指控系统回送发射装置的当前角位置信息。

导弹发射车一般采用主机发电方式提供作战电源，即利用发射车自身的汽车发动机作为原动机驱动发电设备，提供发射车所需的电源给各用电设备。发电设备也可通过发射车上的拖动电机，由电源车或市电驱动，供部队应急作战或平时训练时使用。当发射车的发电设备故障时，也可直接使用电源车提供的电源。

导弹发射车一般配置有线/无线数传设备和有线/无线话音设备。发射车在作战时通常处于无人值守的遥控状态，有线/无线数传设备主要用于保障发射车与指控车之间的数据通信，实现指控车对发射车的遥控操作及控制。有线/无线话音设备主要是在作战、训练或行军过程中，为武器系统各主战设备间提供话音通信保障。

调平装置主要完成导弹发射车的自动/手动调平，保持发射车的调平精度，并能自动和手控撤收。

2. 典型地空导弹垂直发射系统组成

典型地空导弹垂直发射系统，主要由垂直发射装置、液压传动控制设备、发射控制系统、发电配电设备、通信设备、液压传动装置和军用越野车底盘等组成，如图 1－2 所示。其中，发射控制系统、发电配电设备和通信设备的功能和基本组成与倾斜发射设备大致相同。

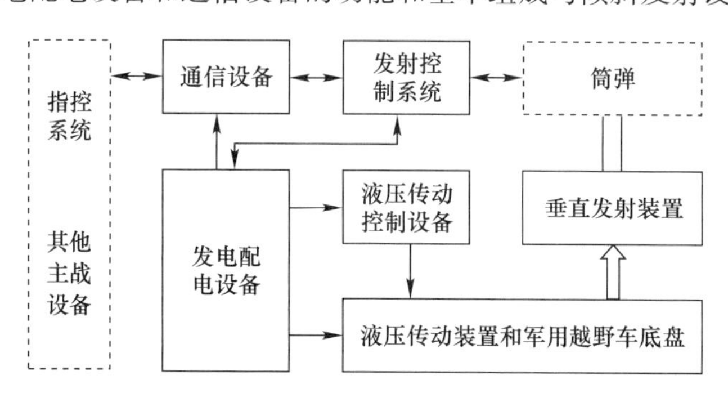

图 1－2　典型地空导弹垂直发射设备组成及功能联系简图

垂直发射装置通常采用四联装方式，主要用于携带四发筒弹，进行发射前可靠地固定、支承筒弹，以及起竖筒弹到发射位置；发射时赋予导弹初始姿态，为导弹提供发射基准；发射后与其他设备配合，完成筒弹装填等工作。

液压传动装置是发射车车体调平、发射装置起竖和回平、筒弹的下滑和提升等各种动作的执行机构。

液压传动控制设备用于控制液压传动装置完成发射车车体调平、调平支腿回收、发射装置起竖和回平、筒弹的下滑和提升、筒弹的锁定和解锁、行军固定器锁定和解锁等功能。

从上述对典型导弹发射系统组成及各组成部分的功能分析可以看出，导弹发射系统是一类结构复杂、自动化程度高，集机、电、液、通信和控制于一体的地面作战装备。

三、导弹发射系统战术技术性能

导弹发射系统完成作战任务的能力，通常用其战术技术性能来表征。导弹发射系统的战术技术性能一般包括如下的功能和性能指标。

1. 工作环境条件

通常应给出发射车能正常、可靠工作的自然环境及使用条件，如作战阵地最大海拔高度、环境温度、最大太阳辐射照度、相对湿度、地面风速、降雨强度、防盐雾腐蚀和防霉菌生长能力等。

2. 重量及外形尺寸

(1) 重量：通常应给出发射车空载时的最大重量以及满载时的最大重量。

(2) 外形尺寸：通常应给出发射车在行军状态下空载和满载时的外形尺寸(长×宽×高)，以及发射车在展开(作战)状态的最大外形尺寸(长×宽×高)。

3. 发射方式

通常应给出导弹的联装数量、定向器的形式、发射动力、发射姿态等功能描述。

4. 瞄准方式及瞄准参数

1) 瞄准方式

对于倾斜发射系统，瞄准方式可分为定角瞄准和伺服跟踪瞄准两种方式，按照高低角和方位角瞄准方式的异同有三种组合形式：高低角和方位角都采用定角瞄准方式；高低角采用定角瞄准方式而方位角采用伺服跟踪瞄准方式；高低角和方位角都采用伺服跟踪瞄准方式。

通常应给出伺服系统的信号特点(如连续、数字)、组成元件的物理性质(如电气、液压、电气-液压)等功能描述。

2) 瞄准参数

对于伺服跟踪瞄准方式，通常应给出伺服系统高低角和方位角的射角范围、跟踪速度和加速度、动态误差和静态误差、规定角度的调转时间、调转协调时的半振荡次数等技术指标。

5. 起竖性能

对于垂直发射系统或高低角采用定角瞄准方式的倾斜发射系统，通常应给出高低角的起竖角度、起竖角测量误差、起竖时间以及回平时间等技术指标。

6. 调平方式

通常应给出调平设备的调平控制方式、调平范围、调平精度、调平时间、调平精度保持时间等技术指标。

7. 标定方式

通常应给出发射车的标定方法(如绝对标定、相对标定、自动定向或寻北等)、标定精度、标定时间等功能和性能指标。

8. 通信方式

通常应给出话音通信和数传通信设备的通信方式(有线、无线)、通信距离、通信频率、数据误码率、信道带宽以及无线通信的环境条件等功能和性能指标。

9. 发射控制系统性能

通常应给出导弹准备时间、导弹准备完毕时间、导弹正常发射时间、导弹发射间隔时间、发射故障处理时间、导弹预定参数、导弹电池组激活电流、电爆管点火电流、高低角和方位角的发射禁区等性能指标。

10. 电源系统

通常应给出发射车的供电方式,如自主供电、电源车供电、市电供电等;供电频率和电压的参数、精度要求及接线方法;正常环境及湿热环境下的绝缘电阻值。

11. 机动能力

1)运输方式

通常应给出发射车进行机动时的运输方式,如公路运输、铁路运输、水路运输或航空运输等,以及各种运输方式下的运输里程。

2)行驶速度

通常应给出发射车在各种等级公路上行驶的最大车速、平均车速。

3)续驶里程

通常应给出发射车的主、副油箱加满油料后,一次能够连续行驶的最大里程。具有主机发电功能的发射车在完成一次连续行驶的最大里程后,还应具有规定时间的供电能力。

4)通过能力

通常应给出发射车的最小转弯半径、最小离地间隙、最大爬坡度、越垂直障碍高度、越壕宽度、涉水深度、制动距离、离去角、进入角等参数。

5)起动性能

通常应给出发射车的起步坡度、正常温度条件下的起动时间、低温条件下采用附加措施后的起动时间。

12. 可靠性、维修性和测试性

通常应给出:发射车的工作寿命、连续工作时间、平均无故障时间(MTBF)、平均修复时间(MTTR)等可靠性、维修性指标;机内测试设备的实时检测、故障定位能力,以及故障检测率、故障隔离率、故障虚警率等测试性指标。

在导弹发射系统的战术技术性能中,一般还应给出发射车的战斗准备时间、发射车的展开和撤收时间、装(卸)导弹的时间等战术性能指标。

第三节　导弹发射系统的地位与作用

作为地空导弹武器系统的重要地面作战装备,导弹发射系统的功能和性能对武器系统的快速反应能力、对付多目标能力、导弹发射精度、机动能力、作战环境适应能力、作战可靠性和生存能力等具有重要的影响。导弹发射系统的重要地位及作用主要表现在以下方面。

1. 对武器系统快速反应能力的影响

武器系统的快速反应能力，是指发现目标后能迅速发射导弹的能力，通常用搜索雷达发现目标到第一发导弹发射出去的时间长短即系统反应时间来衡量，一般为几十秒，最短的甚至只有几秒。倾斜发射装置带弹调转、跟踪的时间是武器系统反应时间的组成部分，可采用快速响应的大功率伺服系统来缩短系统反应时间。垂直发射装置无须带弹调转、跟踪就可以发射导弹，有效地提高了系统快速反应能力。可见，发射装置采用不同的发射方式对武器系统反应时间有较大影响。

2. 对对付多目标能力的影响

导弹发射系统对武器系统对付多目标能力起着重要的保证作用，如采用多联装发射装置、垂直发射方式等措施都能有效提高武器系统对付多目标的能力。

3. 对发射精度的影响

发射精度可以给出导弹在特征位置偏离理想弹道的程度和偏离性质。发射装置对发射精度的影响，主要是指导弹滑离发射装置瞬时的初始瞄准误差和初始扰动，使导弹偏离理想弹道的程度和偏离趋势。发射装置对发射精度起很大作用，有时甚至起决定性的作用。

4. 对机动能力的影响

武器系统的机动能力，一般采用展开和撤收时间、最大行军速度、最大行军里程及越野性、可运输性等参数描述。在新型地空导弹武器系统中，指控系统与发射系统之间采用数字通信和遥码通信技术，电缆连接简单甚至取消连接电缆，使武器系统能够快速展开或撤收；导弹发射车广泛采用自行式或军用越野机动方式，这些措施有效提高了武器系统的机动能力。

5. 对作战环境适应能力的影响

发射装置上的导弹能否经常保持战备状态，并能耐受各种严酷外界环境，虽与导弹本身有很大关系，但是发射装置在很大程度上起着保证作用，最有效的方法是采用筒（或箱）式发射。筒（或箱）式发射可以使导弹贮存、运输、发射一体化，改善了导弹贮运和发射的条件，使导弹经常处于良好的贮存条件下，大大减少周围环境对架上战备状态导弹的影响，可使导弹在发射装置上较长时间处于待发状态，提高了导弹对作战环境的适应能力。作战实践表明，导弹发射系统对实现导弹的安全、可靠和快速发射起着非常重要的作用。

6. 对作战可靠性的影响

导弹发射系统是一类结构复杂、自动化程度很高的机、电、液一体化地面作战装备，既包含控制计算机、数字电路、模拟电路等众多电子组合，也包含大量的非电子设备或组件，任何一个电子元器件或非电子单元失效，都可能使发射系统丧失作战能力，因此应保证发射系统的可靠性满足武器系统规定的指标，以提高武器系统的作战可靠性。

7. 对武器系统生存能力的影响

导弹发射设备是发射阵地上数量最多的作战装备，在现代战争侦察攻击一体化的作战环境中，做好导弹发射设备的伪装与防护，对于提高武器系统的生存能力显得尤为重要。现有型号的地空导弹发射设备，采用机动方式本身就是隐蔽伪装的一种措施，采用装甲车底盘和发射筒结构都具有一定的防护功能。目前广泛采用的伪装隐蔽技术，可归纳为采用变形迷彩的融合技术、采用伪装遮障的隐身技术和采用假目标的示假技术。这些技术的研究和广泛采用，将会大大提高导弹发射设备的伪装防护能力。

第四节　导弹发射系统的一般工作程序

由于地空导弹类型、发射方式、作战使命及武器系统配置方式等不同，导弹发射系统的一般工作程序有较大区别。通常包括战斗准备、战斗实施、战斗恢复与撤收三个阶段。

一、战斗准备

本阶段的主要工作包括发射车的展开、车体调平、本车检查、无线通信设备展开、标定、装填导弹以及发射装置起竖等。

1. 发射车展开

发射车展开是指在指定的配置地点，将发射车定位、展开和连接，使其与其他作战装备构成一个整体。其具体过程包括以下四个环节。

1）占领阵地

发射车进入预先选定的发射阵地，按阵地配置要求就位。

发射阵地应事先将发射车停放点编上地标号或发射车编号，并用箭头标出其车头指向。在以发射车为中心的一定半径圆周内不准有易燃物品堆放，在发射车侧旁应留有一定宽度的路面供运输装填车装填使用，停放位置旁边应有潮湿松软土质地供打地桩用。发射车停放场地的面积、场地坡度、停放地面的硬度、停放位置的遮蔽角等应符合指标要求。

2）解除固定

拆除车辆运输时的伪装篷布和紧固绳索，放置车辆的人行梯。对于倾斜发射系统还需用手摇柄转动高低、方位手动轴，取下高低、方位行军固定销，解除行军固定。

3）连接电缆

展开发射车电缆网，按要求连接发射车与其他作战装备（如指挥控制车、应急电源车等）之间的电缆。对于具有自主供电和无线数传设备的发射系统，紧急状态下可不用连接电缆，由发射车上的主机发电设备提供所需电源，发射车与指控车之间采用无线数传通信。

4）打地桩

地桩应放置于发射车底盘侧面预先选定的位置上，将金属屏蔽线连接车体和地桩。地桩入土深度应符合指标要求。

2. 发射车车体调平

根据发射车调平装置的指标要求，按照调平装置的操作程序进行调平操作，使发射车处于规定的水平位置。

3. 发射车本车检查

本车检查即检查发射车各部分的主要技术状况，具体内容包括检查开关初始位置、检查发射车供电情况、检查设备加电情况，发射车的加电自检以及动态功检等。

本车检查是了解兵器技术状况的重要手段，检查必须准确细致，一丝不苟。应特别注意各主要参数的准确性,发现故障立即报告,及时排除。

4. 无线通信设备展开

对于具有无线通信设备的发射系统,按照无线通信设备展开的操作程序进行展开与连接操作,为发射车与指控车之间进行无线通信做好准备。

5. 发射车标定

对于倾斜发射系统,通常采用绝对标定或相对标定的方式,根据发射车标定的指标要求,按照标定的操作程序进行方位角、高低角等的标定操作。

对于垂直发射系统,通常采用惯性测量装置或光学瞄准设备,根据发射车标定的指标要求,按照标定的操作程序测量发射车纵轴与正北方向的方位角。

6. 装填导弹

按照装填导弹的要求及操作程序,与运输装填车的操作人员密切配合,进行装填导弹的操作。

7. 发射装置起竖

对于垂直发射系统,按照发射装置起竖的操作程序,进行筒弹解锁、行军固定器解锁、发射装置起竖、筒弹下滑等操作。

发射车在战斗实施阶段通常处于无人值守状态。完成战斗准备阶段的各项工作后,发射车操作人员应将发射车置于遥控状态,并撤离到指定地点待命。

二、战斗实施

本阶段的主要工作是:发射车接收上级指控车的命令,自动完成对导弹的射前准备、发射实施和应急处理。

1. 射前准备

准备导弹发射条件,不同的导弹控制方案有不同的发射准备要求,需要准备的发射条件可能有以下内容:

(1) 选择并接通指控系统指定的导弹发射车,并进行指控系统与发射控制系统之间通信链路的建链和链路测试。

(2) 工作方式设置。指控系统发送工作方式设置指令(如作战、训练、测试等),发射控制系统根据工作方式设置不同,进行不同方式的控制。

(3) 初始状态检查。检查导弹安装(在位)和通电情况,检查发射控制系统与弹上电气系统连接的正确性;检查导弹电爆管及电爆电路;对于垂直发射系统还应检查发射筒压力继电器初始位置以及筒弹初始状态的正确性。

(4) 给弹上某些部件(如弹上电池、惯性测量组合等)提前加温。

(5) 产生导弹的加电程序对导弹进行加电准备,并对加电进行管理、控制。

(6) 对导弹进行调谐或指令频率、编码选择。对寻的制导导弹,通过导弹调谐装置对导弹进行调谐,使导引头接收机的频率与对应的照射雷达频率相一致;对于指令制导的导弹,则根据指控系统的指令选取制导指令的频率和编码。

(7) 根据指控系统提供的导弹装定参数对导弹进行装定。不同制导体制的导弹的装定参数种类不同,综合寻的制导和指令制导,装定的参数通常有如下几种:

① 导弹的自毁时间;

② 惯性测量组合的修改参数;

③ 导引头天线的初始高低角和方位角;

④ 导引头截获的多普勒频率。

(8) 对于倾斜发射系统,进行发射装置的同步调转和跟踪瞄准。

(9) 启动控制系统(如弹上控制系统的陀螺启动解锁、发控机柜解锁等),接通“待发”电路。

2. 发射实施

给出“发射”命令后,发控程序进入不可逆程序,发控电路按顺序完成以下动作:

(1) 激活弹上电池,或启动弹上能源(如液压能源系统),断开地面供电,检查“转电”工作情况。

(2) 飞行准备命令,向弹上计算机装定飞行参数并检查回答数据的正确性。

(3) 导弹解锁。

(4) 发动机点火,导弹起飞;或导弹弹射出筒。

对于自力发射方式,发动机点火,导弹起飞,检查发射是否正常,如为正常发射,导弹已离架则使发射架复位。如为故障发射则给出故障信号。

对于弹射发射方式,先点爆副燃气发生器、检测筒压力信号,后点爆主燃气发生器、检测导弹出筒情况,并给出导弹的弹动信号。

(5) 解除发射:导弹起飞之前,由于导弹故障或其他原因,任何时候都可以人工或自动解除导弹的加电和发射。

(6) 向上级指控车报告发射车、导弹的技术状态及导弹的发射进程供控制和显示。

3. 应急处理

在发射命令下达后的规定时间内,如果导弹不起飞,即作为故障弹处理,发射控制系统应自动切断电源,解除导弹的加电和发射,并使导弹转入安全状态。

在一发导弹出现发射故障,或者处于发射禁区而不能发射时,为保证不失战机,发射控制系统应能自动切断该枚导弹的发控电路而接通另一枚导弹的发控电路,继续实施发射。

三、战斗恢复与撤收

战斗恢复是指在战斗结束后,发射车遥控断电、关闭车上用电设备电源、关闭主机发电、关闭汽车发动机,并断开连接导弹电缆的过程。

撤收是指将发射车从战斗状态转为行军状态,并做好撤出阵地准备的过程。主要操作内容包括:发射装置回平,回平到位后,进行筒弹锁定、行军固定器的锁定;安装方位和高低行军固定销;收起调平支腿、撤收电缆、安装电台天线、收地桩、盖上车体的伪装篷布等。

在战斗准备、战斗恢复与撤收过程中,必须严密组织,统一指挥,严格把关,确保安全。各战勤人员应服从命令,听从指挥,动作迅速,密切协同,严格遵守操作规程,使用符合规定的工具,做到安装、检查、撤收正确,确保武器的准确性和可靠性。

第五节　导弹发射技术及其主要研究内容

导弹发射技术是一门综合运用军事理论、武器设计理论和通用工程设计理论的特殊应用工程技术，涉及广泛的技术领域，是多种专业技术的综合。

一、导弹发射技术的含义

导弹发射技术是研究导弹的发射原理、发射方式及其有关设备设施的设计、制造、试验和使用的理论与技术，是导弹技术的分支学科。

导弹发射技术的发展，是伴随着导弹技术的发展而发展的。世界上最早最著名的导弹是第二次世界大战中期德国发明和研制成的 V-1 飞航式导弹和 V-2 弹道式导弹。V-1 导弹采用了长轨道蒸汽活塞式弹射器发射技术，V-2 导弹采用了一整套野战机动式地面设备（包括起重运输设备、起竖设备、发射装置、加注设备、瞄准设备、检测设备、供电设备、供气设备、辅助设备等）完成发射。这两种导弹武器系统中采用的发射技术可称作导弹发射技术的起源，其中的某些技术构思至今仍有实际意义。纳粹德国战败后，有关导弹方面的技术人员、技术资料和技术装备为美苏所瓜分。美苏两国战后不遗余力地在此基础上发展了各种类型、可用来攻击各种目标的导弹武器系统，而每种类型的导弹都有其自己的发射技术相匹配。

二、导弹发射技术的主要研究内容

导弹发射技术的研究内容，除了机械结构及设计、液压传动与控制、模拟和数字电路、自动控制、计算机及软件等公共的技术科学理论基础，还有专门的技术科学作为其技术基础。导弹发射技术的主要研究内容包括以下方面。

（1）导弹发射动力学方面：研究导弹—发射装置系统在发射过程中的动力学现象，解决发射精度与发射可靠性问题。研究影响发射精度的初始扰动现象，寻求控制扰动的方法；分析影响结构强度、刚度及发射装置稳定性的动载荷或过载，设法减小振动，提高抗振能力；计算导弹—发射装置间可能的碰撞量，确定最小的安全让开距离。

（2）导弹弹射内弹道学方面：研究导弹弹射过程中，火药在弹射器高压室内的燃烧规律，低压室中燃气流动规律，能量转化规律，导弹运动规律以及弹射器高压、低压室内的燃气压力变化规律等方面的内容。

（3）燃气射流动力学方面：研究喷气发动机（包括火箭发动机和空气喷气发动机等）产生的燃气射流在各种起始条件和边界条件下的运动规律，其中包括射流流动结构的研究（如射流场的分段及边界层的研究与确定，流场参数的分布规律等），气体各参数（如速度、压力、密度、温度等）场的分析计算，以及射流湍流特性的研究和湍流模式理论在射流中的应用研究等。

（4）发射控制技术方面：研究分布式计算机控制技术、时序逻辑控制技术，研究导弹射前准备、发射及应急处理的控制线路网络设计与布局等。

（5）定位、定向技术方面：研究导弹的初始瞄准技术、数字伺服技术、自动标定技术等。

(6) 自行式运载车辆技术方面:研究运载体专用底盘(高越野、大载重量、高速机动)的设计技术、自动调平技术、伪装技术、运载体的燃气流排导和防护技术等。

(7) 发射设备检测及故障诊断技术方面:研究发射电气设备的自动检测技术、故障快速诊断技术、机内测试技术等。

(8) 新发射原理和新发射方式方面:研究新的发射动力、新的发射基点及设备等,如电磁发射技术、天基(空间)发射技术等。

三、地空导弹发射技术的主要特点

不同的导弹武器系统,采用不同发射方式,那么发射技术就有所不同。地空导弹发射技术的主要特点包括以下方面。

(1) 发射技术的基本理论方面:有别于其他机械设计分析的理论和方法,如发射时燃气流流场的分析与计算,它提供了非自由射流流场参数计算,燃气流对障碍物的动荷、热荷的实用工程计算方法、烧蚀影响和噪声影响机理分析,为解决燃气流防护和发射装置设计提供理论依据。发射动力学是对导弹—发射装置系统进行动态分析的基本理论,它提供了发射装置所受的动载、振动和导弹在导轨上运动及离轨瞬间的运动姿态,为发射装置的可靠性和结构动力设计提供理论依据。

(2) 贮运发射箱式发射技术方面:主要解决在发射箱内的安全可靠发射、燃气流排导、燃气流反冲击等技术问题,保证导弹的发射精度。同时还要研究导弹在运输过程中的振动冲击,贮存时充气密封、调温及箱盖开启、锁定或易碎、易冲破、抛射等技术。

(3) 倾斜发射技术方面:主要研究发射过程中导弹滑离参数及导弹下沉量的计算,满足导弹要求的初始飞行条件。研究初始瞄准参数计算、发射装置自动调转与跟踪等技术问题,赋予导弹必要的发射方向。

(4) 垂直发射技术方面:主要研究方位对准方案设计、俯仰转弯方案设计、转弯动力方案设计等,解决垂直发射的初始瞄准问题。研究推力矢量控制技术、捷联惯导技术、亚声速大攻角飞行控制技术、自推力发射排焰技术等垂直发射的关键技术。

第六节　导弹发射场地

地空导弹均属陆基发射方式,对于陆基发射的导弹而言,除小型导弹对发射场地无特殊要求外,中、大型导弹都有供进行发射作业用的场地与之相匹配。这类场地一般包括技术阵地和发射阵地。

一、技术阵地

技术阵地是指导弹运往发射阵地前,按规定程序进行导弹的验收、装配和检测等一系列技术准备的场所。机动技术阵地(或称野战技术阵地)上通常配置有专用拖车、起重设备、对接结合设备、检测设备、通用设备、人员掩蔽所及地面防御工事等。固定技术阵地(或称永备技术阵地)上除上述设备设施外,还包括一整套工程建筑物、专用设施和生活设施。

在技术阵地上通常要完成的基本工作有:启封导弹及其战斗部,对弹上仪器进行单元测试与综合测试,对导弹进行组装和级间对接,向弹体上结合战斗部,向导弹加注推进剂和充填压缩气体,做好向发射阵地的转运准备工作等。技术准备完毕的导弹由专用车辆(如起竖车、运输装填车等)送往发射阵地。

在发射阵地上因技术故障不能发射的导弹,要送回技术阵地,进行应急处理。

技术阵地与发射阵地的距离,由导弹武器系统总体要求决定。确定的原则是既要便于作战,又要间隔一定的安全距离,还要考虑到战地的实际地理条件。

随着导弹技术和贮运发射箱式发射技术的发展,有些导弹的许多准备工作均由制造厂在出厂前一次完成,这大大简化了导弹技术阵地的工作,使得导弹技术阵地的主要工作变为单纯的贮存保管备份导弹和向导弹发射阵地运送导弹。例如苏联研制的 SA-10 地空导弹系统就是这样,它的永备技术阵地如图 1-3 所示,其野战技术阵地如图 1-4 所示。

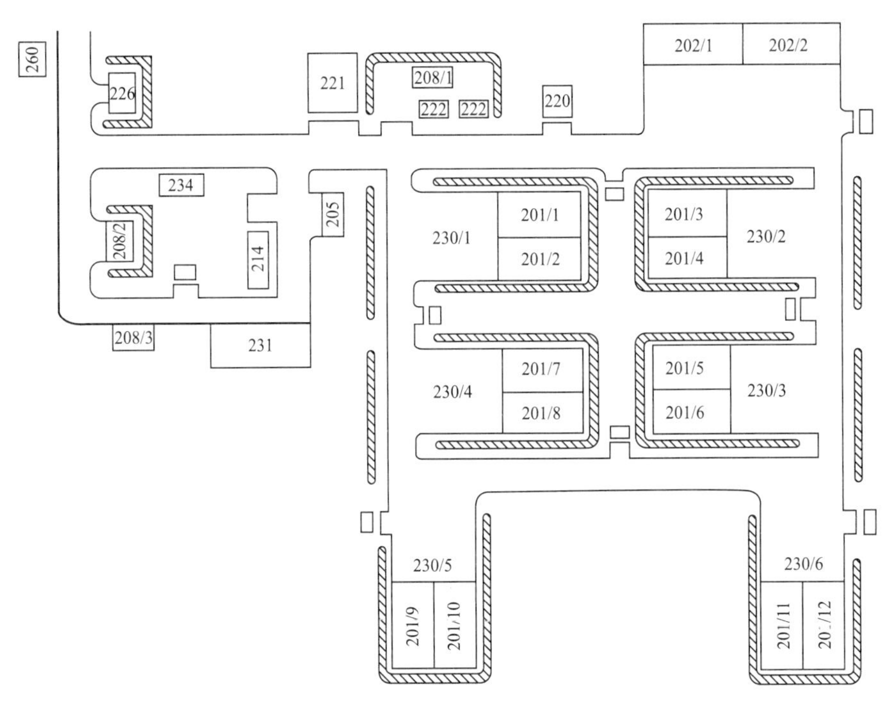

图 1-3 SA-10 永备技术阵示意图

201—导弹库房;202—特种车辆库房;205—指挥所;208—油料库房;
214—车辆清洗台;220—变电站;221—消防站;222—蓄水池;226—人员掩蔽所;
230—导弹装卸作业场;231—汽车停放场;234—加油站;260—警卫室。

二、发射阵地

发射阵地是指发射导弹所占据的地域,在该地域内对导弹进行射前准备,使导弹进入待发状态并实施发射。通常在发射阵地上配置有目标指示雷达、制导雷达、指挥控制设备、导弹发射设备、通信设备、电站及其他辅助设备、设施、掩体等。

在发射阵地上,导弹发射设备一般要按照工作程序进行战斗准备,完成导弹发射车的展开、车体调平、本车检查、标定以及导弹的装填或起竖等一系列战斗勤务操作后,才能进行导

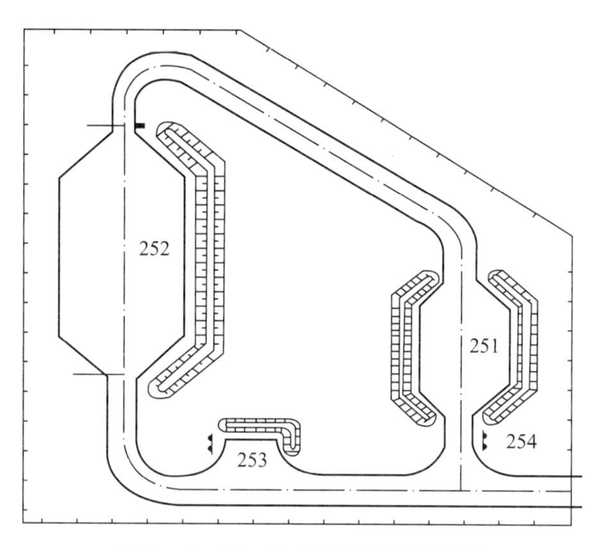

图 1－4　SA－10 野战技术阵示意图

251—特种车辆场地；252—存放导弹场地；253—加油车辆停放场地；254—消防站。

弹的射前准备并实施发射。SA－10 地空导弹的野战机动发射阵地如图 1－5 所示。

第七节　导弹发射系统的发展概况与发展趋势

随着科学技术的发展和防空作战的需要，地空导弹武器得到飞速发展，与此同时也加速了地空导弹发射系统的研制，并促进了地空导弹发射技术的发展。

一、导弹发射系统的发展概况

从第二次世界大战后期开始，地空导弹武器系统经历了半个多世纪三代的发展，已经形成可以覆盖整个空域的中高空、中远程，中低空、中近程，低空近程和超低空超近程（便携式）的地空导弹武器系统系列。下面从三代地空导弹武器系统的发展顺序来简要介绍导弹发射系统的发展概况。

第一代地空导弹武器系统是 20 世纪 50 年代研制的，多数为中远程型号，主要用于国土防空。以“波马克”1/2、“奈基”1/2、SA－1/2、“黄铜骑士”“雷鸟”等为典型代表。第一代地空导弹武器系统的主要特点是：导弹大多为两级设计，动力装置大多采用液体主发动机加固体助推器，导弹大而笨重；地面火控系统由多部单功能雷达等组成，系统结构复杂。从而使得第一代地空导弹武器系统的火力单元不得不采用功能分散、多车配套、固定或半固定式阵地发射的体制。导弹发射系统大多采用单装倾斜发射方式和拖车牵引式机动方式，发射系统结构复杂，机动性差，系统反应时间长，只能对付低速中远程单个空中目标。

第二代地空导弹武器系统是 20 世纪 60 年代开始研制 70 年代服役的，多数为低空近程和中低空、中近程型号，以及改进型中高空、中远程型号，主要用于野战防空和要地防空。以 SA－6、SA－8、“响尾蛇”“罗兰特”“长剑”、改进型“霍克”等为典型代表。第二代地空导弹武器系统的主要特点是：导弹大多为单级，采用高性能固体火箭发动机（有些采用双推力固

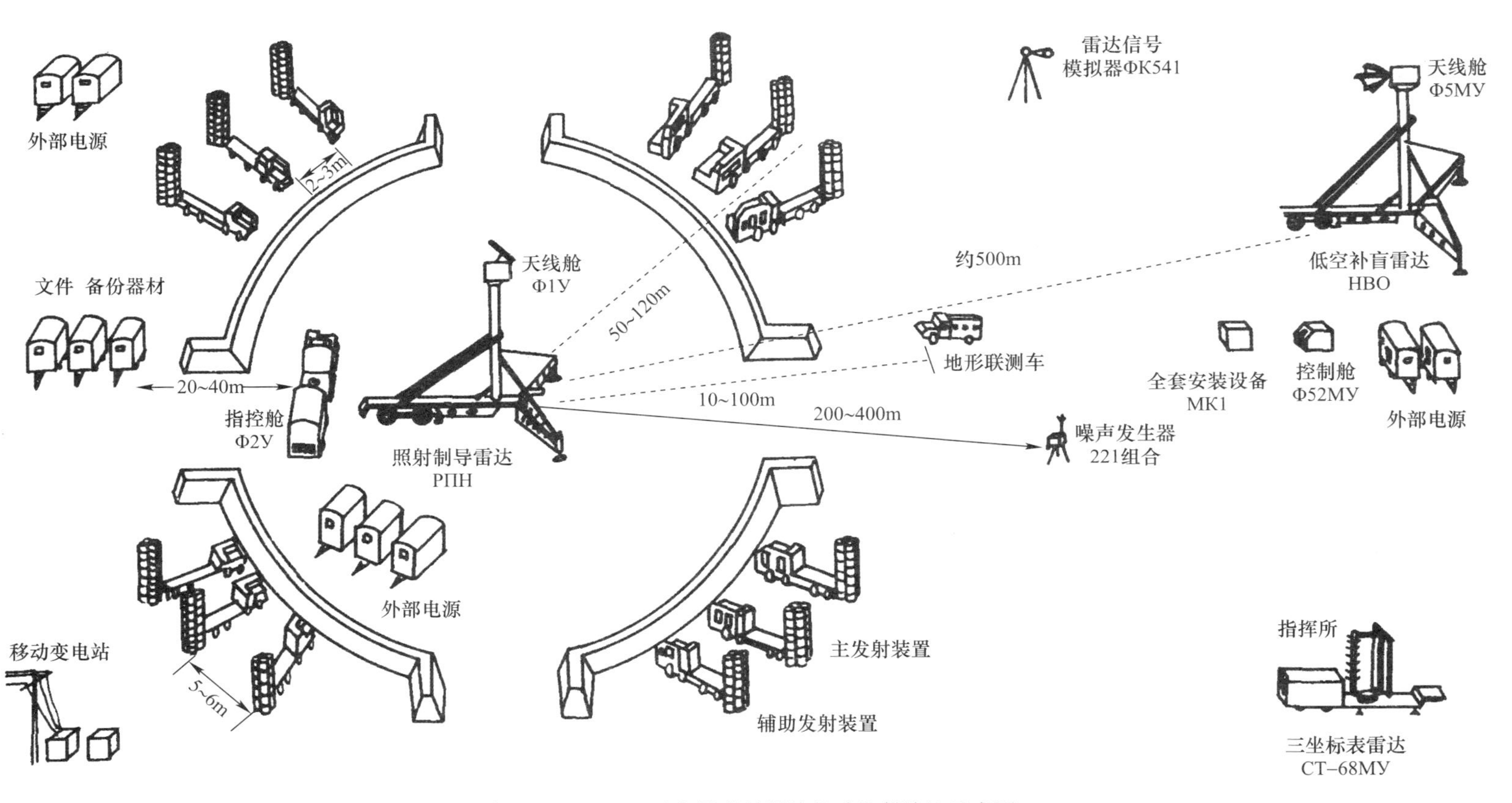

图 1 – 5 SA – 10 地空导弹的野战机动发射阵地示意图

体火箭发动机)，导弹小而轻便；地面火控系统大多配备脉冲多普勒搜索雷达、单脉冲跟踪雷达(辅以光电跟踪设备)以及数字计算机，系统结构相对简化。从而第二代地空导弹武器系统的火力单元，中程型号的地空导弹武器系统多采用功能较为综合，有限载车配套机动作战体制；近程型号的地空导弹武器系统多采用弹、站、架一体化(三位一体)的单车机动体制。导弹发射系统采用多联装倾斜变角发射方式和自行车载(轮式或履带式)机动方式，并向箱式(筒式)发射方式发展，使得导弹发射系统机动性提高，防护能力增强，系统反应时间缩短，火力加强，结构简化，使用维护简单。

第三代地空导弹武器系统是20世纪80年代以后开始服役的新型或某些第二代导弹的改进型，均属于多用途地空导弹武器系统，用于国土防空、野战防空和要地防空，以“爱国者”、SA-10、SA-12、“天弓”、ADATS、“西北风”等为典型代表。第三代地空导弹武器系统的主要特点是：导弹采用性能更好的固体火箭发动机，高比冲推进剂，大规模集成电路和固态微型电子器件，因此导弹体积更小、可靠性高、用途更广；地面火控系统采用多功能相控阵雷达和高速信息处理机及通信设备。从而使第三代地空导弹武器系统的火力单元采用功能更为综合，更少有限载车配套机动作战体制和弹、站、架一体化的单车机动体制，导弹发射系统采用多联装箱式(筒式)倾斜发射方式和自行载车机动方式，并向弹射垂直发射方向发展，使得导弹发射系统机动性好，系统反应时间短，火力强，能对付多目标。

二、导弹发射技术的发展现状

自20世纪70年代以来，地空导弹发射技术得到了较快发展，主要体现在以下几个方面：

(1) 从第二代地空导弹武器系统开始普遍采用了贮运发射箱(筒)式发射技术，保证了导弹在全寿命期间的可靠性，简化了检查、维修勤务，缩短了作战准备时间，提高了武器系统的快速反应能力。

(2) 战术导弹垂直发射技术在20世纪70年代被广泛应用于地(舰)空导弹武器系统中，在实现全空域发射、增大火力密度、简化发射装置结构、增加导弹射速、拦击多目标等方面表现出明显的优越性。

(3) 在箱(筒)式发射技术的基础上，弹射技术也在地空导弹武器系统中得到进一步的应用，如第三代地空导弹SA-10的发射系统就采用了弹射垂直发射技术。

(4) 在地空导弹武器系统中，指挥控制设备与导弹发射设备之间采用数字通信和遥码通信技术，取消了连接电缆，使武器系统能快速展开或撤收，大大提高了武器系统的快速反应能力。

(5) 广泛采用自行式机动发射技术，提高了武器系统的战略机动性、战术机动性、生存能力和战斗力。

(6) 在导弹发射设备自动调平、自动标定和自动装填等方面也取得了很大进展。

(7) 导弹发射方式和发射装置结构的不断改进，发射动力学、弹射内弹道学和燃气射流动力学等导弹发射基础理论的深入研究，使得导弹的发射精度不断提高。

上述导弹发射技术在不同类型地空导弹发射系统中的应用，极大地改进了地空导弹发射系统的功能和性能，同时也提高了武器系统的生存能力和作战能力。

三、地空导弹发射系统的发展趋势

为适应现代防空作战的需要，地空导弹发射系统将向着设备小型化、功能综合化、控制自动化、结构简单化、整体机动化的方向发展。

1. 广泛采用多联装箱(筒)式发射

多联装箱式发射是在20世纪60年代第二代地空导弹武器系统研制中，形成的一种地空导弹发射技术，并在第三代地空导弹武器系统中得到了广泛运用。多联装箱式发射具有以下特点：使导弹贮存、运输、发射一体化，改善了导弹贮运和发射的条件，保证了导弹的可靠性；可以提高武器系统的快速反应能力和火力强度；为实现导弹发射系统的通用化、多用途以及导弹自动装填、垂直发射和弹射发射提供了条件和可能性。因此，广泛采用多联装箱式发射是今后导弹发射系统发展的必然趋势。

2. 广泛采用机动发射

现代战争中，机动作战能力已成为提高武器系统生存力和战斗力的重要因素。因此，为适应高机动的作战要求，地空导弹发射系统应能随武器系统隐蔽、快速转移和大范围纵深行军，通常选用性能好的军用轮式车或履带车实施机动。这类载车大都能进行战略机动和战术机动。除采用军用底盘改善越野、运输机动性外，还应采用箱式发射技术、数传通信技术、自动化检测技术、载车自动调平与定位技术等，使发射系统的战斗准备时间不断缩短，能够快速展开与撤收。如SA－10、"爱国者"等中远程地空导弹发射系统，都可以根据战场环境的变化及时转移阵地和快速展开与撤收，有高度的战术、战略机动性。

3. 广泛采用垂直发射方式

导弹的垂直发射方式，过去主要用于攻击固定目标的弹道式导弹，而攻击空中活动目标的战术导弹则一般采用倾斜发射方式。随着导弹惯性制导仪表的改进、小型化微机在导弹上的应用和箱式发射技术的发展，使得战术地空导弹采用垂直发射方式成为可能。进入20世纪70年代以来，美国、苏联等军事强国在研制第三代多功能地(舰)空导弹武器系统时，开始研究战术导弹垂直发射技术并取得成功应用。20世纪80年代初，苏联研制的SA－10地空导弹垂直发射装置开始服役，成为地空导弹在发射方式上从倾斜发射到垂直发射革命性变革的标志。

战术导弹垂直发射技术在地(舰)空导弹武器系统中的应用充分显示了它的优越性，使垂直发射系统具有发射装置结构简单、发射准备时间少、系统反应时间短、导弹发射率高、可提供足够火力拦截不同方位多个目标的特点，使武器系统具有抗击多目标饱和攻击的能力。可见，地空导弹由倾斜发射向垂直发射方式的转变，已成为今后地空导弹发射系统的发展方向。SA－10导弹发射系统，在采用多联装筒式发射和垂直发射技术的基础上，又成功地运用了弹射技术，使SA－10导弹发射系统成为综合运用多种发射技术成功的典范。

4. 实现发射系统的自动化

实现发射系统作战过程的自动化，是提高武器系统快速反应能力的重要措施。计算机技术、数字通信技术以及机械系统、液压系统和电气系统自动控制技术的综合运用，使导弹发射装置实现快速检测和准备，自动瞄准或自动起竖；发射控制设备实现控制指令快速传输和导弹的自动化发射；导弹装填设备实现导弹的快速自动装填。这些将会大大提高导弹发射系统的自动化水平，从而提高了系统的快速反应能力和战斗力。

5. 实现发射控制系统的通用化

随着武器装备技术的发展，对导弹的快速发射、通用化发射提出了要求，发射控制系统也呈现出了集成化、智能化、网络化和通用化的发展趋势。发射控制系统大量采用模块化和接口标准化设计思路，可实现硬件设备、信息、接口等设计的高度标准化，不仅为武器系统的配置提供了极大的灵活性，也为武器系统提供了灵活移植发射平台的空间。

通用发射平台的设计和应用，使得各型导弹武器系统具备多型导弹的共架发射能力，为武器系统的组成提供了更大的选择空间，可以大幅提高导弹武器系统的攻击、防御和生存等综合作战能力。

6. 实现测试发控的一体化

传统的导弹发射控制系统是为执行导弹发射任务单一用途进行设计开发的，除了完成导弹发射控制功能外，对导弹的检测功能仅限于射前检查，且多数为定性检测，不做定量分析，缺乏故障诊断手段，难以发现导弹在发射控制过程中存在的故障隐患。

测试发控一体化系统在不增加系统硬件总体成本的条件下，充分利用虚拟仪器等软件的优点，在传统射前检查发控功能的基础上，集成大型自动测试系统才具有的导弹动态检测功能和快速故障诊断功能，可以有效提升导弹发射控制系统的技术水平和层次，为导弹成功发射提供有力保障。

7. 加强伪装与防护

伪装与防护是提高武器装备的生存能力，在战争中保存自己消灭敌人的重要手段。在现代战争侦察攻击一体化的作战环境中，搞好武器装备的伪装与防护显得更加重要。重视伪装防护技术的研究，进一步提高地空导弹发射系统的伪装防护能力和反侦察能力，已成为地空导弹发射系统发展的一种趋势。

思 考 题

1. 简述地空导弹发射方式的分类。
2. 弹射发射方式与自力发射方式相比较具有哪些特点？
3. 简述倾斜发射方式的分类以及倾斜发射过程的主要步骤。
4. 垂直发射方式需要研究的问题以及采用的关键技术有哪些？
5. 什么叫导弹发射系统，其通常由哪些设备组成？
6. 画图说明地空导弹倾斜发射系统的一般组成。
7. 导弹发射系统的战术技术性能一般包括哪些功能和性能指标？
8. 简述导弹发射系统战斗准备阶段的主要工作。
9. 导弹发射系统战斗实施阶段需要准备的导弹发射条件有哪些？
10. 简述导弹发射系统战斗实施阶段对导弹实施发射的主要程序和内容。
11. 什么叫导弹发射技术，其主要研究内容包括哪些方面？
12. 试分析地空导弹发射技术的主要特点。

第二章　地空导弹发射装置

地空导弹发射装置特指“导弹发射架”或“导弹发射车”的结构主体，即常说的机械液压设备的总称，是导弹发射电气设备的安装载体和控制对象，是导弹发射系统的重要组成部分。本章主要介绍地空导弹发射装置的功用、类型、一般组成、各主要组成部分的设计（或工作）要求以及典型结构等。

第一节　概　　述

在原理上地空导弹的发射装置与战术火箭、高射炮、反坦克导弹、舰载导弹、机载导弹、战略导弹等其他武器的发射装置有相同的地方，同时也有适应地面防空作战的特殊功用和战术技术要求。

一、功用

详细说来，地空导弹发射装置一般需要完成以下功用：

（1）可方便快速地实现状态转换，具有良好的快速反应能力；

（2）可快速方便地实现调平，为导弹提供良好的发射平台；

（3）可与装填设备配合安全、快速、顺利地装退导弹；

（4）可在控制系统的控制下，完成导弹初始射角的调整，并在射角调整运动中保证导弹的固定可靠；

（5）为导弹提供足够的约束运动距离，保证足够的离轨速度和发射精度；

（6）有可靠的燃气流防护措施，保证发射装置自身及地面人员和其他设备的安全；

（7）可安全可靠地带弹行军，具有良好的机动能力。

二、类型

自导弹武器面世以来，世界各国研制的地空导弹种类繁多，由于导弹的作战使命、弹体结构、外形、质量、动力装置和控制制导方式的不同，地空导弹发射装置的类型也就不同。为了便于分析研究，需要根据它们的特点分类。

（1）按照发射姿态的不同，可分为倾斜发射装置和垂直发射装置。

（2）按照发射动力的不同，可分为自力发射装置、弹射装置和复合发射装置。

（3）按照机动方式的不同，可分为机动式发射装置、半机动式发射装置和固定式发射装置。

（4）按照瞄准方式的不同，可分为定角式发射装置和跟踪式发射装置。

(5) 按照发射装置装弹量的不同,可分为单联装发射装置和两联装、三联装等多联装发射装置。

三、一般组成

虽然地空导弹发射装置类型繁多,但其组成和功能基本相同,只是结构形式和复杂程度有所差别。发射姿态对导弹发射装置的结构和组成影响很大,总体说来,倾斜发射装置的结构组成要比垂直发射装置复杂,下面对其分别介绍。

(一) 倾斜发射装置的一般组成

地空导弹倾斜发射装置的一般组成与功能联系如图 2-1 所示。

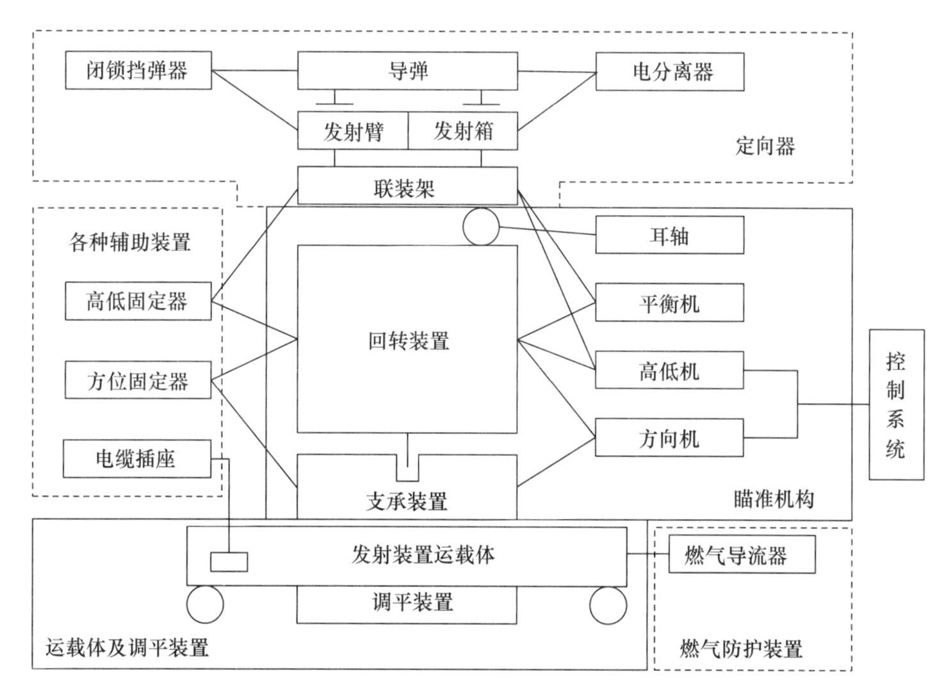

图 2-1 地空导弹倾斜发射装置的一般组成与功能联系图

按照各组成之间的功能联系,可将地空导弹倾斜发射装置的组成分为如下五个部分:

1. 定向器

定向器一般由发射臂或发射箱、联装架、闭锁挡弹器和电分离器等组成,实现导弹的支承、固定、电气连接等,赋予导弹初始射向和安全离轨速度,保证导弹的正常发射。

有的导弹直接装在发射臂上,一个或多个发射臂通过联装架连接在一起;有的导弹装于发射箱或发射筒(后文统称为贮运发射箱)内,一个或多个贮运发射箱安装于联装架上。不管何种方式,闭锁挡弹器与电分离器都是必不可少的机构。闭锁挡弹器对导弹在发射臂上的安装位置进行准确定位,并对导弹的支脚进行锁紧,保证导弹在整个瞄准过程中不会掉落;电分离器用来实现地面设备与导弹的电气连接。

2. 瞄准机构

对于倾斜式导弹发射装置来说,不管倾斜变角还是倾斜定角,均要在控制系统的控制下进行高低和方位两个射界内的运动，使导弹在发射时处于所要求的空间角度，这一过程称为初始瞄准。这种实现发射装置以必要的速度和加速度完成初始瞄准任务的设备，称为瞄准机构。

倾斜发射装置的瞄准机构一般包括支承装置、回转装置、耳轴、高低机、方向机和平衡机等。其中支承装置承受回转装置及上部定向器和导弹的全部重量，与回转装置之间通过立轴连接；回转装置是方位回转运动的回转体，同时也是高低机、定向器、平衡机等各种设备的安装载体；定向器通过耳轴安装在回转装置上，并绕耳轴做高低俯仰运动；高低机是定向器俯仰运动的传动系统；方向机是回转装置方位回转运动的传动系统；平衡机用以平衡定向器和导弹在不同射角上的重力矩，减轻高低机的负载，使瞄准轻便和操作省力。

3. 燃气防护装置

燃气防护装置用以排导燃气流，防止发射时导弹尾喷管排出的高温高压燃气流对导弹发射装置和各种地面设备造成损害。尽管有的发射装置上设置有专门的燃气防护装置，有的发射装置没有设专门的防护装置，但所有的导弹发射装置都不可忽视燃气流防护的问题，回转装置、支承装置、运载体等各种在燃气流作用范围内的设备均需采取一定的防护措施。

4. 运载体及调平装置

运载体及调平装置是整个发射装置的运载平台和发射平台，承受发射装置工作中的各种载荷，并满足发射装置的机动能力要求。调平装置一般作为运载体的一部分，用以调整发射平台的角度，以满足发射装置的水平精度要求。

5. 各种辅助装置

为了实现行军固定、装填、标定等其他各种功能，各型导弹发射装置还需根据自身的特点需求设置各种辅助装置。电缆插座、高低固定器和方向固定器等是各型发射装置均需设置的辅助装置。

（二）垂直发射装置的一般组成

当定向器的发射角度固定为90°时，与倾斜发射装置相比，定向器、运载体及调平装置、燃气防护装置、各种辅助装置等基本相同，但是其瞄准机构得到了很大的简化。一方面与方位回转相关的回转装置、方向机、方位固定器等均可不再设置；另一方面定向器不再需要动态的跟踪瞄准，只需在发射准备阶段将姿态调整为垂直即可，所以控制系统也会随之简化。

地空导弹垂直发射装置的一般组成与功能联系如图2-2所示。

倾斜发射装置需根据控制系统的指令，进行高低和方位调转、跟踪或者调定一个固定的空间角度，赋予导弹的初始射向，为导弹提供有利射向以减少导弹为攻击目标作大的机动过载。垂直发射装置不需进行调转跟踪等工作，只需实现导弹的高低起竖，保证其垂直精度，除此之外，与倾斜发射装置相同，垂直发射装置也必须实现状态转换、水平调整、导弹装填、燃气流防护、带弹行军等其他各种功能。因此本章将垂直发射装置视为倾斜发射装置的一个特例，即垂直发射装置可视为一种高低角为90°的定角发射装置，后文不再分别讨论，介绍发射装置的共性内容。

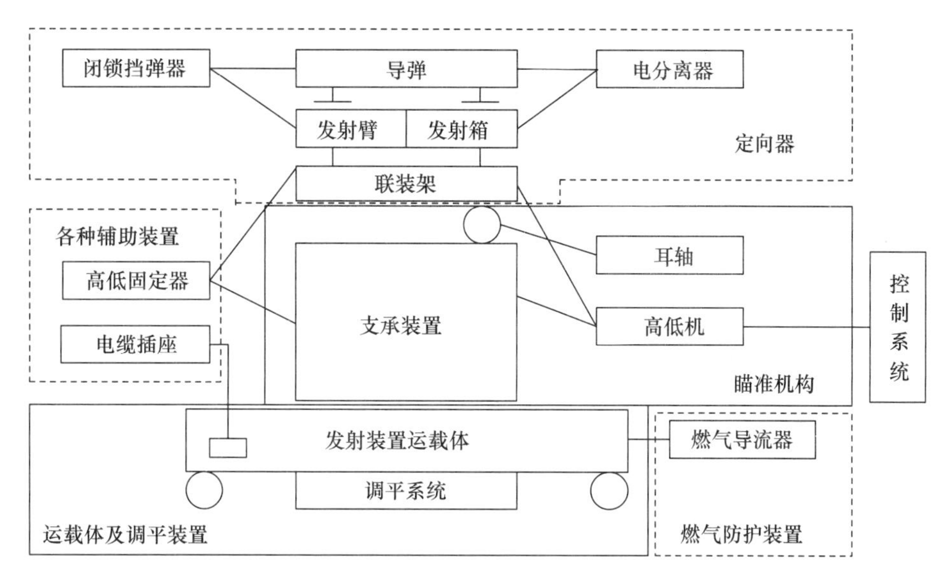

图 2-2 地空导弹垂直发射装置的一般组成与功能联系图

四、主要战术技术要求

导弹、发射装置、装填设备和其他相关设备无论在性能和战术技术要求上,还是在接口和结构的匹配上,它们彼此之间应该是相互依从、相互协调的。因此在地空导弹发射装置总体设计时,一定要充分分析它们的依存关系,既要满足导弹发射方式和制导系统提出的发射精度等要求,又要不过多地影响发射装置性能,同时还要解决发射导弹时所产生的许多专门技术问题。

战术技术要求是地空导弹发射装置设计的基本依据,是设计结果的评价准则,一般包括性能、使用、安全、维修和经济等多个方面。

1. 环境适应性

发射装置应具有良好的环境适应能力,在规定的环境条件下应能正常工作,在特殊环境条件下不被破坏,有足够的耐环境的能力。如果对环境因素给导弹发射装置的影响认识不足、措施不力,可能导致装备在恶劣环境条件下性能降低,甚至失效。

(1) 自然环境

自然环境包括温度、湿度、风力、沙尘、淋雨、盐雾、霉菌、辐射、压力和电磁干扰等,这些环境将造成发射装置物理性能和化学性能的变化。发射装置应在一定的温度范围内、一定的湿度条件下、一定的风力条件下能够正常工作。

(2) 力学环境

力学环境指使用中诱发产生动力学效果的环境,力学环境与导弹发射有关,主要包括加速度、振动、冲击、噪声等方面,影响最大的是振动、冲击和噪声。

(3) 战场使用环境

战场使用环境包括核爆炸,生物、化学武器的作用与污染以及反侦察、隐身等问题。

因此,必须对发射装置进行耐环境设计,即根据发射装置在实际使用时将会遇到的环境及其产生的效应,在设计时从物理和化学的角度来分析在这些环境条件下使用会遇到多大应力、故障和腐蚀,以便进行耐应力、抗振和耐腐蚀设计,采取耐环境的措施,以便提高整个武器系统的生存能力。

2. 机动性

对现代地空导弹发射装置来说,应具有较高的机动性,机动性是导弹武器的重要性能指标,是提高导弹武器生存能力的关键,也是重要的设计指标。机动性通常分为战役机动性、战术机动性和快速反应能力。

(1) 战役机动性

战役机动性是指装备利用铁路、海运、空运等方式进行远距离快速运输和转移的能力。战役机动性要求设计的发射装置能顺利进行铁路运输,设备的外形尺寸应满足机车车辆的限界,如果要能空运或海运则需符合空运或海运的尺寸和质量限制。

(2) 战术机动性

战术机动性是指装备依靠自身动力快速行驶及通过规定道路进行区域机动的能力,其标志是行驶速度、越野性能和续航距离等,主要取决于发射装置运载体的性能。在选择运载体时除了运载体本身的机动能力外,还需考虑整车在公路行驶时的通过性。车辆外形尺寸应使其能通过规定等级公路的路面宽、极限最小半径、桥涵高度等限界要求,质量也要满足规定等级公路的桥梁限重等要求。

(3) 快速反应能力

快速反应能力是指地空导弹发射装置由行军状态快速转换为战斗状态,实施快速发射或撤收的能力,其性能主要受导弹发射装置展开、标定、调平、瞄准、发射控制、撤收等主要战斗操作科目的自动化程度影响。提高此能力的手段主要包括提高发射装置的自动化水平、简化射前准备及发射程序、减小展开撤收及赋予射向、跟踪目标的时间。

3. 稳定性

发射装置应具有足够的横向和纵向稳定性,特别是横向稳定性更要注意。在总体设计时应尽可能降低发射装置的重心高度、增大轮距,以保证在较大的倾斜路面上行驶而不倾覆。发射装置要保证发射时有足够的稳定性,同时还要考虑在非工作状态下的抗大风的能力。

4. 质量和外形尺寸

在发射装置总体设计时,应尽可能减小其外形尺寸和总体质量。尺寸和质量是选择运载车时的重要参数,质量轻、尺寸小可提高其机动性和通过能力。当总体质量超过一般公路桥梁所允许的负载时,机动能力将受到很大的影响,当总体外形尺寸超过铁路桥梁和涵洞所允许的尺寸时,将使武器战略转移发生困难。

5. 瞄准角和瞄准速度

对某些地空导弹发射装置来说,应具有瞄准和跟踪目标的能力,以扩大攻击目标的范围。地空导弹发射装置的高低角和方向角要大,瞄准速度也要大,以保证火力的灵活性和防止丢失战机。但是当瞄准速度太大时,其瞄准加速度也将随之增大,这使瞄准机的驱动功率随之增加,另外,还使瞄准机结构复杂,重量加大,这是不利的。

当导弹本身已具有全方向快速机动能力时,发射装置可取消相关的跟踪瞄准工作,即采用定角倾斜发射或垂直发射。

6. 发射初始偏差

发射初始偏差是指导弹飞离发射装置定向器的瞬间弹体纵轴线对瞄准线的角偏量和角速度的大小。这些值越小,发射精度越高。角偏量和角速度偏差包括高低和方向角及角速度的偏差。对以波束导引的导弹来说,初始偏差较大时可能会导致导弹不能进入雷达波束,发射失败,因此设计发射装置时应适当控制其振动特性,以便提高发射精度。

7. 对燃气流的防护

导弹发射时,发动机会喷射高温高速的燃气流,它对发射装置的作用时间虽短,但危害很大。如发射装置的非金属零部件和电缆等易受烧蚀,燃气流对发射装置的冲击将引起发射装置的振动并破坏其稳定性,影响发射精度,或增加多联装发射装置的发射间隔,燃气流也会对发射阵地地面造成破坏。因此,应对燃气流进行防护和排导,以减少其不利影响。

8. 伪装隐蔽性能

伪装隐蔽性能是采用遮蔽、融合、隐真、示假等方法,减少装备被敌方探测和被识别概率的能力。地空导弹发射装置应采取伪装措施,使其在机动转移、隐蔽待命等过程中减小被发现及遭受攻击的可能性,是提高其射前生存能力的重要途径之一。

遮蔽是减弱发射装置信号的屏蔽措施,常用手段如桥涵、隧道等地物、树林、烟幕、灯火管制及对传感器波段不透明物作为遮障等。融合是降低发射装置与背景之间的对比度,采用迷彩和降低发射装置的雷达散射截面、控制发射装置表面辐射率等都是使发射装置混迹于环境背景中的常用方法。隐真是用改变、消除、模糊发射装置的识别特征,使之与背景特征相混或与次要目标特征相混。示假是设置假目标,制造假信号、假系统、假活动,引诱敌人攻击,能起到消耗敌人保存自己的作用。

9. 可靠性、维修性、保障性、测试性和安全性等要求

可靠性、维修性、保障性、测试性和安全性简称“五性”,是现代地空导弹发射装置的重要战术技术指标,具体内容参见相关资料。

10. 经济性要求

经济性问题在产品设计时应慎重考虑,以免造价昂贵。如所用材料应尽可能采用国产标准牌号,不用或少用特殊稀缺材料、结构应简单合理、容易加工、精度要求合理,尽量采用标准零部件等。提高零部件标准化、系列化、规范化、通用化和模块化水平,降低研究、生产和维修费用。

五、典型地空导弹发射装置简介

为了攻击高空、中空、低空和超低空来袭的敌机,地空导弹武器有不同类型,下面简单介绍几种典型发射装置。

1. SA-2 地空导弹发射装置

SA-2 为全天候防中高空导弹武器,1956 年装备苏联防空导弹部队,其发射装置如图 2-3 所示。SA-2 地空导弹发射装置采用了下折合式定向器、电力随动跟踪式瞄准机和拉式弹簧平衡机,行军时基座被前后车体支承,战斗时将前后车轮组卸下以防烧毁,车架固定在地面上,不能带弹行军,在公路上行驶速度不超过 35km/h,在荒野上行驶速度不超过 10km/h。

图 2-3 SA-2 地空导弹发射装置

图 2-4 SA-6 地空导弹发射装置

2. SA-6 地空导弹发射装置

SA-6 为全天候近程防中低空导弹武器，1965 年装备苏联防空导弹部队，其发射装置如图 2-4 所示。SA-6 导弹发射装置采用了三联装阶梯式定向器、电力随动跟踪式瞄准机和扭杆式平衡机，发射间隔为 6s，装填车可在 9min 内装完 3 发导弹。运载体采用装甲运兵车，最大行驶速度为 50km/h，展开时间不大于 7min，撤收时间不大于 5min。

3. S-12 地空导弹发射装置

SA-12 是俄罗斯的一种机动式多通道地空导弹武器系统，射程 100km，射高 30km，可全天候进行战斗，攻击各种空中目标，最多可同时拦截 24 批目标，最小发射间隔为 1.5s。SA-12 地空导弹发射装置有双联装（Ⅰ型）和四联装（Ⅱ型）两种类型，均为垂直弹射发射方式，采用贮运发射筒式定向器，发射筒可重复使用。图 2-5 所示为四联装（Ⅱ型）发射装置，采用履带车底盘。由于使用高速计算机，战斗过程完全是自动化的，展开或撤收也是自动化的，行军战斗状态转换仅需 5min。

图 2-5 SA-12 地空导弹发射装置

4. “霍克”地空导弹发射装置

“霍克”是美国的一种全天候导弹武器，最大射程 40km，最大射高 18km，连续波搜索雷达搜索距离为 82km，用于打击中低空高速飞机、拦截巡航导弹和战术导弹，1972 年装备部队，并出口 130 多个国家，其导弹发射装置如图 2-6 所示。“霍克”导弹发射装置采用三联装、短导轨式定向器，结构较简单、重量轻、成本低。其底盘为单轴半挂式拖车，发射时拖车的前后均以支腿支承，增加发射装置的稳定性。

图 2-6 “霍克”地空导弹发射装置

图 2-7 “爱国者”地空导弹发射装置

5. “爱国者”地空导弹发射装置

“爱国者”(SAM-D)是美国的一种第三代地空导弹武器,用以攻击高、中、低空目标,可拦击空地导弹、巡航导弹和战术导弹,1967 年开始研制,1983 年装备部队。它采用相控阵雷达,能同时处理 50~100 个目标的信息和制导 8 枚导弹,其中 3 枚可同时处于运行末段。导弹采用复合制导方式,抗干扰能力强、制导精度高,可靠性好,但成本高。“爱国者”导弹发射装置如图 2-7 所示,采用四联装贮运发射箱式定向器、XM-869 型双轴拖车底盘,其方位可 360°调转,高低为 38°定角发射。

6. “迈兹”地空导弹发射装置

“迈兹”(MEADS——中程扩展防空系统)是 1995 年开始由美国、德国和意大利联合研制的第四代中远程地空导弹武器系统,于2018 年前后进入现役,用以取代全球范围内的“霍克”和“爱国者”地空导弹系统,同时保护机动兵力和固定设施不受目前及下一代战术弹道导弹、低海拔与高海拔飞行巡航导弹、遥控飞行器、操纵固定翼飞机和旋转翼飞机的攻击。“迈兹”地空导弹发射装置是 8 联装倾斜定角式发射装置,如图 2-8 所示,采用轮式自行车辆底盘,可自行拉载装箱导弹,不需要配用装填吊车。

图 2-8 “迈兹”地空导弹发射装置

第二节 定 向 器

定向器是发射装置的重要组成部分,定向器的长度、结构形式、重量和联装数量等对发射装置总体结构设计、外形尺寸、受力情况和发射精度等有重要的影响。

一、功用与类型

1. 功用

定向器是发射装置中与导弹直接联系的装置,必须完成如下工作:

(1) 与装填设备配合安全、快速、顺利地装退导弹;

(2) 在发射前用以支承和固定导弹;

(3) 带弹实现初始射角的调整;

(4) 为导弹提供足够的约束运动距离,保证足够的初速度和发射精度;

(5) 对于箱式发射装置来说,储运发射箱即为其定向器,除上述功能外,还有贮存和运输的功能。

2. 类型

根据导弹在定向器上的位置不同,定向器可分为:

(1) 支承式——多用于质量大、助推器为串、并联的导弹发射;

(2) 下挂式——多用于质量小、助推器为串联的导弹发射。

根据结构形式的不同,定向器可分为:

(1) 导轨式——弹体定向件沿导轨轨道滑行,多用于有翼导弹倾斜式发射;

(2) 圆筒式——弹体定向件沿圆筒内壁滑行,多用于小型导弹发射;

(3) 贮运发射箱式——箱式发射有很多优点,已成为目前的主流结构类型。

根据导弹的前后支承定向件离轨的形式来分,定向器可分为:

(1) 同时离轨式——用于系统要求导弹头部下沉较小、离轨速度不大的导弹的发射;

(2) 不同时离轨式——用于离轨速度较大、具有竖向推力作用,或系统对导弹下沉量要求不高的导弹发射。

采用同时滑离定向器发射导弹时,当前后定向件同时离轨后,弹体在重力和推力偏心等作用下将产生下沉和偏转。为了防止后定向件与定向器的前段相撞,前段定向器要让开一段距离。按照让开方式的不同,定向器可分为:

(1) 阶梯式——通过定向器前后段的高低差实现空间的让开;

(2) 折合式——通过定向器前后段的相对折合运动实现空间的让开,根据折合方向的不同又可分为上折合式和下折合式两种;

(3) 不等宽式——通过定向器前后段的宽度差实现空间的让开。

不同让开方式定向器如图 2-9 所示。

阶梯高度 H_m 或折合式的让开量的具体数值都要大于导弹尾部的下沉量,即要大于弹体后定向件离轨后其后端到达定向器前端时的下沉量,确保发射安全。

几种典型的定向器形式如表 2-1 所示。

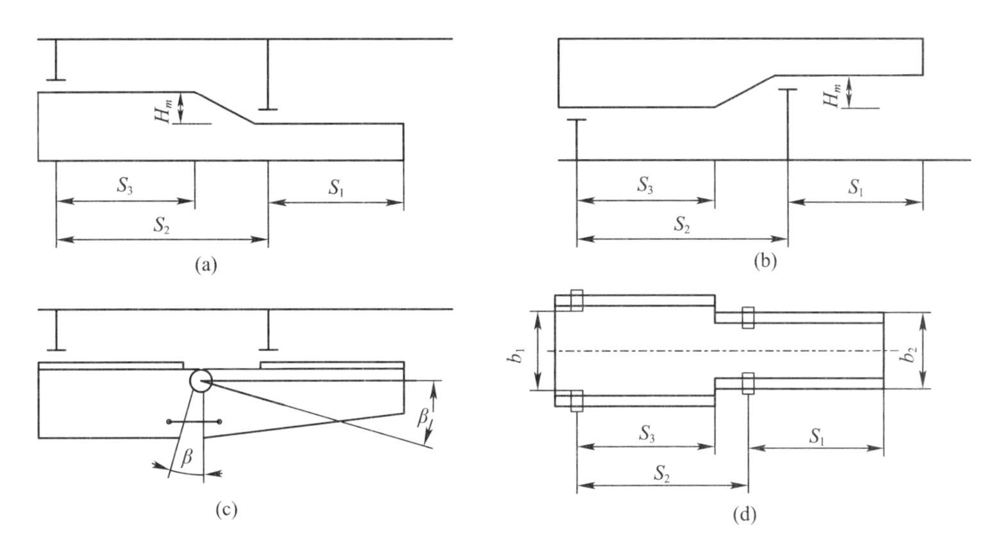

图 2-9　不同让开方式定向器简图

(a)、(b)阶梯式；(c)折合式；(d)不等宽式。

表 2-1　典型定向器形式

国别	导弹名称	定向器形式	联装数	备注
苏联	SA-2	同时滑离，下折合式	1	前装弹
	SA-6	同时滑离，阶梯式	3	吊装弹
	SA-7	筒式	1	单兵使用
	SA-8	箱式	4	车载
美国	奈基-1	导轨式，不同时滑离	1	大射角，固定阵地
	奈基-2	导轨式，不同时滑离	1	固定阵地
	“霍克”	短导轨	3	牵引式和自行式
	“小檞树”	导轨式，侧挂弹	4	射角大
	SAM-D(“爱国者”)	箱式，不同时滑离	4~6	多用途
	“小猎犬”(R1M-2)	导轨式，下挂弹	2	垂直自动装填
	“鞑靼人”(MK22 型)	同时滑离，上折合式、下挂弹	1	垂直自动装填
英国	“警犬”	支承式(同时离开)	1	并联助推器
	“雷鸟”	支承式(同时离开)	1	并联助推器
法国	“响尾蛇”	筒型箱式	4~6	电动轮式载车
法国、西德	“罗兰特”	筒型箱式	2	自动装填

二、工作要求

定向器的结构形式对导弹发射的影响很大，不同导弹对定向器的要求是不同的，有的导弹要求有一定的滑离速度、较小的初始偏差角和角速度，以保证导弹按制导系统所允许的弹道进入控制飞行；有的导弹要求发动机点火后，经过一定时间导弹才从定向器上滑离，使发动机在导弹滑离前能全部点火并达到稳定工作状态。但是导弹的成功发射有一些必须满足的条件，故定向器应能满足如下基本要求：

（1）结构要紧凑，重量要轻，要有足够的强度和刚度；

（2）导弹的约束运动距离要足够长，保证导弹具有足够的初速度；

（3）如果有导轨，导轨要平直，导弹定向件与导轨的配合要有适当的间隙，使导弹滑行顺利，不产生跳动；

（4）要保证装弹和退弹时操作的方便、迅速、准确和安全；

（5）导弹装在定向器上后，对导弹的固定要安全可靠；

（6）要有电气连接装置，连接工作要操作方便和准确；

（7）导弹滑离后，要保证弹尾不与定向器前端碰撞；

（8）定向器的前端面要小，或具有导流措施，以减少燃气流对定向器的冲击影响；

（9）防止燃气流从定向器反射后作用到弹尾上，使初始偏差增大；

（10）要保证定向器上的各种机构在发射时不妨碍导弹的运动，扰动力尽可能小；

（11）对多联装定向器来说，要保证各定向器导轨互相平行，且振动性能好，发射间隔尽可能小，即导弹的发射对定向器的扰动尽可能小；

（12）若需要带弹运输，应根据导弹对运输环境适应性要求，在定向器上设置减振装置，以避免在运输过程中对导弹的损坏。

三、基本组成

定向器的组成需根据导弹的结构特点和发射要求来确定。一般情况下，定向器由以下几部分组成。

1. 定向器主体

定向器主体用于支承导弹，并赋予导弹发射离轨时的初始飞行姿态，主要包括定向器本体、联装架和导轨，定向器本体常称为发射臂。

2. 安全保险装置

安全保险装置用于保证导弹发射的安全可靠，主要包括安全让开机构、闭锁挡弹器以及防止燃气流、灰尘和雨水侵蚀的护盖等。

3. 电气连接装置

电气连接装置用于将地面电气信号与导弹连接，实现导弹的发射前检查，保证导弹正常发射，主要是电分离器。

4. 装弹限制定位装置

装弹限制定位装置用于装退导弹时的对接导向和定位，包括对接器、定位器、导向器等。

5. 减振装置

减振装置用于使定向器呈弹性状态运输导弹，刚性状态发射导弹，主要包括刚性—弹性转换机构、固定座、减震器等。

上述各类部件，只表明了要执行的各种任务，是地空导弹发射装置定向器的一般组成，并不是每个定向器都必须有这些机构。其中有些部件担负重要工作，结构比较复杂，如闭锁挡弹器、电分离器等，在本节中重点介绍。有些部件结构简单，只是辅助其他设备完成其功能的，如装弹定位装置和减振装置等，会在分析其他相关结构时顺便介绍，不专门论述。

四、定向器主体

定向器主体主要包括定向器本体、联装架和导轨，是导弹发射过程中的主要导向部件和承力部件，同时也是其他设备的安装载体。

定向器的设计是一个包含很多内容的综合性工作。比如选择基本的结构形式、确定导弹在定向器上的位置、确定定向器本体的结构形式、确定联装数、确定导轨结构和配置方案、计算导轨的长度、计算导弹的滑离参数、分析和计算所受的载荷、进行结构的强度和刚度设计等。上述各种分析计算，都需要根据导弹的类型、发射要求及对发射装置的要求等进行，同时还要综合考虑安全保险装置、电气连接装置和装弹限制定位装置等其他定向器组成部分的安装问题。

1. 定向器本体

定向器本体常称为发射臂，是定向器的主要组成部分，主要用来安装导轨和定向器上的其他结构，并承受导弹的载荷。定向器本体的具体结构形式随各型导弹的不同而不同，这里只介绍各型定向器本体设计中要考虑的共性问题。

1）定向器长度

定向器长度与导轨长度相关，影响导弹发射的初始条件、定向器的结构形式和加工工艺，也关系着发射装置的总体布置，是设计时必须首先解决的问题之一。早期的导弹发射装置广泛采用较长的定向器，经验证明，导轨并不需要很长，导轨长度要求也并不很严格。应在满足发射和勤务要求的前提下，尽量缩短定向器长度，这样既保留了导轨式定向器的优点，又使结构紧凑，质量轻。

导轨长度由三部分组成，如图 2－10 所示。

$$S = S_1 + S_2 + \Delta S \tag{2-1}$$

式中：S 为导轨全长；S_1 为导弹前定向元件滑离时的滑行距离；S_2 为导弹支承长，是导弹前后定向元件的距离；ΔS 为定向器结构上或勤务上需要而增加的长度，此长度不一定加在尾端，有时前端也可能加长。

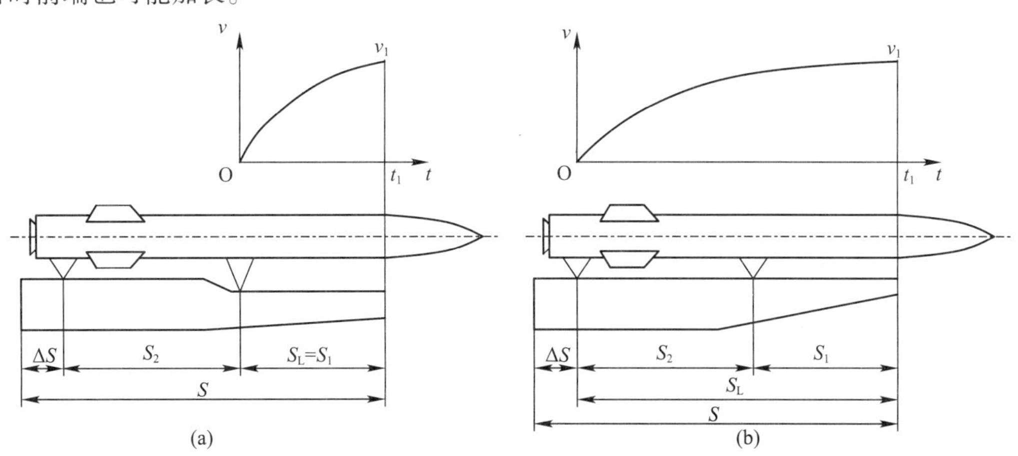

图 2－10　导轨的长度组成

(a)同时滑离定向器；(b)不同时滑离定向器。

对同时滑离的定向器，S_1就是导弹在导轨上的滑离长度，即 $S_L = S_1$，这段长度取决于导弹滑离时的要求。导弹运动到 S_1时，其质心的速度即为滑离速度（v_1），对应的时间称为滑离时间 t_1。对不同时滑离的定向器来说 $S_L = S_1 + S_2$。

决定导轨长度时主要考虑以下因素：

（1）保证发动机全部点火。在助推器（或发动机）点火及压力逐渐建立的过程中，应保证导弹仍在导轨上。因为在发动机点火时，其燃烧是不稳定的，横向推力变化较大，若无导轨约束，发射初始偏差较大。根据这一时间要求，所定出的导轨滑离长度是最短的。如果导弹发射方式与发射技术具备使用支承式定向器的条件，这时导轨滑离长度就可为零了。这种情况下，发动机全部点火时导弹不应滑离的要求由闭锁挡弹器来保证。

（2）考虑导弹制导系统对发射散布的敏感程度。从导弹发动机点火到导弹开始控制飞行这一阶段称为发射阶段。制导系统对导弹在发射阶段偏离预定的飞行路线有一定要求。如果导弹偏离过大，就可能使制导系统不能截获导弹，造成导弹丢失，或使制导系统开始控制导弹的时间滞后，从而限制了最小有效射程。不同制导系统对发射偏差的要求是不同的，应根据制导系统的要求计算出导弹的滑离参数，再根据要求的滑离参数来确定导轨长度。

（3）使导弹具有稳定飞行所必要的条件。如果要求导弹刚一滑离就能稳定飞行，其滑离速度必然要很大。实际上这是难以实现的，所以允许导弹刚滑离时，在一段时间内有一定的不稳定度，但由于飞行不稳定所造成的角偏差不能超过舵面正常工作时允许的极限值，以便导弹能够恢复稳定飞行。由这一出发点来确定导轨长度，可以根据允许的不稳定度，通过外弹道计算，提出要求的滑离速度，再由这个滑离速度来确定所要求的导轨长度。

（4）考虑发射时的安全需要。导弹滑离后，由于下沉可能与定向器碰撞，尤其在发射条件最不利的情况下，例如推力小、导弹质量大，就更可能出现碰撞现象。增长导轨，使滑离速度加大，对解决这个问题有利。

（5）勤务和结构空间等的需要。由上述各个因素所确定的导轨长度，是从满足发射要求来定的。为了满足装弹或卸下导弹的需要，也为了满足定向器前端燃气导流的需要，可适当增长或缩短由上述标准决定的导轨长度，或使导轨长度不变，而只是改变定向器本体部分的长度。

（6）根据导弹的支承要求来确定支承段的长度。支承长度由导弹前后定向元件之间的距离来确定，确定定向元件在导弹上的位置时，要保证导弹在定向器上运动时姿态稳定，同时要考虑助推器的配置以及定向元件在导弹上连接可靠。在这些前提下，尽可能缩短支承长度。因为支承长度短，可以缩短导轨全长，当不同时滑离时，还对减小导弹头部下沉有利。有的导弹在纵轴方向采用三个定向元件，就是为了解决支承稳定性和头部下沉的矛盾。导弹质心一般在前后定向件之间，这有利于保证姿态稳定。但有时为了缩短导轨长度，或为了便于在导弹上固定定向件，导弹质心有可能处于前后支承点之外。这样布置的支承点若装在机动发射装置上运行，应增设辅助支点，以保证运行时支承可靠。

导轨长度确定后，定向器的长度可相应确定。一般大、中型导弹使用的定向器，其最大长度不宜超过导弹与助推器组合后的长度。作为贮运发射箱的定向器，其长度应能容纳全弹，或分段贮运部分的长度。

2）定向器本体的结构形式

导轨式定向器本体的结构形式有多种，从其断面来看由长方形、方形、“工”字形、槽形和圆形等多种；从其纵向来看，有等断面、变断面和阶梯式等多种。定向器除用来安装导轨外，还承受弹体载荷。要求定向器本体要有足够的强度和刚度，同时还应有较轻的重量。

圆筒形定向器的本体一般为薄壁圆筒，内壁光滑。有的在内安装筋条，也有的具有螺旋槽，在弹体滑行时获得低速旋转，以减小推力偏心对发射精度的影响。

定向器本体有由板件构成的箱形梁或槽形梁，也有用杆件或管件构成的桁架，导轨安装在它的外面；还有箱式或筒式的，这时导轨安装在其内部。各种结构都各有其特点，主要根据导弹的形式、导轨的结构和受力情况等来选定。

2. 联装架

地空导弹发射技术的发展趋势之一是多联装。采用多联装技术，可以在不增加发射装置数量的情况下增强火力强度，或者在保持同样火力强度的情况下可有效减少装备数量，增加系统的机动能力。

1）多联装结构与发射装置外形尺寸的关系

发射装置采用的联装数量及发射箱（或导弹）在发射装置上的布局方式，决定了发射装置的结构及外形尺寸。苏联的 SA－6 地空导弹发射装置的定向器是三联装，导弹并列在发射装置上，发射车尺寸为 6965mm×3112mm×3183mm。美国的“爱国者”地空导弹发射装置的定向器是四联装，发射车是半拖车，发射箱在发射车上分上、下两层，每层两个发射箱，发射车尺寸为 16830mm×2870mm×3990mm。

2）多联装结构与发射装置质量的关系

对于多联装发射车，尤其是中高空型号的发射车，由于导弹质量大，多联装后发射车的质量也比较大。发射车的另一个发展趋势是将导弹、制导雷达、发射装置和电源都装在一个发射车上，称为“弹、站、架三位一体”，这样提高了发射车的快速反应能力，但发射车的质量会加大。因此在考虑联装数时，还要考虑发射车的总质量，以及质量在各轴上的分布。

小型导弹一般采用多联装形式，联装数可达 8～16。大型导弹地面机动发射时，一般采用 2～4 联装的定向器，因其结构较大，故运输不便。

由于导弹的直径、翼展和质量大小不同，每台发射装置的联装数量及布置形式也不相同。要考虑发射车的总质量限制及运输时外廓尺寸的限制，典型的联装形式如图 2－11 所示。

多联装定向器的轴线一般都是互相平行的，因而导弹的发射方向也是平行的。如果制导系统要求导弹的初始弹道与瞄准线间的偏差小，使制导系统能容易捕捉导弹，不致丢失；或使捕捉时间短，以免影响最小射程，这时也应使定向器有一交会角。交会角的大小由制导系统允许的开始控制飞行的距离而定。

采用多联装形式的发射装置在确定发射间隔和发射次序时必须考虑发射稳定性的要求，还要考虑控制初始扰动的要求。射序安排的一般原则是先上后下，左右交替。即先发射上排的，后发射下排的，在同一排则左右交替。发射间隔与弹－架系统的固有频率有

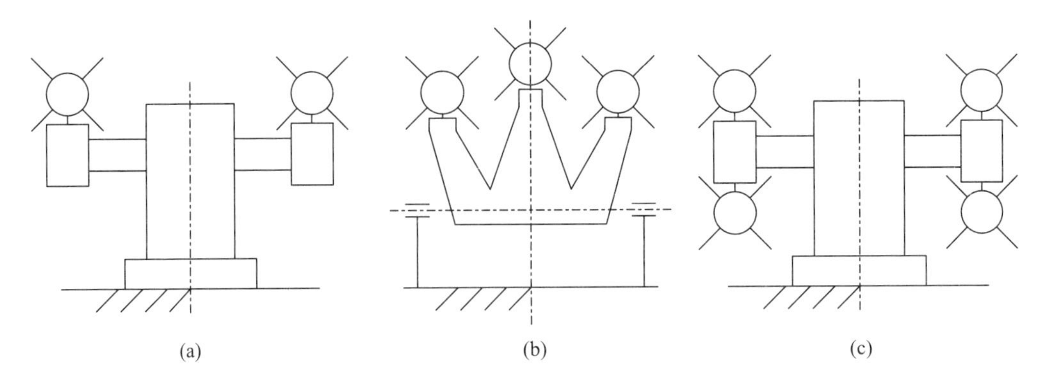

图 2-11　定向器的典型联装形式

(a)双联装；(b)三联装；(c)四联装。

关，不能与固有周期相同或成倍数关系。射速与射序要通过发射动力学的计算来确定最佳结果。

3. 导轨和定向件

定向器导轨与导弹的定向件相互配合，发射时导轨用来引导弹体沿一定的方向滑行，弹体的作用力通过定向件作用在导轨上，然后通过导轨而传至定向器本体。导轨还能限制弹体跳起或滚动。

1）导轨和定向件的结构形式

导轨一般由 2 条、3 条或 4 条组成，定向件通常由 4 个或 3 个组成，分别安装在弹体前后两处，具体导轨数量与定向件的数量相互匹配。导轨在定向器本体上的常见配置如图 2-12 所示，其中图 2-12(a)和(c)所示为不同时滑离定向器；图 2-12(b)与(d)则为同时滑离定向器，它们分别为三点支承和四点支承。

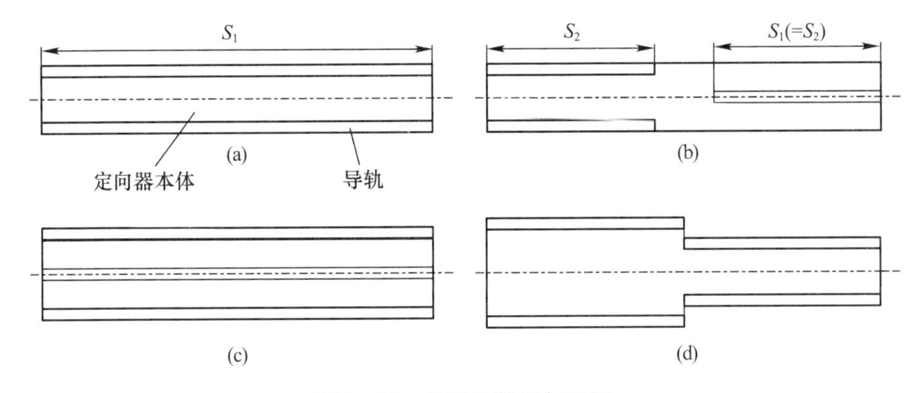

图 2-12　导轨的数量与配置

(a)、(c)不同时滑离定向器的导轨配置；(b)、(d)同时滑离定向器的导轨配置。

常见的导轨断面与导弹定向件的结构形式如图 2-13 所示，它们相互配合，共同完成支承、防跳、防滚和导向作用。

2）导轨和定向件的配合间隙

导轨与定向件的配合需要有支承面、导向面和限制面。限制面用以防止弹体跳起或滚

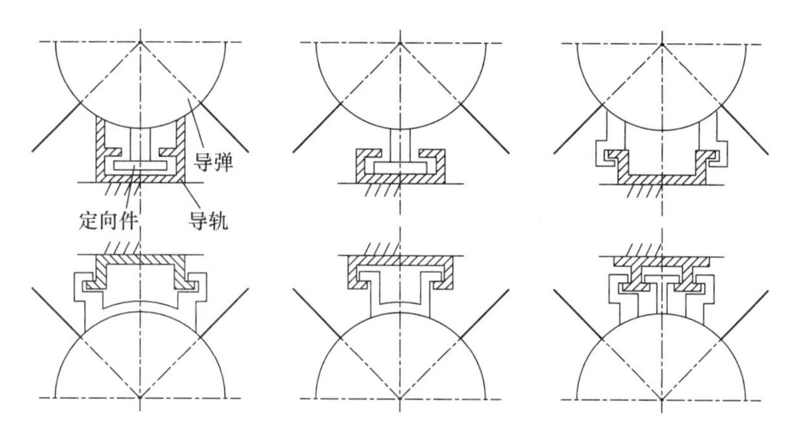

图 2 - 13　导轨断面与导弹定向件的结构形式

动,其配合如图 2 - 14 所示。为了保证顺利滑行,它们之间必须有一定的间隙。间隙过小,弹体滑行时易卡死;间隙过大将产生较大的静态角误差。

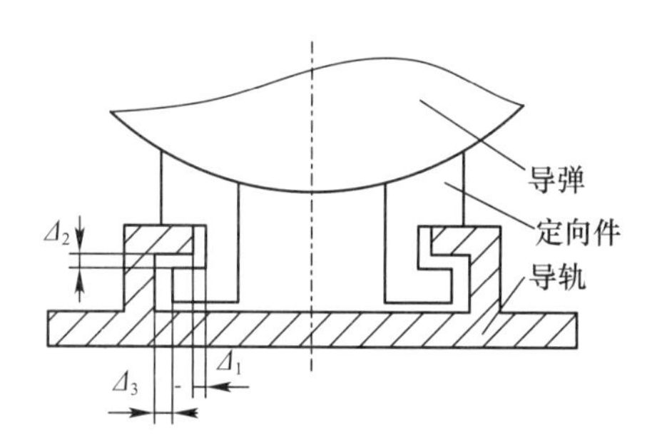

图 2 - 14　导轨与定向件的配合

高低角的静态误差角的大小,可由下式确定。即

$$\Delta\varphi = \mathrm{arctg}\frac{\Delta_2}{S_2} \tag{2-2}$$

式中:$\Delta\varphi$ 为高低静态误差角;S_2 为前后定向件间距离,即支承段长;Δ_2 为上下配合间隙。

方向静态误差角的大小,可由下式确定:

$$\Delta\psi = \mathrm{arctg}\frac{2\Delta_1}{S_2} \tag{2-3}$$

式中:$\Delta\psi$ 为方向静态误差角;Δ_1 为侧向配合间隙。

在设计时,可取 $\Delta\varphi = 0.3 \sim 0.6\mathrm{mil}$,$\Delta\psi = 0.3 \sim 0.5\mathrm{mil}$。在保证弹体下滑时不发生卡滞的条件下尽可能取较小的值;当定向器较长时,可取其较大值。

导轨与导弹定向件配合间隙的确定是一个很困难的问题。间隙过大可能会影响导弹发射精度和导弹在导轨上的固定质量;间隙过小可能会造成导弹装填困难,而且导弹在导轨上运动可能出现卡滞,不利于导弹的飞行,甚至出现严重事故。因此,导轨与导弹定向件之间的配合间隙要综合考虑,精心设计。

苏联的 SA - 9 导弹的定向件与定向器导轨的配合间隙如图 2 - 15 所示。

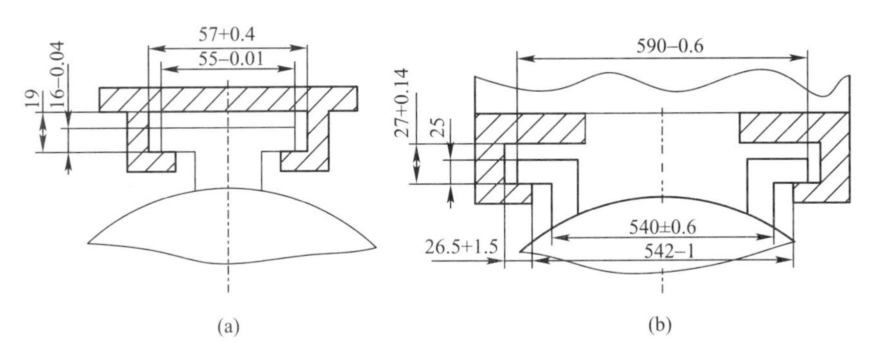

图 2－15　SA－9 导弹的定向件与定向器导轨配合间隙

(a)前定向件与导轨的配合；(b)后定向件与导轨的配合。

五、安全保险装置

导弹发射方式的不同和定向器的类型决定着定向器上是否需要设置相关的安全保险装置，其中闭锁挡弹器以及防止燃气流、灰尘和雨水侵蚀的护盖通常在地空导弹发射装置的定向器上都有设置，安全让开机构一般仅在同时滑离支承式定向器上设置。护盖的结构比较简单，将在介绍相关机构时顺便介绍，本节重点介绍闭锁挡弹器和安全让开机构。

1. 闭锁挡弹器

1）闭锁挡弹器的功用和类型

在地空导弹发射装置的工作过程中，以下因素要求必须设置闭锁挡弹器：

(1) 为了方便导弹向定向器装填以及保证电分离器的准确连接，需要对导弹在定向器上的正确位置进行定位。

(2) 不管是倾斜式还是垂直式导弹发射装置，都要实现定向器的俯仰运动。在带弹进行俯仰运动的过程中，导弹的重力作用和定向器的俯仰运动会使导弹有向下滑动或跳动的趋势，为了保证导弹安全可靠地处于所要求的位置上，需要将其锁定。

(3) 在带弹行军过程中，路面的不平整造成的运载体振动和车辆加减速运动造成的惯性力都会使导弹有滑动或跳动的趋势，为了保证安全，需要将导弹锁定。

(4) 对于多联装导弹发射装置来说，导弹发射时的燃气流会造成定向器的振动，燃气流也会对后续导弹产生直接冲击，为了防止导弹的滑动或跳动，需要将导弹锁定。

(5) 对于贮运发射箱式定向器来说，为了使导弹在贮存、运输、装卸和装填等过程中处于所规定的位置，需要将导弹锁定。

(6) 有的发射装置要求导弹起飞时，发动机推力达到预定值，克服闭锁挡弹器的约束力后才开始滑行。这种闭锁挡弹器不仅起闭锁挡弹的作用，还要满足闭锁力的定量要求。

(7) 当导弹采用多个助推器时，特别是只采用两个时，需要采用闭锁挡弹器，以保证其中一个助推器工作不正常(点火延迟或失效)时，不致将导弹发射出去。

由以上分析可得闭锁挡弹器的功能如下：

(1) 为导弹的装填工作进行定位；

(2) 在发射准备或行军过程中，用于锁定导弹的定向件，保证导弹安全可靠地支承在定向器上；

（3）在导弹发射时，保证导弹的正常滑离。

闭锁挡弹器的工作要可靠，闭锁力的大小应保持在所要求的范围内，确保弹体在发射准备阶段处于准确位置上，使电分离器能顺利连接；在发射时能自动开锁，且开锁动作不允许对弹体产生不良影响；另外，还应使装填和退弹的操作方便。

闭锁挡弹器的形式很多，按其结构特点可分为：

（1）阻铁式——由阻铁对导弹定向件进行约束定位，阻铁可以是固定式的，也可以是活动式的，可对弹体单向约束，也可双向约束；

（2）抗剪销式——发射前导弹被固定，抗剪销被剪断后导弹才可向前运动；

（3）抗张连杆式——发射前导弹被固定，抗张连杆被拉断后导弹才可向前运动；

（4）摩擦式——发射前导弹被固定，克服一定的摩擦力导弹才可向前运动。

按开锁动力可分为：

（1）自力开锁式——由导弹发动机产生的推力开锁；

（2）外力开锁式——由弹体外的动力开锁，外动力一般为气压力或电爆管等。

2）闭锁挡弹器的设计原则

闭锁挡弹器的设计，既要保证在发射前使导弹处于所要求的位置上，又要保证导弹正常发射，通常要求导弹装填时能够自动闭锁、导弹发射时自动解锁以及退弹操作时可人工解锁，还要求外部有相应的状态指示。

根据导弹和定向器的结构特点、使用条件以及导弹发射离轨的要求选择闭锁挡弹器的结构形式，因此可以根据需要设计成各种类型。闭锁挡弹器可以设计成一体，也可设计成闭锁器和挡弹器两部分；可以对导弹的6个自由度进行约束，也可只约束除导弹离轨方向以外的其他5个自由度，以保证导弹的正常发射。

尽管结构形式各不相同，但闭锁力的大小必须经过严格计算来确定。对不同的导弹和不同的发射方式，闭锁力的确定原则是不同的，一般有以下几种情况：

（1）在地空导弹发射装置带弹行军时，闭锁力的大小应保证导弹可靠地固定在定向器的设定位置上，以防在载车起动（加速）、制动（减速）、急转弯（离心力）、振动和摇摆等情况下导弹产生滑动和跳动。

（2）对采用主发动机推力较小的导弹，发射时要求主发动机首先点火，工作正常时再点燃助推器，以保证导弹正常起飞。此时，闭锁力的值应大于主发动机的最大推力，小于助推器的低温推力。

（3）在发射时，闭锁挡弹器必须能够承受在最大射角下导弹的下滑力（重力分量）。当导弹较重时，其下滑力常常是较大的。

（4）对多联装导弹发射装置来说，闭锁力的大小还应能保证在相邻导弹燃气流作用下导弹不产生滑动和跳动。

（5）在一般情况下，发射时的闭锁力即限制导弹启动的闭锁力不宜过大，以防止开锁时产生较大的激振而影响发射精度；同时，又为了保证导弹在发动机点火后燃烧处于正常的条件下，保证推力达到一定值时再启动（开锁），一般取闭锁力为推力的1/3左右。但在定向器导轨较长时或者射角很大等特殊条件下，闭锁力可取小一些，有的甚至可不设置限制导弹向前滑的闭锁挡弹器，而只有防止导弹向后滑的挡弹器。

应指出，采用提高闭锁力的方法来增加导弹的离轨速度是不适宜的。

3）典型闭锁挡弹器

（1）自力开锁阻铁式闭锁挡弹器。

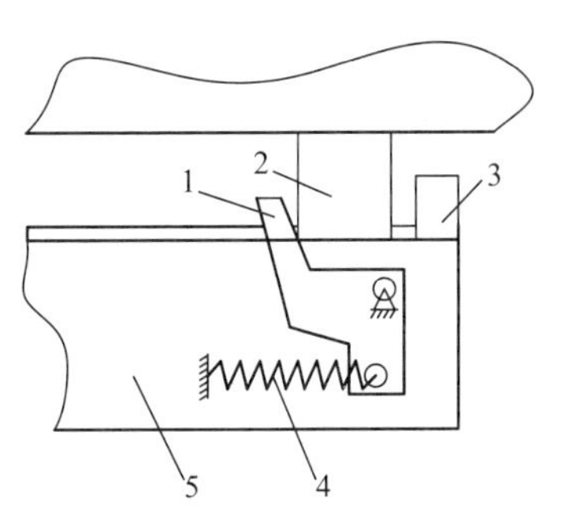

图 2－16　阻铁式闭锁挡弹器

1—活动阻铁；2—定向件；3—固定阻铁；4—弹簧；5—定向器。

图 2－16 所示为一种阻铁式闭锁挡弹器，由活动阻铁、弹簧和固定阻铁组成。导弹的后定向元件位于两个阻铁之间，活动阻铁不能顺时针转动，在弹簧力的作用下，导弹被阻铁挡住不动。在发射时，当发动机推力大于闭锁力时，活动阻铁被迫向逆时针方向转动，开始解锁，当转到一定位置时完成解锁。

弹簧式闭锁挡弹器一般用于闭锁力较小的情况，当闭锁力较大时，解脱瞬间激震较大。这种闭锁挡弹器结构简单，可反复使用。

（2）自力开锁抗剪销式闭锁挡弹器。

抗剪销式闭锁挡弹器结构简单、作用可靠，实际应用较多。这种闭锁挡弹器采用一个抗剪销将导弹锁住，其结构示意如图 2－17 所示。当发动机的推力达到所要求的闭锁力时，便将金属销剪断，导弹开始运动。

这种闭锁挡弹器的优点是闭锁力值比较稳定，当抗剪销尺寸和材料一定时，剪切力变化很小；另外，定向滑块处于闭锁状态时前后无间隙，可减少冲击，简单可靠。

（3）自力开锁抗张连杆式闭锁挡弹器。

图 2－18 所示为抗张连杆闭锁挡弹器，拉杆的一端固定在导弹上，另一端固定在定向器上，当导弹发动机推力能够克服拉杆的拉伸力将其拉断时导弹才开始移动。将拉杆拉断的力即为闭锁力，优缺点与抗剪式闭锁器类似。

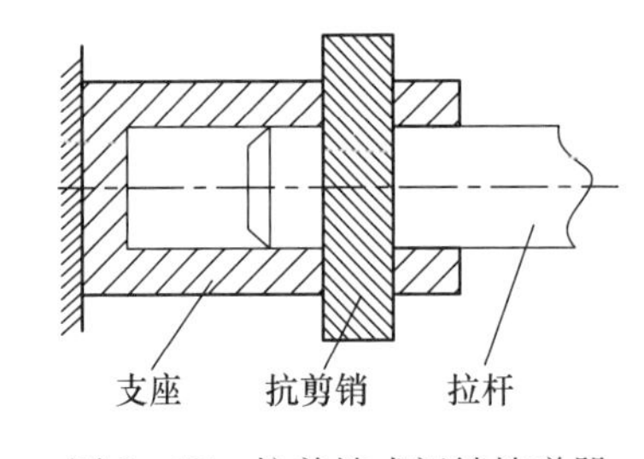

图 2－17　抗剪销式闭锁挡弹器

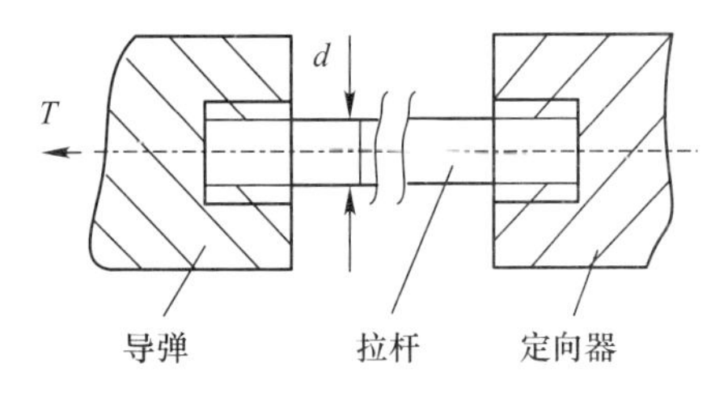

图 2－18　抗张连杆式闭锁挡弹器

2. 安全让开机构

如果采用同时滑离的方式，当导弹从定向器上滑离后，在重力、可能的推力偏心及其他外力作用下会产生整体下沉和转动等运动；同时倾斜发射的定向器相当于一个受力点逐渐远离支座的悬臂梁，在导弹离轨瞬间，悬臂梁载荷的突然解除会引起定向器头部的上扬运动。因而导弹在定向器上空飞行期间，有可能发生弹体尾部与定向器头部的碰撞，妨碍导弹的正常发射。

对不同时滑离的导弹来说，当其前定向件离开导轨失去支承时，后定向件仍在导轨上滑行，这时弹体在重力和推力偏心矩等的作用下，将绕后定向件的支点向下偏转，如图 2－19 所示。这种现象称为导弹的头部下沉。

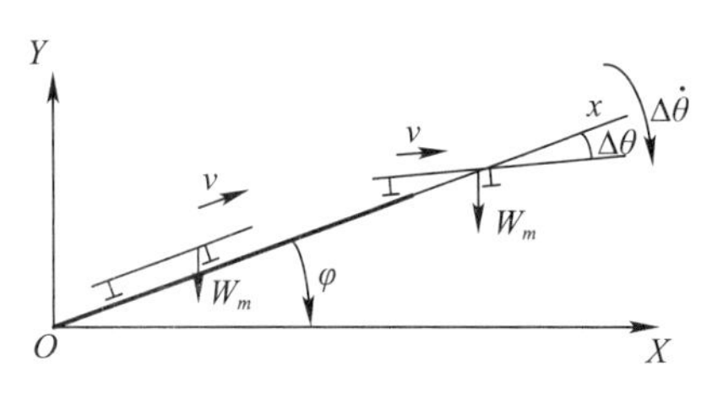

图 2－19　导弹头部下沉现象示意图

弹体的头部下沉使弹体纵轴发生偏转，高低角产生偏差。头部下沉量的大小，随弹体滑行速度、前后定向件之间的距离和推力偏心距等的大小而变化。弹体滑行速度越小，前后定向件之间的距离越大，推力偏心矩越大，其在滑行过程中的头部下沉量也就越大，从而其偏差角和角速度也就越大。

上述干涉情况是绝对不允许发生的。因此，定向器设计时要进行导弹下沉量的计算和定向器安全让开距离的计算。如果定向器的结构设计能够留出足够的空间，则可设计成结构比较简单可靠的整体式定向器，图 2－9 中的不等宽式、阶梯式定向器就是为了让开空间；如果空间不够，就需在定向器上设计安全让开机构，使导弹离轨时定向器头部能够让开一个空间，以保证不会发生碰撞，图 2－9 中的折合式定向器就是此类。

下面介绍安全让开机构的功用和设计原则。

从前面分析可知，安全让开机构用于使定向器在导弹离轨时能够让开一段空间，不与弹体碰撞，保证导弹的正常发射。

安全让开机构的具体结构在各种发射装置中差别很大，但不管具体结构复杂或简单，安全让开机构的工作一般应包括以下三个阶段：

（1）让开阶段——定向器在导弹离轨时及时让开空间；

（2）缓冲阶段——让开的部件能够逐渐停止运动；

（3）复位阶段——导弹发射后，让开部件能及时恢复原位，以便再次装填。

从工作要求来分析，设计安全让开机构时应注意以下几点：

（1）为保证装退弹操作等正常训练操作的安全，定向器在平时保持不让开状态。也就是说只有在导弹发射时或人工操作折动时安全让开机构才能工作，其他任何时候都不能出现让开动作。

（2）应有足够的让开距离和让开速度。因为导弹离轨时速度很快，时间很短，所以让开阶段的时间要很短，让开距离要足够大，才能保证下沉后的弹体与定向器不发生碰撞。

（3）让开机构不能对导弹的运动造成过大的干扰。让开机构的开锁动作一般是由导弹的向前滑行运动来自动完成，让开机构的开锁动作对导弹的运动来说是一个干扰，这个干扰不能影响导弹运动的稳定性。

（4）缓冲阶段要确实安全、有效。定向器的让开运动一般是角速度较大的转动，让开部件的转动惯量很大，为了不出现猛烈的冲击载荷对发射装置产生破坏，要求缓冲一定要有效安全，即让开部件能在一定的缓冲距离内平稳地停止。

（5）复位动作应方便迅速。让开动作结束后，让开部分应能自动恢复原位，以便再次装填导弹。

（6）应能进行让开机构的功能检查。

（7）结构简单可靠，维护方便。

六、电气连接装置

发射前,地面电源和控制导弹的电信号等都必须通过发射装置传递到导弹上,对导弹进行地面供电和控制,这些电气信号都通过导线进行连接传导。发射时,导线需要自动断开,不能妨碍导弹滑行和正常起飞。如果这些导线数量较少,实现电气连接与断开并不困难,无须专门机构。但是,地空导弹的弹外信号线和电源线数目较多,一般有十几条到几十条,这样就需要将导线集中在一起,接入一专用插头上,由专门的结构来完成上述功能,这个机构称为电分离器。

1. 电分离器的功用、组成

电分离器用于实现电插头在发射准备时与弹上插座准确可靠的连接和发射时安全适时的脱离。

电分离器主要由两部分组成:一是电插头即电连接器,用以实现电路连接;二是插拔机构,用以实现电插头的连接和分离动作。

2. 电分离器的设计要求

电插头与弹体插座如果连接不可靠,会造成导弹不能正常发射,贻误战机;如果分离不可靠,会造成弹体插座的损坏或电路故障,严重时会造成导弹发射失败。因此电分离器是地空导弹发射装置中的重要组成部分,应将其作为系统中的关键部件或重要部件进行研究与设计。

电分离器的设计要求为:

(1) 保证电插头与弹体插座的连接准确可靠,确保直到发射前电路都可靠地接通;

(2) 保证导弹发射时,电插头与弹体插座安全可靠地分离,切断电路,且电分离器各组成部分不能与导弹运动发生干涉;

(3) 电插头与弹体插座的连接力大小应适当,不能给导弹发射带来有害的影响,电插头与插座连接时不能损坏导弹,电插头脱落时应避免给导弹的滑离运动造成附加扰动;

(4) 对多次使用的电插头应设有防燃气流烧蚀与冲刷的措施;

(5) 应有能模拟与导弹连接实施射前检查及发射的模拟系统;

(6) 对需要快速脱离的电分离器应设置可靠的缓冲装置对其制动,不能发生严重碰撞而损坏电插头;

(7) 应有手动分离机构,保证不发射时能退弹,满足平时训练的需要;

(8) 电分离器插拔机构的操作应简单、安全,维护方便;

(9) 贮运发射箱中用的电分离器能气密和水密。

3. 电分离器的类型

电分离器的电插头按结构的不同,可分为接触式插头、裂离式插头和插拔式插头三类,与插头相配套的插拔机构也有不同的形式。

1) 接触式插头

接触式插头的特点是将电路接触器的两个半体分别装在导弹和定向器上,在弹簧力的作用下,使两个半体的接触点紧紧接触,以保证弹内和弹外之间电路的正常接通。

接触式插头的优点是结构简单,在发射分离时没有冲击载荷,缺点是触点极易被锈蚀或者沾染了灰尘和盐分等，导致电路成为开路或者半开路，这种类型现在一般较少采用。

2）裂离式插头

裂离式插头的特点是插头与插座做成一体，电插头机构没有插拔机构部分，在导弹起飞时，借助导弹的冲力使整个电插头分裂为两半，一半随弹飞离，另一半则留在定向器上，实现电路的断开。在插头的金属盒中填充易断的塑胶，既能保证插头中的导线不互相接触，又能使分离时易碎裂。在分离后，也要保证插头中的导线不互相接触，因为它们一般还有电位。根据裂离的方式又可分为剪断式和拉断式。

裂离式插头体积小，连接可靠，不会出现短路现象，装弹时电路接通方便，缺点是只能一次性使用，每次发射导弹后都要更换电插头，现在也较少采用。

3）插拔式插头

插拔式插头一般为针式插头，与常用的插销相似，插头与插座分别装在导弹和定向器上，两者相互移动一定距离后才能插入和拔出。在发射准备时通过插拔机构连接到导弹上，导弹起飞时电插头能够从插座脱离，避免燃气流的烧蚀，所以插头可重复使用。

插拔式电插头由于插拔方便，可重复使用，是目前采用较广泛的电插头类型，缺点是必须设置结构较为复杂的误差补偿机构和插拔机构。

导弹飞离时插拔式电插头必须在能够顺利脱离不影响导弹起飞的同时避免燃气流的烧蚀。插拔机构的结构形式与插座在导弹上的安装方向和位置有关系，如插座在弹体的腹部或背部，就需要电插头在脱离的过程中随弹体的前移而前移，如果插座在弹体的尾部端面上，则没有上述要求。根据结构特点，插拔式插头的插拔机构可分为如下类型：

1）转臂直插式

这种结构适用于插座位于弹体尾端面的情况，电分离器机构装于定向器尾部舱内，操作手柄转动转臂，转臂带动装于其头部的电插头转动一定角度后连接上弹体插座，导弹飞离时插头自动脱落，转臂带动电插头回舱。这种电分离器结构简单，操作方便直接，分离机构对导弹运动的激振小，也利于对燃气流的防护。

2）平行四连杆式

这种方式适用于插座位于弹体中部的情况，电插头安装在平行四连杆式分离机构的连杆上，在平行四边形机构的摇臂转动过程中，插头始终保持与插座垂直，即导弹发射时装在连杆上的插头随导弹的向前运动边前移边远离弹体，实现了插头的垂直插拔动作与导弹的向前运动不会发生干涉。这种电分离器的结构较复杂，分离回舱的动作对定向器的激振较大。

3）模板式

这种电分离器分离机构的核心是传动模板，模板的设计型面决定电插头的运动轨迹，保证电插头的准确连接和脱落后的回舱运动。

4）电动分离式

这种分离机构是在导弹发射前，接受指令将电插头先行拔出，断开电路，即电插头在电传动机构的带动下进行连接和分离运动。这种方式由于插头先行拔出后导弹才启动，所以分离机构的运动与导弹的运动无关，不会造成激振干扰。

4. 电分离器的误差补偿机构

定向器上设置闭锁挡弹器的其中一个重要原因是对导弹进行准确的定位，以便于导弹装填和保证电分离器的准确连接。但由于电插头机构本身在制造、装配及其在定向器上的安装位置等方面存在误差，导弹上的插座本身也在制造、装配及其在导弹位置等方面存在误差，所以连接时电插头相对导弹上插座的位置总是有偏差的。为了实现电插头与导弹插座的准确连接，电分离器必须设置误差补偿机构，用来弥补上述偏差。误差补偿机构是电分离器设计中的重要内容，下面简单介绍两种常用的误差补偿机构。

1）浮动锥面式

图 2－20 所示为浮动锥面式误差补偿机构的结构原理图，主要组成有套筒、顶杆、压簧等。套筒安装在插拔机构上，套筒内的压簧上端顶在套筒上，下端落在顶杆凸肩上，顶杆上下有两锥面分别与套筒两锥面配合，顶杆下端连接电插头。

图 2－20(a)所示为插头与插座无偏差的理想情况，这种情况下电插头的连接与分离很顺畅，误差补偿机构不工作。如果插头相对插座有位置偏差 Δs，如图 2－20(b)所示，插头导向销将不能顺利地插入弹体插座的导向孔内，插头受阻、此时套筒在插拔机构的带动下继续下移，套筒压缩弹簧，使套筒与顶杆配合的两个锥面产生间隙，此时顶杆在横方向处于悬浮状态。由于插头有垂向力作用在插座上，而插头导向销头部又是圆锥面，故有插座导向孔对导向销的侧向力作用，该作用力推动插头向右侧移动，使插头中心与插座中心对正，实现找正后的插接，如图 2－20(c)所示，这就是误差补偿机构的工作原理。

误差补偿机构的误差补偿范围是有一定限度的，即误差必须小于插头导向销的半径，否则因导向销顶端处在导向孔以外而无侧向力推动导向销对正，也就失去了自动找正的功能。因此采用该机构时，需对各有关偏差加以控制，使其综合偏差小于插头导向销半径。

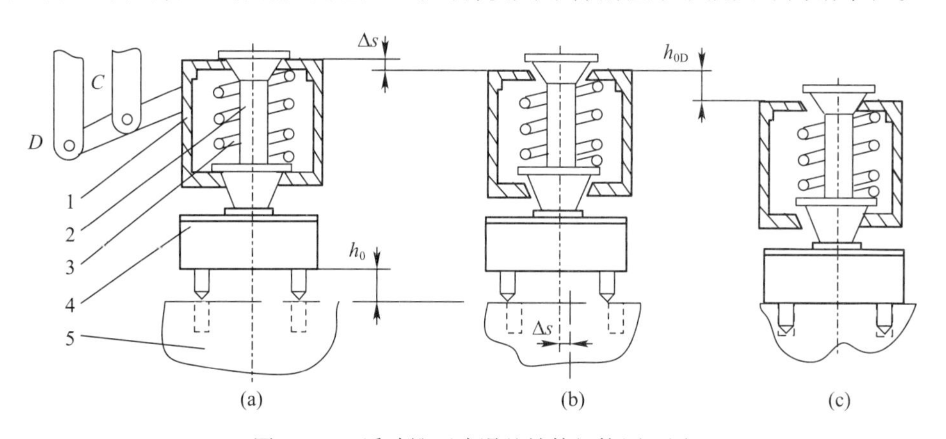

图 2－20　浮动锥面式误差补偿机构原理图

(a)无位置偏差时的待连接状态；(b)有位置偏差 Δs 时的待连接状态；(c)位置偏差为 Δs 连接后状态。

1—套筒；2—顶杆；3—压簧；4—插头；5—插座。

从图 2－20 可看出，当顶杆中轴线偏离套筒中轴线 Δs 时，顶杆相对套筒在高度方向上也将有 Δs 的升高，因此插头与插座在有横向偏差时，插头将不能完全插接到位，为解决这个问题，在结构设计中采用了使套筒多下降 Δs 的办法加以解决，而无 Δs 偏差时套筒下降的多余量由套筒内的压簧吸收，使插头在有无偏差时都能插接到位。

该误差补偿机构虽解决了插头的误差补偿问题，但也带来了不利之处。因套筒和顶杆的锥面分开后，顶杆失去了套筒对它的限位，因此导弹发射时，插头将产生偏斜，这对插头拔出插座是不利的。

2）浮动衬圈式

图2－21所示是浮动衬圈式误差补偿机构的结构原理图。图中的螺柱与插拔机构连接，连接板与插头连接，在螺套与连接板之间装有衬圈，控制螺套、衬圈、连接板之间的配合面间隙，使衬圈在螺套和连接板之间只能侧向滑动而不转动。从图中可看出，螺柱和衬圈为一体，螺套、连接板及插头为一体，在两部分的横向留有 Δs 的间隙，因此插头相对螺柱可横向移动，当插头和插座位置有偏差时，靠插座导向孔对插头导向销的横向作用力，使插头与插座对中，完成找正，实现连接。在此机构中也设置了弹簧，其作用与图2－20中的弹簧作用基本相同。

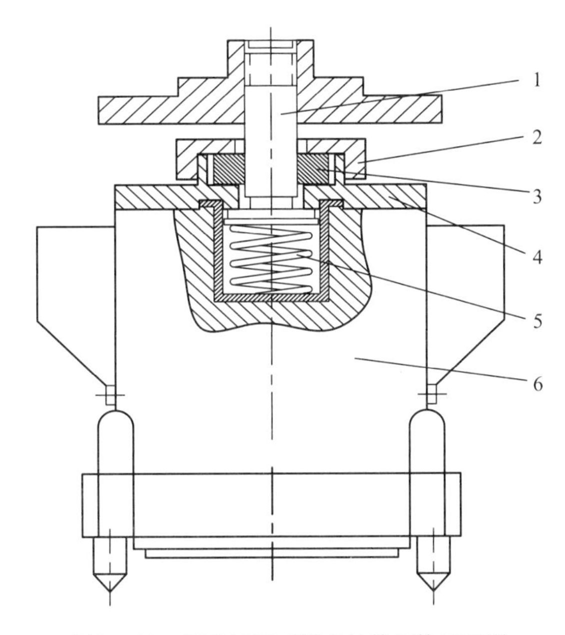

图2－21　浮动衬圈式误差补偿机构原理图

1—螺柱；2—螺套；3—衬圈；4—连接板；5—弹簧；6—插头。

第三节　瞄准机构

瞄准机构是导弹发射装置的核心部件，用来调整导弹的初始射角。由第一节知，垂直发射装置可视为倾斜发射装置的一种特例，其瞄准机构在倾斜发射装置瞄准机构的基础上得到了简化，所以本节以倾斜发射装置的瞄准机构为对象介绍瞄准机构。

瞄准机构一般由高低机和方向机组成的瞄准机、耳轴装置、回转装置、支承装置和平衡机组成。

高低机是定向器俯仰运动的传动系统，在随动系统控制下实现定向器在高低射界内的瞄准运动；方向机是回转部分方位回转运动的传动系统，在随动系统控制下实现回转部分在方位射界内的瞄准运动；耳轴装置是高低俯仰运动的转动轴，用以支承定向器实现高低俯仰运动；回转装置是高低机、定向器、平衡机等各种机械设备以及各种电器设备的安装载体以及方位回转运动的回转体,用以安装各种设备并带着定向器方位回转;支承装置是方位回转运动的支承座,其与回转装置之间有方位回转轴,用以支承回转部分实现方位回转运动;平衡机是高低机的卸荷元件,用以平衡定向器和导弹在不同射角上的重力矩,减轻高低机的负载,使瞄准轻便及操作省力。

一、瞄准机

1. 功用与组成

瞄准机用来使导弹在起飞时处于所要求的空间角度。这个空间角度由高低角和方向角(也称方位角)组成,赋予发射装置高低角的瞄准机称为高低机;赋予发射装置方向角的瞄准机称为方向机。

导弹发射装置的瞄准机是一套在控制系统下工作的机械传动系统,除了具有一般机械传动系统必备的动力、连接、减速、制动等传动环节外,由于工作目的和工作环境的特殊性,还有一些特别的组成和设计要求。一般由动力装置、联轴装置、转换装置、减速装置、安全保险装置、反馈测量装置等组成,其功能联系如图 2-22 所示。

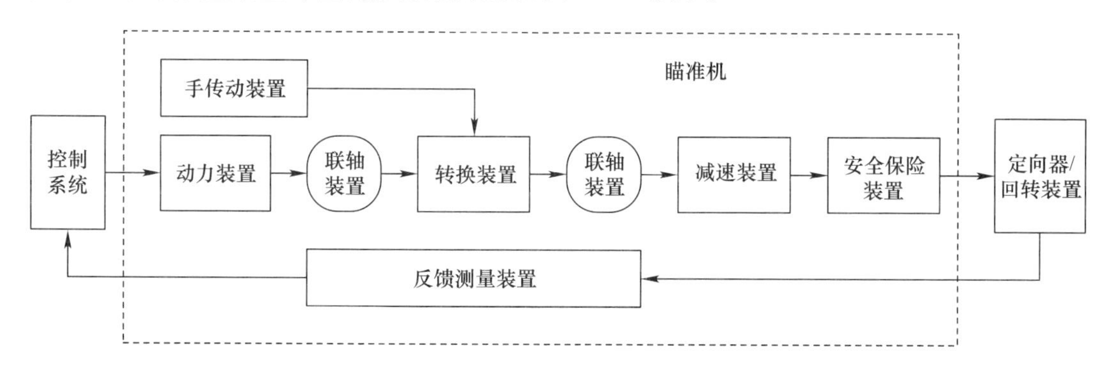

图 2-22　瞄准机的一般组成框图

安全保险装置用来保证各种工况下传动的安全性,因为瞄准机传动对象的特殊性,安全保险装置在瞄准机中尤其重要,这也是导弹发射装置的瞄准机传动系统与一般机械传动系统最大的不同之处。比如从经济方面来讨论,多联装导弹发射装置所装载的多枚导弹的总价格经常比一辆导弹发射装置的价格还高,如果因传动系统故障导致导弹损坏,造成的经济损失很大。

2. 瞄准机的类型

导弹发射装置瞄准机的瞄准角度、角速度和角加速度不同,负载大小不同,从而使瞄准机的构造也不一样。

根据瞄准机动力装置的不同可分为以下三种类型。

1) 手动

手动式瞄准机是指由人力操纵的瞄准机,可用于定角发射的发射装置上,其优点是结构简单,重量轻,地空导弹发射装置的瞄准机常采用手动瞄准作为电力拖动或液压拖动的辅助传动方式,用来实现精确瞄准,满足训练需求,或在动力传动系统发生故障时应急使用。

2）电力拖动

电力拖动是采用一套电机设备，驱动一套机械减速装置来实现瞄准运动。特点是瞄准速度高、调速范围大、传动平稳、布置方便，但结构复杂、维修不便、质量大、成本高。

3）液压拖动。

液压拖动是以液体为工作介质，通过能量的传递和控制实现瞄准运动，有承载能力大、结构紧凑、质量较小、便于大范围无级调速等优点，但在高压下系统密封困难、易泄漏、传动件的加工精度要求高。所以当传动所需功率较大或瞄准速度较高时宜采用电力拖动，当负载大而瞄准速度低时宜采用液压拖动。

根据瞄准机执行机构的不同可分为以下三种类型，如图2－23所示。

1）螺杆式

螺杆式瞄准机的特点是结构简单、工作可靠、传动平稳、加工制造容易、成本低、有自锁性，但刚性较差、对反传动有自锁作用时传动效率低、运动副间磨损严重、运动精度降低很快，适用于瞄准角度范围小和瞄准速度低的发射装置的高低机。

2）齿弧（齿圈）式

当要求瞄准角度范围较大和瞄准速度较高时一般都采用齿弧式高低机，方向机一般采用齿圈式以满足周向360°的回转工作要求。齿弧（齿圈）式瞄准机的优点是瞄准速度较高、射界较大、传动效率较高、传动平稳、机械可靠性较好，因此在良好的使用条件下寿命较长；缺点是构造复杂、制造成本高、安装调整困难、外廓尺寸大、布置不太方便、抗冲击性能较差。

3）液压作动筒式

液压作动筒是液压拖动式高低机的执行机构，结构简单、承载能力大，缺点是易泄漏，加工精度要求高。

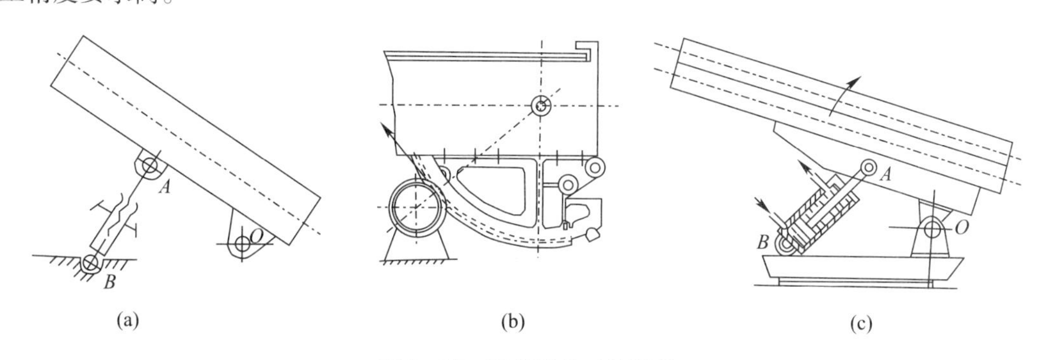

图2－23　高低机的工作原理

（a）螺杆式高低机图；（b）齿弧式高低机图；（c）液压作动筒式高低机。

3. 对瞄准机的要求

由于工作的特殊性，瞄准机传动系统除了要满足一般机械传动系统的结构紧凑、质量轻、强度和刚度好、传动效率高、经济性好、环境适应能力好等普遍要求外，还应满足如下特殊要求。

1）要有足够的瞄准范围

瞄准角的大小与导弹用途有关，因攻击不同距离的目标而适合采用不同的高低射角来完成，如图2－24所示。即对远距离目标进行攻击时采用相应的大射角，反之则采用小射角。地空导弹发射装置的方向角一般为360°连续转动,高低角为0°~90°。

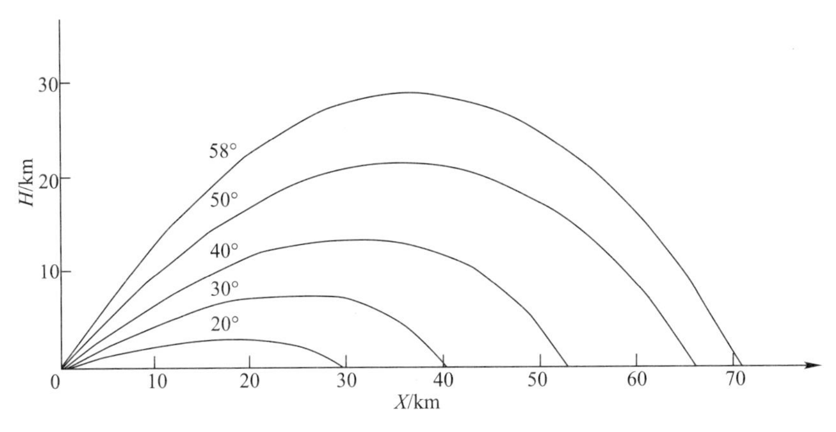

图2-24 射程与射角的关系图

2)瞄准速度和加速度要满足要求

发射装置跟踪瞄准时必须具有足够大的跟踪瞄准速度和加速度,否则将丢失目标。对地空导弹变角发射装置来说,目标航速越大、航路捷径值越小,所需方向跟踪速度和加速度就越大。此外,还应具有足够大的调转速度和加速度,以提高作战效率。但加速度过大会引起过大的惯性力,所以瞄准速度和加速度应由总体技术要求给出,这是导弹发射装置的一项重要战术技术指标,是瞄准机设计中必须保证的重要参数。

不同类型导弹发射装置的瞄准速度、加速度不相同。一般调转速度、加速度大于跟踪速度、加速度;方位瞄准速度常大于高低瞄准速度;低空导弹发射装置的瞄准速度大于高空导弹发射装置的瞄准速度。

3)瞄准机要有足够的精度

导弹起飞时射角偏差应尽可能小,以提高发射精度。瞄准机的瞄准精度与传动系统的空回量大小及控制系统的误差有很大关系。传动系统空回量是衡量传动精度的重要指标,空回量越小,传动精度越高,瞄准误差角就越小。

对误差的要求越小,传动系统的加工装配就越困难,成本也相对提高。因此设计时应从导弹武器系统的需要出发,综合考虑瞄准机的精度要求。

4)瞄准机构传动系统工作要平稳

瞄准机传动系统在工作时不应出现跳动现象,在负载发生变化时,瞄准的平稳性和位置不应受破坏。

5)瞄准机的传动要安全可靠

瞄准机的传动系统除应有足够的强度和刚度外,还应设有制动器、安全离合器、射角限制器、机械极限角限制器、缓冲装置、过载缓冲器、自动手动互锁机构等各种安全保险装置。安全保险装置直接影响到人员和设备的安全,具有特殊的重要性。

6)操作维护方便简单

在勤务方面除首先要保证安全以外,还应保证操作轻便,维护简单。人工操作的位置要适当,手操作力不宜过大。

4. 瞄准机的减速装置

减速装置是瞄准机的核心装置，不仅用以改变运动方向和调节运动速度，还承担驱动力的传递。

1）对瞄准机减速装置的要求

（1）保证良好的运动性能。减速器应能准确地将执行电机的运动传给发射装置定向器或回转装置，在改变运动方向或运动速度时，力求消除或减少冲击载荷。

（2）保证工作可靠。减速器的结构应有足够的强度、刚度和耐磨性，负荷大的齿轮应设置支承座，应采取良好的密封和润滑措施。

（3）满足传动精度的要求，结构紧凑。为减小传动链的空回量并提高传动效率，应最大限度地减少齿轮啮合对的数量。齿轮与轴的加工、装配精度应与总的传动精度要求相适应，为此可设置一些能在装配时进行调节的环节，以保证较小的齿侧间隙而减小空回量。

（4）布局合理。减速器应尽量靠近发射装置回转轴布置，以减小转动惯量和转动力矩，布置位置还应考虑操作、维护的方便，尽量减小质量和外形尺寸。

（5）类型选择合理。作为瞄准机用的减速器可采用圆柱齿轮、圆锥齿轮、蜗轮蜗杆及行星齿轮等综合传动形式，其传动级数根据传动比要求和结构要求合理确定，一般可设三级或四级。采用传动类型时应考虑多方面的因素，如传动比大小、传动效率、平稳性、输入输出轴的位置及自锁性要求等。

2）瞄准机减速装置的类型

地空导弹发射装置的瞄准机采用的减速器类型较多。

（1）蜗轮蜗杆减速器。蜗轮蜗杆减速器是高低机常用的一种形式，优点是传速比比较大，结构简单而且较紧凑，一般采用单头圆柱蜗杆（$Z=1$），传速比最大值一般取 30 左右。当蜗杆导角较小时有自锁性，在传动系统中就不需另外设置制动器，缺点是传动效率低，在有自锁的条件下传动效率不大于50%。

（2）多级圆柱齿轮减速器。多级圆柱齿轮减速器结构简单，加工装配较容易，成本也较低，缺点是在传速比较大时几何尺寸和重量也较大。行星齿轮减速器在电力拖动式瞄准机中应用很普遍，与多级圆柱齿轮减速器相比其体积小，传动比大。

（3）少齿差减速器。少齿差减速器的特点是组成零件少，传速比大，体积小，重量轻。由于采用变位渐开线齿轮，变位后啮后角增大，径向负载也大，影响工作寿命。但对导弹发射装置来说工作时间短，少齿差减速器仍是适用的。

（4）摆线针轮减速器。摆线针轮减速器的结构与少齿差减速器基本相似，与同功率的普通齿轮减速器相比，重量和体积均可减少 1/2 ~ 2/3；单级传速比 11 ~ 87，两级可达 121 ~ 5133；传动效率可达 0.9 ~ 0.97。优点是结构紧凑、尺寸小、重量轻、效率高、承载能力大、寿命长。其缺点是加工困难、精度要求高、散热条件较差。

（5）谐波齿轮减速器。谐波齿轮减速器是通过柔轮材料产生弹性变形，从而使柔轮与刚轮齿相互啮合来实现传动。其优点是组成零件少、结构简单、体积小、重量轻、传速比范围大，一般单级传动比可达 75 ~ 500，双级传动比可大大增加；啮合齿数较多，承载能力较大；传动精度比普通齿轮可提高 4 倍左右，运动平稳而无冲击，齿侧间隙可调，甚至可以获得零侧隙的啮合运动；传动效率高。缺点是加工和装配工艺较复杂。

5. 瞄准机的传动链

地空导弹发射装置瞄准机的机械传动链一般可分为三部分：一是电机驱动定向器高低运动或驱动回转装置的方位运动的传动链，其传动比应在控制系统控制下，满足自动跟踪的瞄准速度要求，是主传动链；二是定向器或回转装置到控制系统的反馈测量传动链，作测量反馈用；三是手传动的传动链，供训练、维修保养时使用。

1）主传动链的传动比

瞄准机工作时有调转和跟踪两种运动，调转速度比跟踪速度大，所以主传动链的总速比应以调转速度进行计算，即

$$i_1 = \frac{360n_m}{60\omega} \tag{2-4}$$

式中：n_m 为电机额定转速（r/min）；ω 为调转速度（°/s）。

式（2－4）计算的总速比满足最大调转速度的要求，考虑到电机在低转速下进行跟踪瞄准时，将使发射装置近于爬行状态下转动，冲击振动较大，所以一般在不影响结构外形尺寸的前提下适当加大总的减速比，以改善发射装置的低速稳定性，并满足调转速度的要求。

2）反馈测量传动链的传动比

反馈测量传动链的传动比 i_2 应与主传动链传动比 i_1 相同，这样控制系统才能测量出定向器或回转装置的实际转动角度。

3）手传动链的传动比

手传动链的传动比 i_3 应满足操作人员使用方便、转速适中和手柄力的要求，并满足

$$P = \frac{M}{i_3\eta_3R} \tag{2-5}$$

式中：P 为手柄力；M 为高低运动或方位运动的阻力矩；η_3 为手传动链的效率；R 为手柄转动半径。

由式（2－5）可知，手柄力与手传动速比成反比，减速比大时，手柄力小。但减速比很大时，尽管操作省力，但运动速度太低，也是不可取的。

例如某发射装置方向机的传动系统如图 2－25 所示，图中的传动系统为电力随动，其主传动链的传动比为

$$i_1 = \frac{Z_1}{Z_2} \times \frac{Z_5}{Z_6} \times \frac{Z_3}{Z_4 - Z_3} \times \frac{Z_7}{Z_8} = \frac{266}{14} \times \frac{24}{16} \times \frac{43}{44-43} \times \frac{30}{20} = 1838.25 \tag{2-6}$$

反馈测量传动链的传动比为

$$i_2 = \frac{Z_7}{Z_8} \times \frac{Z_{10}}{Z_9} \times \frac{Z_{13}}{Z_{12}} \times \frac{Z_{15}}{Z_{14}} \times 120 = \frac{30}{20} \times \frac{20}{20} \times \frac{43}{20} \times \frac{95}{20} \times 120 = 1838.25 \tag{2-7}$$

手传动链的传动比为

$$i_3 = \frac{Z_1}{Z_2} \times \frac{Z_3}{Z_4 - Z_3} \times \frac{Z_5}{Z_6} \times \frac{Z_9}{Z_{10}} = \frac{266}{14} \times \frac{43}{44-43} \times \frac{24}{16} \times \frac{30}{30} = 1225.5 \tag{2-8}$$

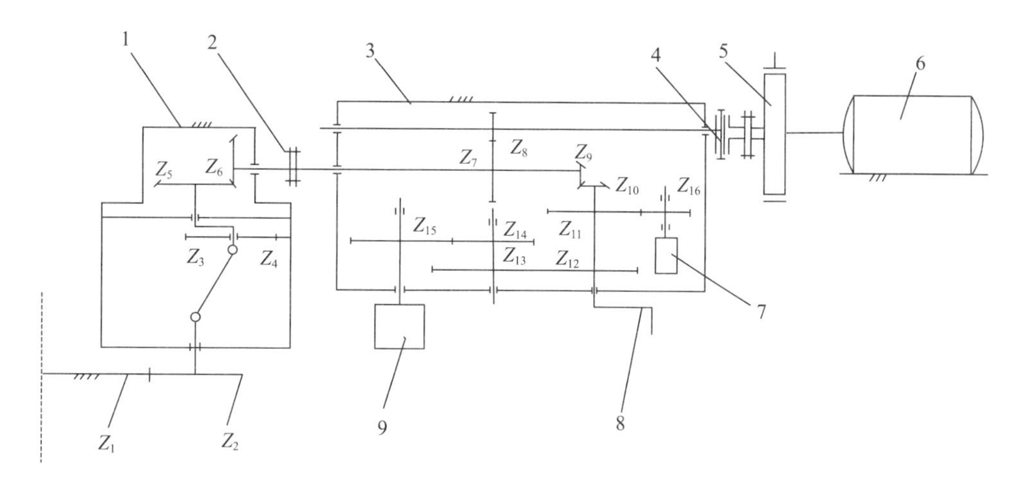

图 2-25 电力随动齿圈式方向机传动系统

1—摆线针轮减速器；2—联轴器；3—变速箱；4—过载摩擦离合器；5—制动器；
6—执行电机；7—测速电机；8—摇把；9—受信仪；Z_1—方向齿圈；Z_2—方向齿轮；
Z_3—摆线轮；Z_4—针轮；Z_{5-16}—传动变速齿轮。

测速电机的传速比为

$$i_4=\frac{Z_7}{Z_8}\times\frac{Z_{10}}{Z_9}\times\frac{Z_{16}}{Z_{11}}=\frac{30}{20}\times\frac{20}{20}\times\frac{20}{60}=0.5 \tag{2-9}$$

i_4是执行电机转速与测速电机转速之比，当 $i_4=0.5$ 时，测速电机转速为执行电机的 2 倍。如执行电机额定转速为 1500rad/min，$i_1=1838.25$，其最大跟踪瞄准速度可达 4.98°/s。

6. 瞄准机的安全保险装置

安全保险装置用来保证各种工况下传动的安全性，因为瞄准机传动对象的特殊性，安全保险装置在瞄准机中尤其重要。

1）制动器

制动器是保证传动部分确定停止在瞄准后的位置上，防止意外的外力矩作用引起转动部分自行转动。

制动器的形式有自锁蜗轮传动制动器、摩擦式制动器、带式制动器等。

2）可移性联轴器

可移性联轴器是用来将执行电机（或液压马达）轴与传动系统的输入轴（高速轴）连接在一起，或将两个齿轮变速箱输出输入轴连接在一起。由于装配时很难将两轴中心对准，也难使两轴中心线在一条直线上，一般都有小的偏移和夹角。为了防止运转时产生振动或卡滞，要求采用可移性联轴器。常用的有弹性圈柱销联轴器、星形弹性件联轴器和十字滑块联轴器等，这些联轴器都有标准系列，设计时可选用。

3）过载离合器

过载离合器是瞄准机传动系统中的一个过载保险环节，当发生卡滞或电机负载超过允许值时过载离合器产生滑动，这样既保证电机不被烧毁，又能防止各传动件不受损伤。过载离合器通常有单片和多片摩擦式两种，在设计中根据过载扭矩的大小来选择。多片组合式过载离合器的尺寸较小,但结构较复杂。

4) 制动缓冲器

制动缓冲器常设置在高低机传动系统中,无论是自锁或用制动器制动都应有缓冲机构,以减少惯性冲击载荷保护传动系统的传动精度,也防止损坏传动件。制动缓冲器的形式有弹簧式和摩擦式两种。

5) 自动断路器

自动断路器是在高低瞄准达极限角时自动将电机(执行电机)电路切断,防止发生撞击,以保护传动系统的安全。自动断路可通过杠杆机构和行程开关来完成。

6) 速度限制器

速度限制器是用来限制起落部分最大转速的,即在起落部分转速超过允许值时速度限制器自动使传动系统减速,以免在制动时产生更大的惯性过载。

起落部分转速可能有两种情况超过允许值:一是当从大角度向小角度瞄准时由于起落部分重量力矩的作用转速迅速增大;另一种情况是制动器失效时传动系统突然断电,起落部分向下转速也迅速增加。另外,在调转时也可能出现转速过大的现象。

速度限制器通常是利用离心力带动摩擦盘移动后进行摩擦实现限速。

7) 手动和电动互锁机构

手动和电动互锁机构用来保证电动时不能手动,手动时则不能电动。电动和手动的转换机械一般以离合器形式出现,通过拨叉杠杆来操纵,转换后将杠杆固定。手动和电动互锁机构常用行程开关来保证手传动系统接通前先断开电机的启动开关。

8) 极限角缓冲器

极限角缓冲器用在高低机传动系统中,高低极限角位置可设三道保险机构。第一道是射角限制器,定向器运动至射角限制器安装角度时自动转换电路,使其反向从而实现制动。第二道是自动断路器,如果第一道失灵,定向器运动到机械极限角位置时自动断开电路,制动器工作。第三道是极限角缓冲器,是在最恶劣的情况下工作的,即第二道保险机构也失效的情况下,定向器以一定的速度撞到极限角缓冲器上,此时要求缓冲器能吸收动能,防止撞击时导弹过载过大。

二、耳轴装置

耳轴装置是定向器在高低机的作用下进行高低俯仰运动的回转轴。对于单联装发射装置来说,耳轴装置一般直接安装在定向器上;对多联装发射装置来说,耳轴装置通常安装在定向器的联装架上。

1. 对耳轴的要求

耳轴装置是发射装置的一个重要组成部分,对其一般有如下要求:

(1) 摩擦力小,转动灵活。耳轴装置是定向器进行高低俯仰运动的回转轴,耳轴装置的摩擦力如果过大或者不均匀,会增大高低机的负载,影响瞄准的快速性和平稳性。

(2) 要有足够的强度和刚度。定向器通过耳轴装置和高低机与托架相连接,耳轴装置承受着较大的径向和轴向载荷,为了安全,耳轴装置要有足够的强度和刚度。

(3) 耐磨性能好,寿命长。耳轴装置的核心部件之间具有相对转动,故耐磨性要好,寿命要长。

(4) 维护简易。耳轴装置不易拆装,要求维护工作要简单易行。

2. 类型与典型结构

耳轴的结构形式可分为滑动摩擦式和滚动摩擦式两类。

几种典型耳轴装置的结构如图 2-26 所示。

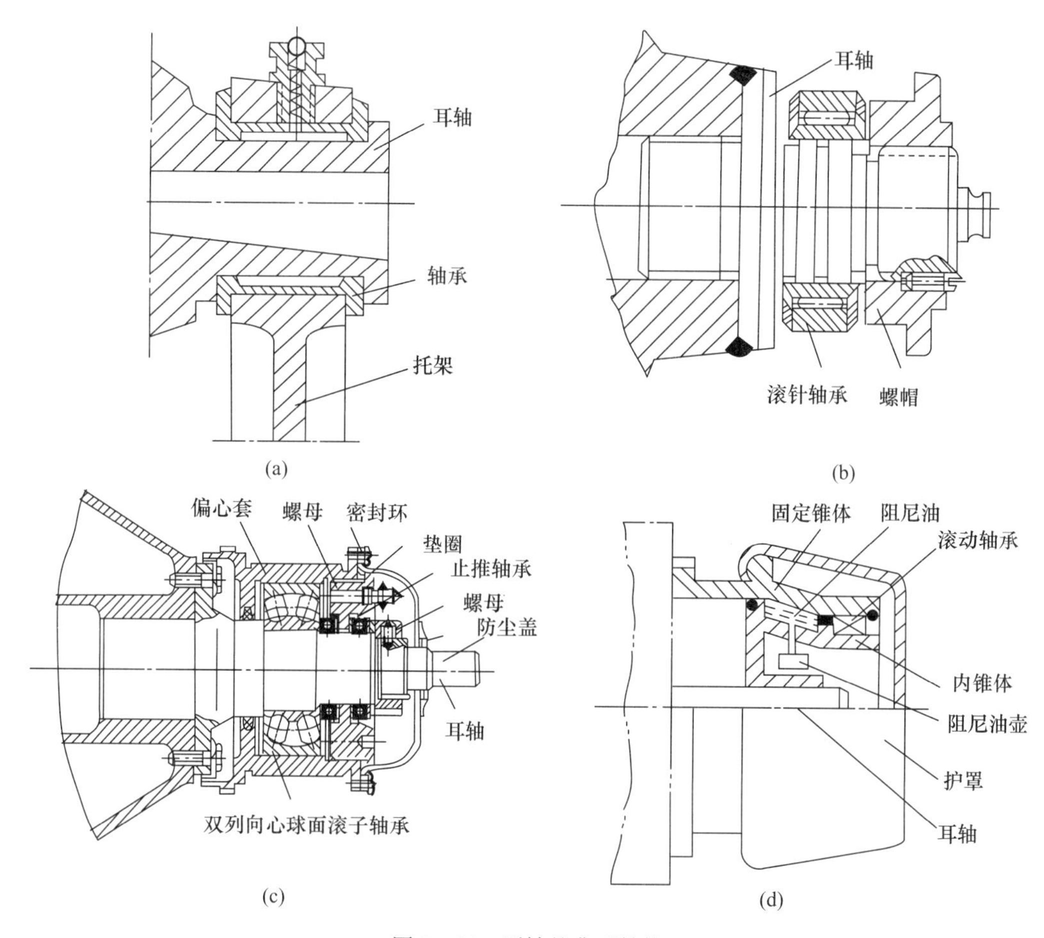

图 2-26　耳轴的典型结构

(a)滑动摩擦式耳轴;(b)滚针轴承式耳轴;(c)可调滚动式耳轴;(d)带阻尼器的滚动式耳轴。

图 2-26(a)为滑动摩擦式耳轴。这种耳轴结构简单,但摩擦阻力较大,为了减少滑动式耳轴的摩擦阻力,应加润滑油润滑,多用于低速手动式瞄准的发射装置上。

图 2-26(b)为滚针轴承式耳轴。其优点是滚针轴承转动灵活,消耗功率小,缺点是不能承受轴向载荷。

图 2-26(c)为可调滚动式耳轴。由耳轴、径向轴承、轴向止推轴承、偏心套和螺母等所组成,可承受径向和轴向载荷,同时又转动灵活。偏心套的作用是使耳轴的中心线在上下方向可以微调。其目的是为了保证高低机主齿轮与高低齿弧之间的啮合性能。装配时应保证定向器中心线对准托架中心线(纵向),由于偏心套在托架支承座上不能轴向移动,因此可采用调整和修锉垫圈的厚度使耳轴左右移动,以使两中心线相重合,实际装配

时可根据调整好以后测量的结果来确定垫圈的厚度。另外,可通过螺母来调节耳轴的轴向松动量。

图 2-26(d)为带有黏性摩擦阻尼器的滚动式耳轴。阻尼器是两个金属锥体结构,其间留有一定的间隙,并充有黏性流体。当固定在耳轴上的锥体相对另一锥体转动时,流体之间形成剪切阻力矩,此剪切力矩的大小是高低转动速度的函数。速度越大阻尼力矩也越大,这样一来,可使高低回转速度不至于产生突变。

三、回转支承装置

回转支承装置在倾斜发射装置中要求方位角可调时采用。对于垂直发射装置来说,其方位角由运载体决定,因此,不设方位瞄准机构,也就不需要设置回转支承装置。

1. 回转支承装置的功用及要求

1) 回转支承装置的功用

在倾斜变角式导弹发射装置中,要求在较大范围内自动跟踪瞄准目标进行攻击,所以发射装置设置了回转部分。为了支承回转部分并与发射装置瞄准机构中的方向机配合,赋予发射装置回转部分在水平面内的角度转动,实现预定方向射角的要求,在回转部分和运载体之间装有支承装置。方向机的大部分组成件安装在回转部分上,其余部分则安装在支承装置上。

发射装置的高低机、定向器等其他装置均安装在回转部分上随其做方位回转运动,回转部分固定在回转座圈上,而回转支承装置的固定座圈则与运载体基座固接。在回转时固定座圈与回转座圈之间的摩擦力矩即为方向瞄准的载荷。回转部分与支承装置的连接件应能承受回转部分所受的作用力,能承受垂直力、水平力和翻倒力矩的作用。

2) 回转支承装置的承受载荷分析

回转支承装置的承受载荷是由回转部分以上的转动部分的自重及所承受的各种外力施加给回转支承装置的载荷。倾斜变角式发射装置的作用载荷如图 2-27 所示。

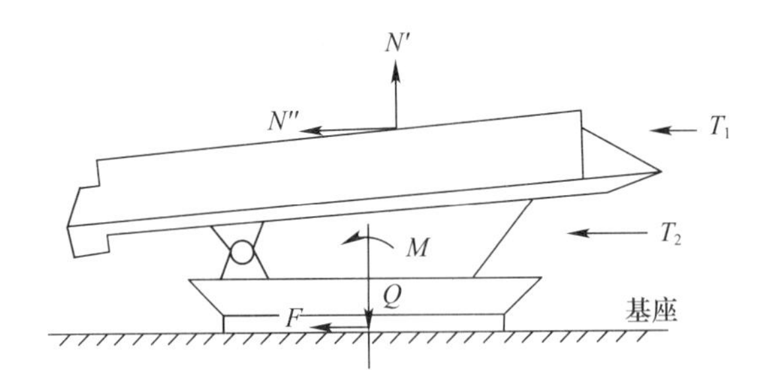

图 2-27 倾斜变角式发射装置的作用载荷

(1) 回转部分的自重对回转支承装置产生较大的轴向力 Q。

(2) 因为回转部分的质心与回转支承装置的质心不重合,回转部分在射击平面内产生翻倒力矩 M。

(3) 运载体运动和瞄准运动引起的惯性载荷。

(4) 导弹发射时,导弹的前后滑块对定向器产生压力 N' 和 N'',对回转支承装置产生轴

向力 Q 及翻倒力矩 M。

（5）导弹发射时，燃气流对燃气导流装置的作用力 T_1 和 T_2 在回转支承装置上产生径向力 F 和翻倒力矩 M。

（6）风力作用在发射装置上的载荷。

总之，回转支承装置的上部要承受回转部分传来的动、静载荷，中间承受风力及燃气流冲击作用的动载荷，下部承受运载体传来的动载荷，这些复杂的载荷在回转支承装置上可以简化为沿回转轴方向作用的轴向力 Q、垂直回转轴方向作用的径向力 F 和翻倒力矩 M 三种作用力。

3）对回转支承装置的要求

回转支承装置是发射装置的主要支承部件。对其要求如下：

（1）要具有足够的刚度和强度，以保证导弹发射时其结构不变形。

（2）结构要紧凑，重量要轻。回转支承装置通常是发射装置中体积和重量较大的部件，在总体设计时应尽量缩小尺寸，并减轻重量。

（3）工艺性要好。回转部分的形状常常不规则，有的采用焊接结构或铸件，也有的是由铸件扣焊接结构组合而成，焊接时易变形，铸造易出现气穴或含夹渣，给加工带来一定困难。

（4）要考虑排导和防护燃气流问题，以减少发射装置所受燃气流的冲击载荷及防烧蚀。

（5）回转部分要求一定的密封性，以免尘土和雨水等侵入。

（6）固定座圈与回转座圈之间的摩擦力要小，保持良好的润滑性。

（7）支承装置应保持水平，以免在发射时出现角度偏差。

2. 回转支承装置的类型

回转部分常称为托架，支承装置常称为座架。

按支臂的结构，托架可分为：

（1）双支臂式。双支臂式托架在实际中应用较广，其特点是在托架上有两个支臂，支臂之间具有一定的跨度，起落部分通过耳轴安装在两支臂的轴承座上。

（2）单支臂式。单支臂式托架实质相当于将两个支臂连成一个整体，其优点是刚性好，结构紧凑，对其内部机件有防护作用。

按立轴的长短和作用，支承装置可分为：

（1）长立轴式；

（2）短立轴式。

按固定座圈与回转座圈之间的接触面摩擦性质，支承装置可分为：

（1）滑动摩擦式；

（2）滚动摩擦式。

图 2－28 所示为立轴连接形式，其中有长立轴和短立轴两种。

长立轴连接的特点是，座架和托架除能承受轴向和径向载荷外，还能承受翻倒力矩，即有防撬能力。在立轴直径较小时，通常选用标准滚动轴承，成本低。由于长立轴承受翻倒力矩的能力较小，故多用于中小型发射装置上。

长立轴通常制成锥台形，装配方便。当立轴直径较大时，可采用空心立轴以减轻重量。

短立轴只能承受径向（水平）载荷，垂直方向载荷由座架直接承受，另外还需设置防撬

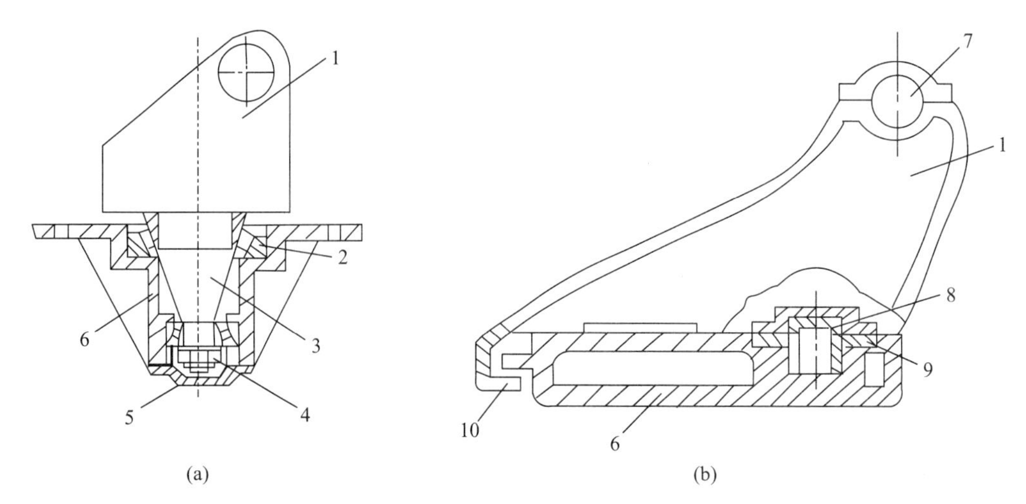

图 2-28 立轴连接形式简图

(a)长立轴；(b)短立轴。

1—托架；2—滚动轴承；3—长立轴；4—螺帽；5—端盖；

6—座架；7—耳座；8—短立轴；9—衬垫；10—防撬板。

板或防撬钩以承受翻倒力矩。短立轴滑动摩擦式连接的优点是具有较大的承载能力，简单经济；缺点是摩擦力大，方向机负载大。

短立轴滑动摩擦连接时，在托架与座架的接触面之间一般设有铜垫，以减少相互间的磨损。贴合面之间的接触面积应在 60%~70% 以上，压力不应太大，以防破坏润滑油膜。

3. 滚动支承座的类型和特点

当瞄准范围较大或圆周瞄准且载荷较大时，托架与座架之间则采用滚动支承座连接，滚动支承座直径大，一般是非标准件，实质上是一个特殊大型滚动轴承，但应选用标准的滚珠以降低成本。

滚动支承座，按承载性质可分为：

（1）简单式；

（2）半万能式；

（3）万能式。

关于简单滚动支承座、半万能和万能滚动支承座结构的特点分别介绍如下：

1）简单滚动支承座

简单滚动支承座如图 2-29 所示。工作特点是受力单纯，水平力由立轴承受，垂直力由止推轴承承受，翻倒力矩则由防撬钣承受，滚珠在上、下座圈滚道上滚动。防撬钣与座架之间有一小间隙 Δ。在翻倒力矩作用下间隙消失，在跟踪瞄准时防撬钣与座架之间将产生摩擦阻力。

简单滚动支承座的优点是承载能力大，易于制造。缺点是结构较复杂一些，由于防撬钣不是均匀分布，在各方向承受翻倒力矩的能力是不相同的。

2）半万能滚动支承座

半万能滚动支承座如图 2-30 所示。

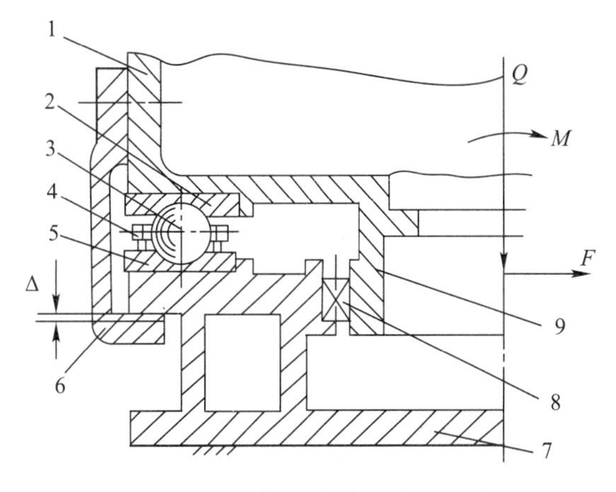

图 2－29　简单滚动支承座简图

1—托架；2—上座圈；3—滚珠；4—隔栏；5—下座圈；6—防撬钣；7—座架；8—滚珠轴承；9—立轴。

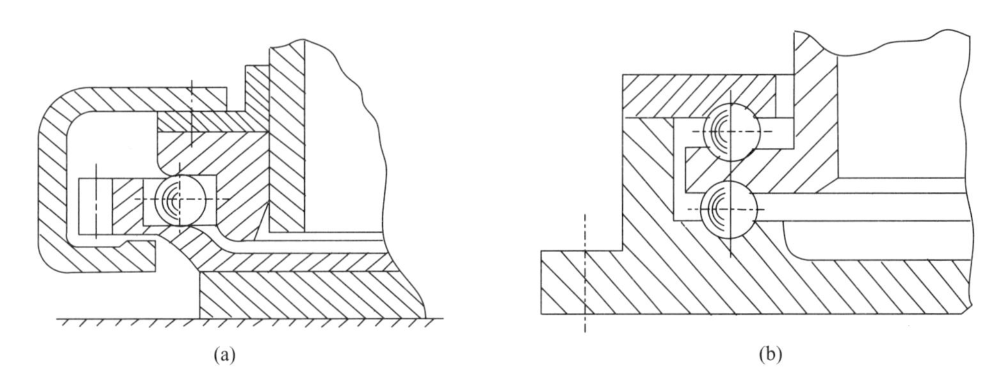

图 2－30　半万能滚动支承座简图

(a)单排滚珠；(b)双排滚珠。

半万能滚动支承座的工作特点是只能承受水平和垂直两个方向的载荷，翻倒力矩则由防撬钣来承受，或者能同时承受垂直力和翻倒力矩，而水平力由立轴来承受。

半万能滚动支承座的优点是承载能力大，摩擦力矩小，方向机跟踪瞄准轻便。对图 2－30(b)所示的结构来说，因没有滑动摩擦阻力，更适用于连续跟踪的发射装置，缺点是结构比较复杂。

3）万能滚动支承座

万能滚动支承座如图 2－31 所示。特点是由一排滚珠(或滚柱)同时承受垂直力、水平力和翻倒力矩，不需另外设置防撬钣和立轴。其结构简单，但受力复杂。摩擦阻力矩较大，工艺要求较高。

四、平衡机

1. 功用

对于倾斜发射装置来说，定向器通过耳轴装置安装在托架上，并在高低机的驱动下做高低俯仰运动，以使导弹处于所需要的高低角位置上。在发射装置总体设计时，为防止燃气流

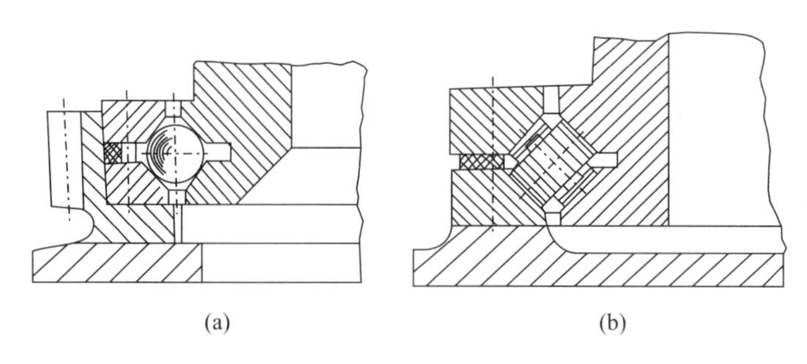

图 2－31　万能滚动支承座简图
（a）滚珠式；（b）双排滚子式。

在最大射角时通过地面的反射影响导弹的正常启动，必须使导弹尾部距地面保持一定距离。因此，耳轴的位置常常远离起落部分的重心，这样就使带弹的定向器成为一个以耳轴为支点的悬臂梁，如图 2－32 所示，其重量对耳轴产生了一个重量力矩 M_{bm}。

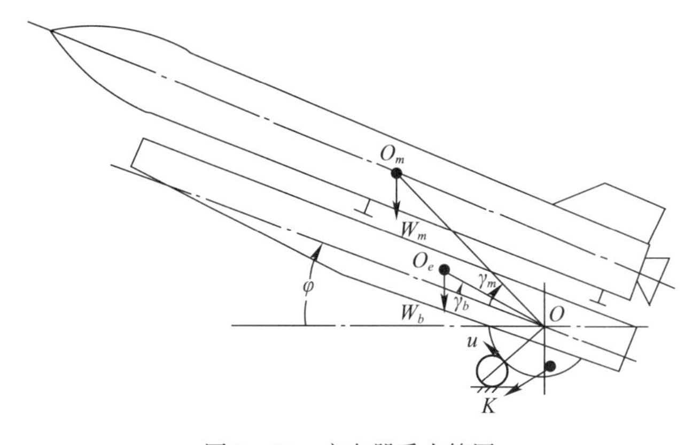

图 2－32　定向器受力简图

重量力矩 M_{bm} 由导弹的重量力矩 M_m 和定向器的重量力矩 M_b 组成，其值的大小取决于定向器和导弹的重量、导弹的重心相对耳轴的位置、定向器的重心相对耳轴的位置和射角的大小。

$$M_{bm} = M_m + M_b \tag{2-10}$$

$$M_m = nW_m l_m \cos(\varphi + \gamma_m) \tag{2-11}$$

$$M_b = nW_b l_b \cos(\varphi + \gamma_b) \tag{2-12}$$

式中：n 为火箭或导弹的发数；W_m 为导弹的重量；l_m 为全弹合成重心到耳轴中心的距离；γ_m 为全弹合成重心“O_m”与耳轴中心“O”的连线对起落部分轴线的夹角；W_b 为发射装置起落部分重量；l_b 为发射装置起落部分重心“O_b”到耳轴的距离；γ_b 为“O_e”与“O”连线对起落部分轴线的夹角；φ 为高低角。

由式（2－11）和式（2－12）可以看出，当火箭或导弹发射装置的 W_m、W_b、l_m、l_b、γ_m 和 γ_b 已确定时，重量力矩 M_m 和 M_b 的大小都随射角 φ 变化而变化。其一般变化规律如图 2－33 所示。

当 $\varphi + \gamma_m = 0°$时，$M_m = M_{m\max}$；当 $\varphi + \gamma_m = 90°$时，$M_m = 0$；当 $\varphi + \gamma_b = 0°$时，$M_b = M_{b\max}$；当

$\varphi + \gamma_b = 90°$时，$M_b = 0$。

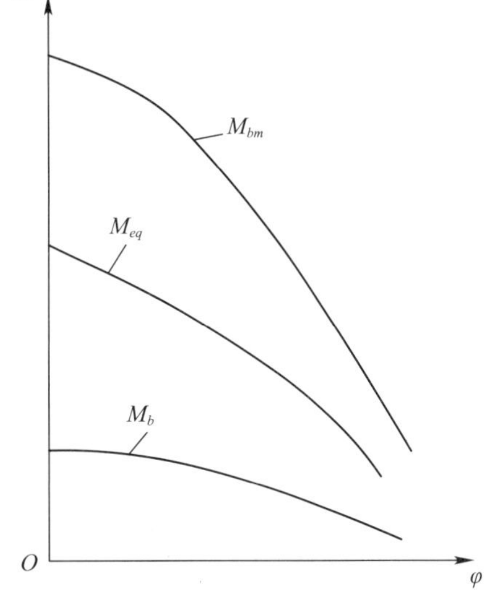

图 2-33　力矩分析图

上述重量力矩就是瞄准过程中高低机的主要负载，由传动理论可知，若高低机为液压传动或气压传动的形式，负载的大小和变化对运动的平稳性都不会有太大的影响；若高低机为齿轮传动或蜗轮蜗杆传动等机械传动形式，则负载过大会造成高低机功率的增加，而负载的变化对高低机传动系统的影响也很大，不仅影响瞄准运动的平稳性，也会影响传动系统的寿命。

为了减小上述影响，可采取如下方法：

1）减小重力矩

由式(2-12)可知，要减小重力矩，可移动耳轴的位置，即缩短导弹和定向器的重心到耳轴中心的距离。但由前述可知，耳轴位置受发射装置总体布置的限制。此方法的效果有限。

2）施加一反向力矩

此方法的思想是对耳轴施加一个反向力矩，使合力矩减小，从而减小高低机的负载，这种方法简单有效，经常被采用。

平衡机就是采用第二种方法而设置的，用来产生一个平衡力矩，以减小高低机的负载，且使负载的变化尽可能小，以提高瞄准过程的平稳性。

2. 要求

加装平衡机后，高低机的主要负载是反向力矩与重力矩的合力矩，称为不平衡力矩，以 ΔM 表示。理想的情况是如果不管高低角如何和装弹与否，不平衡力矩 ΔM 都等于零，则高低机只需克服摩擦力即可驱动定向器做俯仰运动，功率可选择很小，且负载稳定。上述情况很难实现，实际设计中对平衡机的要求如下：

1）平衡性能要好

理想的平衡力矩应处于 M_b 和 M_{bm} 两条曲线之间，如图 2-33 中 M_{eq} 曲线所示。这种情况下不带弹时的不平衡力矩 $\Delta M_A = M_{eq} - M_b$，带弹时的不平衡力矩 $\Delta M_B = M_{bm} - M_{eq}$。

确定平衡力矩时一般遵循以下两个原则：

一是在导弹重力矩最大的高低角 φ_1 时，不平衡力矩等于导弹最大重力矩的一半，即

$$\Delta M_{A_1} = \Delta M_{B_1} = \frac{1}{2} M_{R_1} \tag{2-13}$$

二是高低角变化时，带弹和不带弹两种情况下的不平衡力矩的变化尽可能小，即

$$\Delta M_A \approx \Delta M_B \approx \text{常数} \tag{2-14}$$

第一个原则保证了不平衡力矩的最大值尽可能小，第二个原则保证了不平衡力矩的变化尽可能小，这样高低机的负载最小，且工作平稳。

2）瞄准过程的平滑性能要好

瞄准的平滑性要求是针对平衡机的某些传动件提出的。平衡机直接与定向器连接，其

自身传动件的振动会传递到瞄准运动中,影响瞄准运动的平稳性和瞄准精度,因此在可能引起振动的部位,必须采取相应的措施。

3）结构简单,重量要轻,可维修性要好,操作简单安全

对平衡机平衡力矩的调整和维护保养工作要简单方便,且平衡机产生的力矩通常很大,对其进行拆装工作时一定要保证操作人员的安全。

3. 类型

按蓄能的方式平衡机可分为:

（1）弹簧式平衡机。弹簧式平衡机是由弹性元件的变形产生平衡力矩的平衡装置,根据弹性元件的不同可分为螺旋弹簧式平衡机和扭力弹簧式平衡机。弹簧式平衡机结构简单,不受环境温度变化的影响,维护方便,在实际中应用较多,但当平衡力矩较大时其结构质量变大。

（2）气体式平衡机。气体式平衡机是由被压缩的气体产生平衡力矩的平衡装置,其特点是体积小,质量相对较轻,但其平衡性能不稳定,气温对它影响较大,维护麻烦。另外,当气体压力较高时则不易密封。

按平衡机的结构特点,可分为:

（1）拉式平衡机;

（2）推式平衡机;

（3）扭力式平衡机。

推式平衡机结构简单,布置容易,但配置位置较暴露,易受损伤,一般适用在最大射角小于60°的发射装置上。拉式平衡机配置较隐蔽,结构紧凑,对燃气流的防护性较好,但不易布置,一般用于射角大于60°的发射装置上。扭力式平衡机的优点是结构简单而紧凑,但其扭转角不宜过大。

与螺旋弹簧式平衡机相比,扭力式平衡机的优点是配置容易、结构紧凑、防护性能好,制造成本低、拆装简单,缺点是采用双平衡机时实现对称配置困难。另外,扭杆的热处理工艺要求较高,扭筒的加工精度要求也较高。

4. 工作原理

气体平衡机与弹簧式平衡机的功用完全相同,主要区别是将蓄能方式由弹簧改为气体。同时也引起构造有所不同,气体式平衡机在地空导弹发射装置中很少使用,所以这里不再对其介绍,下面主要介绍螺旋弹簧式平衡机和扭力弹簧式平衡机的工作原理。

1）螺旋弹簧式平衡机

图2-34所示为拉式和推式螺旋弹簧平衡机工作原理图。

弹簧是平衡机的蓄能元件,一般都采用螺旋弹簧,弹簧断面有圆形、矩形和梯形三种,圆形断面弹簧工艺性较好,设计时应优先选用。但在弹簧作用力相同的条件下,矩形和梯形断面弹簧结构尺寸较小。

平衡机弹簧的压缩量一般都较大,当弹簧较长时可由2~4段组合,并把弹簧分为左旋和右旋两种,装配时左、右旋弹簧交替串联放置在弹簧筒内。其优点是当弹簧被压缩时可减少弹簧扭转力矩对平衡机筒端盖的作用。另外,当平衡力较大时,为了减小平衡机的结构尺寸,可做成一对并列安装在回转支承装置上。

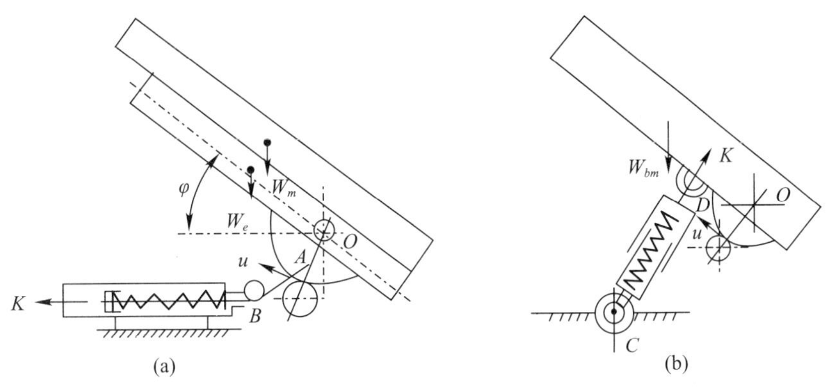

图 2－34　弹簧式平衡机原理图

(a)拉式弹簧平衡机；(b)推式弹簧平衡机。

2）扭力弹簧式平衡机

扭力弹簧式平衡机也常称为扭杆平衡机，是利用扭转杆件的弹性作为平衡机的弹性元件的。扭杆扭矩与扭角大小和扭转刚度成正比，与扭杆长度成反比。当扭杆尺寸和材料确定时，扭矩的大小随扭角的大小而改变。扭杆平衡机的工作原理就是将扭杆的扭矩通过传动件转化为平衡力矩。这个平衡力矩的大小随定向器高低角的变化而变化，以减少高低机工作时所承受的负载。

扭杆平衡机的工作原理如图 2－35 所示，主要由扭杆和传动机构组成。扭杆的一端固定在回转装置上，另一端可转动并装有传动件，传动件作用在起落部分耳轴的前方。作用力 K 的方向向上，K 的大小取决于扭矩和扭力臂的长度，其关系式如下：

$$K = \frac{M_T}{h_T} \tag{2-15}$$

式中：K 为扭力（平衡力）；M_T 为扭矩；h_T 为扭力臂长度。

扭力 K 就是平衡力，实质也是弹簧力。K 所构成的平衡力矩为

$$M_{eq} = Kh \tag{2-16}$$

式中：h 为平衡力臂，即由耳轴中心到扭力 K 作用线的垂直距离。

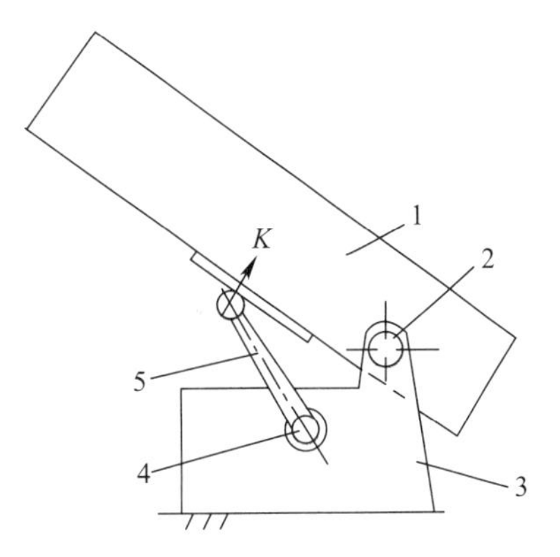

图 2－35　扭杆平衡机工作原理图

1—定向器；2—耳轴；3—托架；4—扭杆；5—传动件。

平衡力臂 h 的变化规律和大小取决平衡力 K 的作用点和方向；而 K 值则取决于定向器高低角的大小。

根据扭转的弹性件不同，扭杆式平衡机可分为：

（1）单扭杆式；

（2）扭杆扭筒组合式；

（3）叠钣扭杆式。

单扭杆式平衡机结构简单。扭杆扭筒组合式结构较紧凑，当扭杆和扭筒较长时可获得

较大的扭转角。叠钣扭杆式柔性较好。

扭杆平衡机扭杆的扭力是通过传动机构作用在定向器上,把扭矩转化为平衡力矩。其传动机构有以下几种类型:

(1)轴位扭杆机构;

(2)齿弧对;

(3)四连杆机构;

(4)凸轮摆杆机构。

这几种传动类型如图2-36所示,现将它们的特点简述如下。

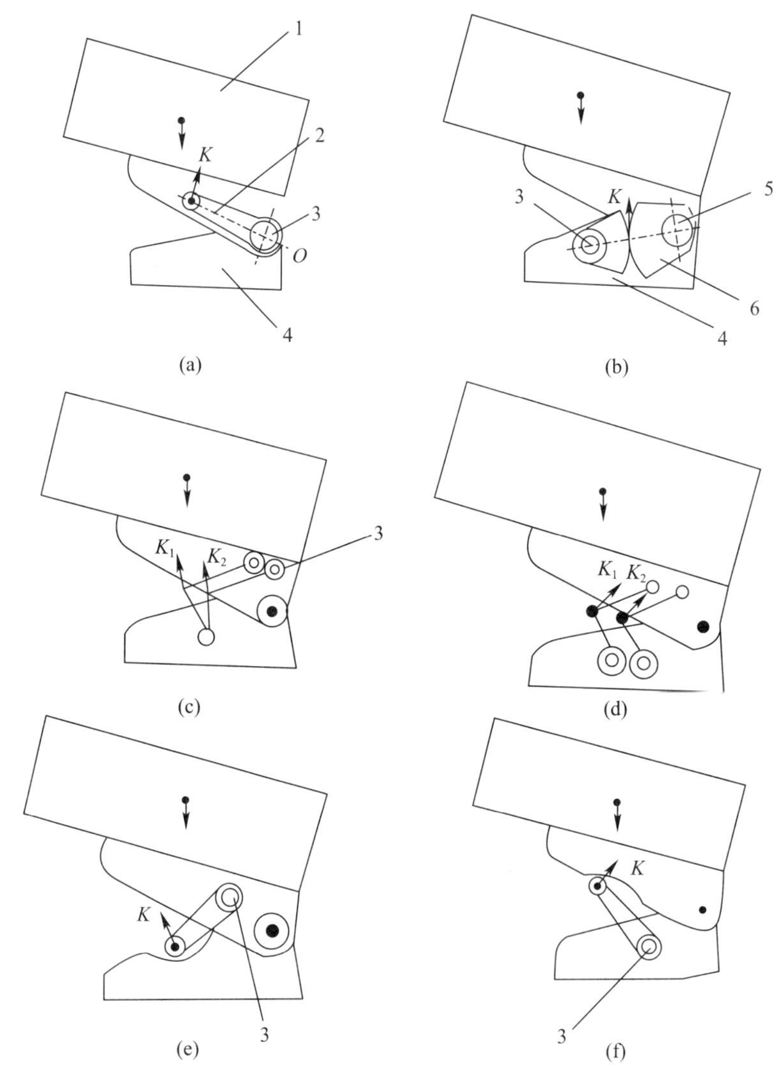

图2-36 扭杆平衡机传动类型

(a)轴位扭杆传动机构;(b)齿弧对传动机构;(c)、(d)四连杆传动机构;(e)、(f)凸轮摆杆传动机构。

1—定向器;2—扭力臂;3—扭杆;4—回转装置;5—耳轴;6—齿弧。

轴位扭杆式平衡机的扭杆轴线与耳轴中心线同位,扭杆的一端也是与回转装置固定连接;而另一端则通过传动件作用在定向器上。当高低角由大变小时扭矩增大,平衡力矩也相应增加;反之则减小。轴位扭杆平衡机的特点是平衡力矩与扭矩相等,结构简单紧凑。

齿弧对传动扭杆平衡机如图2-36(b)所示。扭杆的一端固定在回转装置上,而另一端装有传动齿弧,并与固定在定向器上的齿弧相啮合,定向器上的齿弧节圆中心与耳轴中心相重合。当定向器的高低角φ增大或减小,扭矩则随之减小或增大,平衡力矩与扭矩之关系可由下式表示,即

$$M_{eq}=\frac{R_0}{R_{\mathrm{T}}}M_{\mathrm{T}} \tag{2-17}$$

式中:M_{eq}为平衡力矩;M_{T}为扭杆扭矩;R_0为定向器上的齿弧节圆半径(平衡力臂);R_{T}为扭杆端部齿弧节圆半径(扭力臂)。

由式2-17可以看出,当两节圆半径相等时(即$R_0=R_{\mathrm{T}}$),平衡力矩M_{eq}则等于扭力矩M_{T}。

当所需扭力矩较大时可采用双扭杆平衡机,传动机构可采用四连杆形式、如图2-36(c)和(d)所示。

另外,凸轮摆杆传动机构的特点是平衡力矩不等于扭矩。因平衡力臂长度不等于扭力臂的长度,扭力臂对定向器的作用点是随高低角不同而改变的,如图2-36(e)和(f)所示。

第四节　燃气防护装置

地空导弹的燃气流是一种高温高速含有固体粒子的气体射流,温度高达2000~2500℃,气流的速度从喷管断面处的2000m/s左右逐渐降低到距离喷管12~20m处的120~200m/s。高温高速的燃气流,对发射装置、发射场地、周围设备和导弹都将产生不利的影响,常表现为动力影响、热影响和侵蚀影响。随着导弹技术的发展,以及与导弹相配套的贮运发射箱、易碎盖等新技术在武器系统中的不断应用,使得导弹发射装置日趋小型化,为采用多联装发射装置的结构形式以及增强火力创造了条件。另外,也带来了相应的一些问题,由于增强火力使得结构布局越来越紧凑,这样导弹发射时产生的高温高速燃气流伴随着燃烧不充分而继续燃烧的火药颗粒以及贮运发射箱易碎盖的碎片等,都将可能作用在发射装置和其他设备上,进而威胁其安全。

燃气流问题是一个十分复杂的问题,它不仅对发射装置和发射阵地有影响,对导弹发射也有影响,燃气噪声还会引起发射装置振动影响发射精度,所以燃气流的防护问题是发射装置设计时非常重要的研究内容。

由前面的论述可知,定向器、瞄准机构等机构的设计中都有防护燃气流方面的要求,比如定向器结构外形的导流、回转装置结构外形的导流、定向器和回转装置上各种舱体的护盖等都是燃气流的防护措施。第五节将要介绍的发射装置运载体也同样要考虑防护燃气流的问题,避免燃气流对驾驶室、底盘等造成损害。

除了上述燃气流防护措施,很多导弹发射装置设置了专门的燃气导流器,本节对燃气导流器进行详细的介绍。

一、功用与类型

1. 功用

燃气导流装置就是具有适当结构形式的,用于将导弹发射时产生的高温高速燃气流按预定的导流方向顺利排导以保护各种设备安全的装置。

2. 类型

按照结构形式的不同,燃气导流装置可分为:

(1) 楔型导流器。楔型导流器靠楔型面进行导流,又可分为单面导流器和双面导流器。

(2) 栅格型导流器。栅格型导流器的工作原理不是使燃气流偏折向某一方向,而是使通过栅格的燃气流相互发生干扰造成能量损失,从而减轻燃气流对地面设备的冲刷。

二、工作要求

导弹发射时燃气导流装置承受高温高速燃气流的作用,工作环境十分恶劣。燃气导流装置设计得好坏对武器系统使用性能有直接关系,对其有如下要求:

(1) 将燃气流按一定方向排导,保证发射设备和其他地面设备的安全和正常工作;

(2) 排导燃气流时,燃气导流装置上应尽量不出现侧向力,不能影响发射装置稳定性;

(3) 在导弹滑离时,反射的燃气流不能影响发动机正常工作,且防止反射的燃气流作用在导弹尾部,造成发射过程的初始扰动;

(4) 燃气导流装置在发射装置战斗状态转换时的操作应方便快捷;

(5) 燃气导流装置应有足够的强度和刚度,应能多次使用,不烧蚀、不破坏、不产生永久变形;

(6) 结构合理,工艺性好;

(7) 维护简单方便,寿命长。

三、燃气导流装置的设计

1. 燃气导流方式的选择

燃气流的导流方式取决于导弹发射装置的结构、导弹起飞的发动机形式以及所要防护的设施和范围,不同的防护对象和防护要求所采用的导流方式和导流装置结构也就不同,应根据具体的要求而采用相应的导流方式。

2. 燃气流自由流场的计算与仿真

燃气流自由流场的计算与仿真的目的是获得燃气流自由流场中各处的温度、压力、流速、噪声等参数,为燃气导流器的结构设计提供依据。

1) 燃气流自由流场参数计算

发动机喷出的高温高速燃气流的流场结构十分复杂,已有不少专著给出了理论计算方法,通常包括发动机喷口燃气流参数计算、燃气流初始段参数计算、燃气流主段参数和导流器表面燃气流压强计算等内容。

2) 导流器受力计算

由流场参数计算结果可进行导流器弧面强度的计算,在导流器整体结构强度和导流器支承结构强度计算时,需知道导流器承受的燃气流总作用力大小,所以要进行导流器的受力计算。

3）燃气流噪声计算

导弹发射时,燃气流扰动空气形成声波,出现喷气噪声,它具有连续频谱特性。高频声波出现在发动机喷管出口截面上,而低频声波出现在远离喷口的燃气流上。发动机喷气噪声对导弹和发射设备有一定的影响,喷气噪声是一个很强的振源,会引起结构振动或仪表失灵,因此有必要进行喷气噪声计算。

4）流场温度计算

发动机喷出的燃气流直接冲击到导流器上,燃气流通过导流器传热,喷气流除具有热传导和辐射性能外,还具有未完全燃烧物质的复燃等情况,使流场温度的计算极为困难。

5）燃气流流场的计算机仿真

燃气流流场的计算十分复杂,国内外许多相关研究试验单位从 20 世纪 50 年代开始就研究这一课题,已取得一定的研究成果。这些问题的处理方法大多运用数值分析法和特征线法及部分场域分析法。这些方法计算量很大,同时又缺乏大量的试验数据和资料,因而进展缓慢。20 世纪 80 年代以后,计算机技术的发展为数值计算方法提供了方便。目前已发展到计算机模拟和计算机仿真阶段。

3. 燃气导流装置结构设计

燃气导流装置的结构设计得合理,既能达到满意的燃气流防护效果,又能使导流装置做到结构简单、体积小、重量轻、便于状态转换和维护操作,主要包括以下内容。

1）导流装置的位置选择

导流装置的位置是否合理,关系到燃气流的排导是否顺利,能否满足防护要求,影响自身结构的设计。导流装置位置的确定与燃气流的参数有关,也与发射装置整体结构和防护目标的结构尺寸和位置有关。

2）导流型面的设计

导流型面的设计主要是确定导流型面的类型、形状及尺寸。导流型面设计时,应考虑下列问题:

（1）所设计的导流型面排导燃气流要流畅;

（2）有足够的包容范围,不使外溢的燃气流损坏设备;

（3）不产生燃气流反喷,以保护发射装置及导弹自身的安全;

（4）确保燃气流对导流装置的冲击力小且对称。

导流器的外形尺寸,可根据防空导弹发动机的大小和导流器与发动机的相对位置决定,也就是说根据燃气流的横截面尺寸决定。如 SA-2 导弹发动机尾喷口尺寸为 460mm,导流器的横向尺寸为 1294mm,导流器横向尺寸接近于发动机尾喷口尺寸的 3 倍。发动机尾喷口距导流器的距离在高射角 65°时为 116mm,在低射角 15°时为 1575mm。美国的霍克防空导弹发动机尾喷口尺寸为 380mm,导流器距发动机尾喷口的距离也为 380mm,导流器的尺寸为发动机尾喷口的 1.5 倍。

3）导流装置的材料选择

导流器材料分为两类,导热系数低的非金属材料和导热系数高的金属材料。

导流器多采用导热系数高的金属材料，利用金属导热系数高的特性，使燃气流传给导流器的热量很快传到金属内部，避免因导流器表面温度过高而局部烧坏，导流器厚度应保证容纳燃气流传给导流器的热量，且不发生烧蚀现象。增加导流器的厚度有助于减少导流器表面温度，但导流器的厚度超过一定值后，就不能起到降低金属表面温度的作用。

常用的金属材料有铝合金和钢。铝合金较钢的比强度高，可以减小导流器的质量，但铝合金的熔点低，耐烧蚀能力差。选用铝合金作导流器材料时，表面必须进行特殊防护，否则导流器会严重烧蚀，甚至烧穿；钢的比强度虽比铝合金低，但熔点高，耐烧蚀。金属表面一般不需要防护，只要金属厚度选择适当，导流器就可以多次使用，所以导流器材料一般采用合金钢，SA－2导弹发射装置导流器采用20铬合金钢。

导热系数低的非金属材料不能很快将燃气流的热量传递走，材料表面很快就达到烧蚀温度，但它的烧蚀速度比较低。美国MK－41垂直发射装置利用这个优点在燃气增压室和燃气排导通道的表面，粘贴酚醛橡胶玻璃，防止燃气流烧蚀金属，使燃气增压室可以使用8次，而不破坏。

4）导流器结构设计

导流器结构的好坏，关系到整个燃气流导流装置的功能能否实现，其结构强度如何，能否满足要求，是设计人员较为关心和重视的。

影响导流器结构强度的因素有燃气流的冲击载荷、高温高速燃气流对导流器表面的烧蚀及温度变化引起的热应力和运载体惯性过载带来的惯性力等因素。由于以上各因素对导流器的影响是同时存在的，互相有关联，因此导流器结构强度的计算是一个比较复杂的系统计算，一般采取分开计算，综合考虑分析来验证的方法。

除结构强度计算外，一般结构设计还要考虑以下方面：

（1）除导流型面外，其他的结构形状和尺寸；

（2）材料的选择；

（3）结构的工艺性和合理性；

（4）是否需用耐烧蚀的高温涂料或采用其他冷却措施。

4. 燃气导流装置的试验

通过前面所述的方法，确定了导流器的基本参数和结构后，其导流和防护效果究竟如何，一般还需通过大量的试验来考核、验证。

1）小比例冷态模拟试验

这种试验是用空气射流代替燃气流对其防护装置即导流器进行试验，用于对确定的参数进行初步的、定性的考核，该试验又可分两步进行。

（1）一般冷射流试验。射流是由一般的空气压缩机产生的，其流场参数与真实燃气流相差甚远，仅用于做最初的可行性验证。试验的模型可根据需要选取适当的比例，采用一般材料制成，它与助推器的比例关系也采用相当比例布局。

（2）风洞模拟试验。风洞试验是为了使试验用的射流在速度上与真实燃气流相符，以便考核导流器在超声速射流作用下的导流效果。试验用的导流器和射流喷管与实际尺寸的比例可根据需要自定。

2）小比例热态模拟试验

通过冷态模拟试验，达到了在速度上的模拟，初步判定了导流效果，但真正的燃气射流除了高速以外，还有高温等许多其他特性，还需进行热态模拟试验。试验模型的缩比比例自定，而助推器的装药成分应与真实助推器的装药完全相同。通过本试验，可考核导流器在高温高速的燃气流作用下燃气流的排导效果及防护效果是否达到设计要求。

3）真实导流器试验

虽然通过小比例热态模拟试验后，已可以开展技术设计，但如果有条件的话，最好能参加1∶1的真实试验，这样可对导流器的型面参数、结构尺寸、结构刚度、强度及燃气流的排导效果直接进行考核，从而提高导流器的可靠性。

四、典型燃气导流装置简介

1. 双曲面楔型导流器

SA－2导弹发射装置的导流器如图2－37所示，导流型面为双曲面，可以把燃气流排导到两侧空中，使燃气流不直接冲向地面，达到保护场地的目的。导弹发射时，在燃气流动力的作用下，导流器的支承托盘接地，燃气流对发射装置冲击力的一部分直接传到地面，减少发射装置受力，为此导流器弹性悬挂在回转装置上并随其一起转动。为满足不同高低角发射的要求，同时减小导流器的尺寸，导流器向上折转了23°10′的角度。

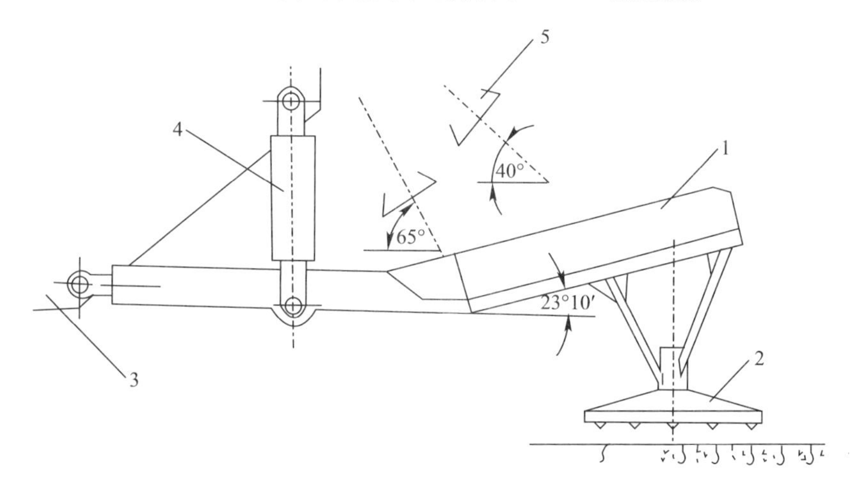

图2－37　双曲面楔型导流器

1—导流器；2—托盘；3—回转装置；4—弹簧悬挂；5—发动机。

2. 栅格型导流器

当霍克导弹高射角发射时，如不采用导流器，燃气流对地面的破坏十分严重，能形成直径1.8m、深0.5m的坑，发射装置可能会因此发生倾斜，无法进行跟踪瞄准射击，为此采用了图2－38和图2－39的平面栅格型导流器。通过栅格后的燃气流相互发生干扰造成能量损失，大大减轻了对地面的冲刷。根据试验和计算结果，通过栅格型导流器后，燃气流对地面作用的压强，比没有通过栅格型导流器时约减少3/4。

栅格型导流器可以减少燃气流对导流器的作用力，对地面起到保护作用，同时导流器的结构尺寸也比较小,因此对发射装置的小型化设计有利,尤其适用于中低空小型防空导弹的导流器。

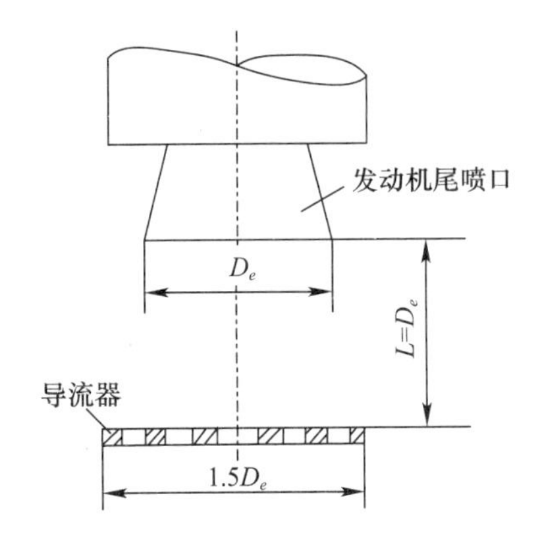

图 2-38　霍克导流器与导弹相对位置图

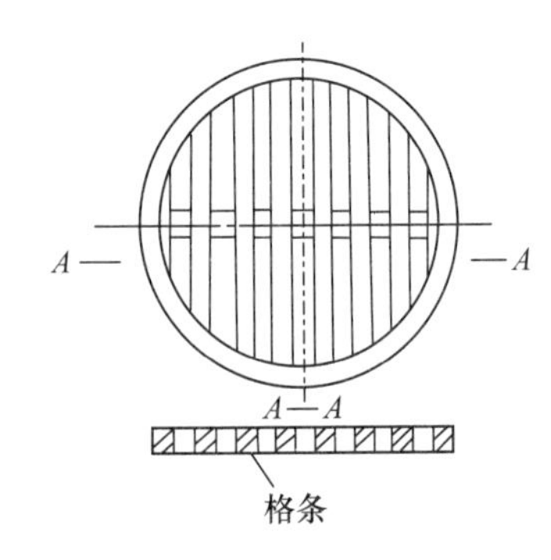

图 2-39　霍克栅格型导流器

第五节　发射装置运载体及调平装置

运载体的性能直接影响武器系统的机动性、生存能力、战斗能力和经济性,影响发射装置的结构形式与使用,是发射装置的重要组成部分。调平装置一般作为运载体的一部分,用以调整发射平台的角度,以满足发射装置的水平精度要求。

一、发射装置运载体

1. 功用与类型

1)功用

地空导弹发射装置的载运车辆是导弹发射装置的安装平台和运载体,用于承担发射装置的全部质量,传递和承受行驶中的综合载荷、振动载荷和发射时的发射载荷与燃气流的冲击,保持发射装置的稳定。

2)类型

地空导弹发射装置的运载体有牵引式和自行式两种,常见运载体形式如图 2-40 所示。

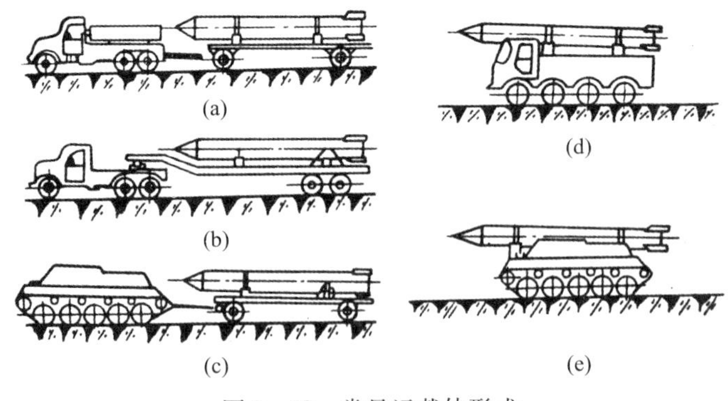

图 2-40　常见运载体形式

(a)、(b)、(c)牵引式;(d)、(e)自行式。

牵引式按与牵引车的连接方式可分为拖车和半拖车,拖车通过牵引杆与牵引车铰接,牵引车不承受发射装置和导弹的质量,参看图2-40(a)、(c),半拖车通过牵引车上的鞍形座与半拖车车架上的专用支承连接,牵引车承受发射装置和导弹的部分质量,参看图2-56(b)。自行式按行走机构分为轮式车和履带车,参看图2-40(d)、(e)。

同一型号的导弹发射装置可以选用多种类型的运载体以适应不同地区的使用要求,如法国的“响尾蛇”导弹发射装置有坦克车和轮式车两种形式。同一种载体也可装备不同类型的导弹发射装置,以适应攻击不同目标的需要。

2. 对发射装置运载体的要求

1)一般要求

(1)车辆底盘的结构形式和总体布局应能保证实现武器系统的战术和技术指标,便于发射装置合理地配置安装和使用;

(2)发射车的外形尺寸不应超过公路、铁路和空运的限制;

(3)车辆底盘应具有足够的承载能力,车架结构应有较好的强度和刚度;

(4)车辆应具有良好的稳定性;

(5)车辆在公路上行驶不应破坏路面;

(6)车体结构应适于防护燃气流的烧蚀和冲刷,并尽可能考虑对核武器、化学武器和生物武器的防护措施,当受到核武器、化学生物和生物武器袭击时,对舱内设备及人员有保护作用;

(7)在阵地有轻微倾斜的情况下,发射车进入阵地后,应能通过自身的调平装置调平,调平时间、调平精度和精度保持时间均应满足系统要求;

(8)驾驶人员有良好的视野,开窗驾驶有防护罩,在沙漠或多尘地区行驶要有良好的防尘和滤清性能;

(9)车内驾驶或操作人员有良好的舒适环境,有隔声、调温装置;

(10)有良好的越野能力和机动性能,在全天候条件下能迅速启动、加速;

(11)应有良好的减振措施,平顺性好,在行军过程中使传到发射装置上的振动和冲击最小;

(12)底盘重心要低,以提高发射装置的稳定性;

(13)提高底盘的标准化、通用化系数,做到一辆底盘适用于多种型号的发射车;

(14)车辆应安全可靠,操作轻便灵活,便于维护保养,在野战条件下,主要零部件检查、调整和拆卸方便。

2)机动性要求

发射车必须具有借助铁路、海运、空运进行远距离转移的能力,依靠本身的牵引动力实现快速行驶的能力,能在较短的时间内独立转移到新的地区,应有一定距离的续航里程和良好的越野能力。

3. 发射装置运载体的选型

导弹发射装置运载体的选型是指选用拖车、越野汽车或履带车底盘。选用什么类型的底盘作为运载体对发射装置的机动性、外形尺寸、质量、制造成本等均有较大的影响,所以在选择类型时,应按照导弹武器系统的战术技术指标,结合本国的情况综合考虑。底盘的选型有以下基本原则：

（1）对要求越野性能好、机动性高、防护性强的发射装置运载体，应选用履带式或轮式装甲车底盘；

（2）从整个导弹部队车辆配套的一致性和维护保养方便考虑，应选用越野汽车底盘改装；

（3）对于机动性要求不高而承载能力要求较大的发射装置运载体，可选用拖车式底盘；

（4）尽可能选用定型生产的基本形式及发展型车辆，或对基本型系列车辆加以少量改装，满足使用要求，这样可以缩短研制周期，节约经费，便于维护保养。

1）牵引式拖车

牵引式拖车底盘在早期的地空导弹发射装置中经常采用，现代的中高空、中远程地空导弹发射装置由于体积和重量较大，也有采用。如苏联的 SA－2 导弹采用了全拖车，美国的“爱国者”导弹采用了半拖车。

发射装置采用牵引式拖车作为运载体，有如下优缺点：

（1）容易满足发射装置的总体布置要求，对发射装置的质量、体积限制较少；

（2）可选用汽车标准组件，生产周期短、成本低；

（3）承载能力大，行驶和发射时的稳定性较好；

（4）对倾斜发射装置的方向调转没有阻碍，方向射界大；

（5）转弯半径和通过半径较大，机动性较差；

（6）放列撤收工作的操作较多，时间较长。

2）履带车底盘

履带车作为发射装置的运载体也得到了广泛的应用，如苏联的 SA－6 和 SA－13 防空导弹、法国为沙特研制的“猎鹰”防空导弹、德法合研的“罗兰特”防空导弹等。

发射装置采用履带车底盘有如下优缺点：

（1）车体为装甲钢焊接结构，利于防原子、化学、生物武器的污染和燃气流的冲击和烧蚀，防护能力强，野战的生存能力较高；

（2）通过性及稳定性好，转向灵活，越野性能好；

（3）结构复杂，成本高，维修不方便，寿命短；

（4）质量大，振动和噪声大，油耗高。

3）轮式越野车

轮式越野车是最常用的发射装置运载体，在世界各国都得到了广泛的应用，如俄罗斯的“铠甲”防空导弹系统、法国的“米卡”防空导弹系统、欧美联合研制的“迈兹”防空导弹系统等。

轮式越野车作为运载车底盘的优缺点如下：

（1）选用现有越野汽车底盘改装，生产周期短，造价低，承载能力取决于汽车自身的承载量；

（2）可选用汽车标准组件，维修性好，寿命长，可靠性好；

（3）可充分利用道路行驶，机动性好，速度快，行程远，耗油少；

（4）越野性能较履带车差；

（5）由于驾驶室的限制及燃气流的影响，发射装置的方向及高低射角均受到限制。

二、发射装置的调平装置

导弹发射装置进入发射阵地后，要用适当方式支承于地面，使发射装置由行驶状态转换为战斗状态。发射阵地虽然经过平整，但往往还有一定的坡度，达不到导弹发射所要求的水平精度。如果水平精度达不到要求，会影响导弹发射装置的射向标定、跟踪瞄准以及导弹发射时弹道的初始精度。因此发射装置必须设置调平装置，通过调平操作，调整发射装置的基准平面与当地水平面平行，或满足水平精度要求。

为了提高路基导弹武器系统的快速反应能力，许多国家采用先进的无依托快速发射技术，即导弹发射装置不依赖于预先准备的发射场地，临时测定坐标点，在公路或经过简易处理的场地上快速展开发射。那么为了实现无依托快速发射，同时保证发射的稳定性和发射精度，必须在发射装置上设置高性能的调平装置。

1. 调平装置的功用与类型

调平装置的功能是在规定的时间内将导弹发射装置的水平精度调整到允许范围，并能保持足够长时间的调平精度，使发射装置处于刚性支承之下，为导弹的射前标定及发射提供水平基准。

发射装置中常用的调平装置有多种类型。

（1）按支承调平方式可分为三点支承调平、四点支承调平和六点支承调平三种。

载荷大小、外形大小是选择支承方式的主要考虑因素。一般情况下，较轻载荷选用三点支承方式；20t 左右的载荷适合选用四点支承方式；如果负载达数十吨，而且外形尺寸相对较大时，为了提高刚度，避免基准平面变形过大导致精度超出允许范围，应选用六点支承方式。地空导弹发射装置的载荷一般在 20t 左右，运载体长度不会超长，且载荷作用点较集中，所以通常采用三点或四点支承方式。

（2）按调平工作方式可分为手动调平和自动调平。

其中手动调平又可分为机械手动调平、机电手控调平、液压手动调平和液压手控调平；自动调平又可分为机电自动调平和液压自动调平。

各类调平装置的原理如图 2－41 所示。

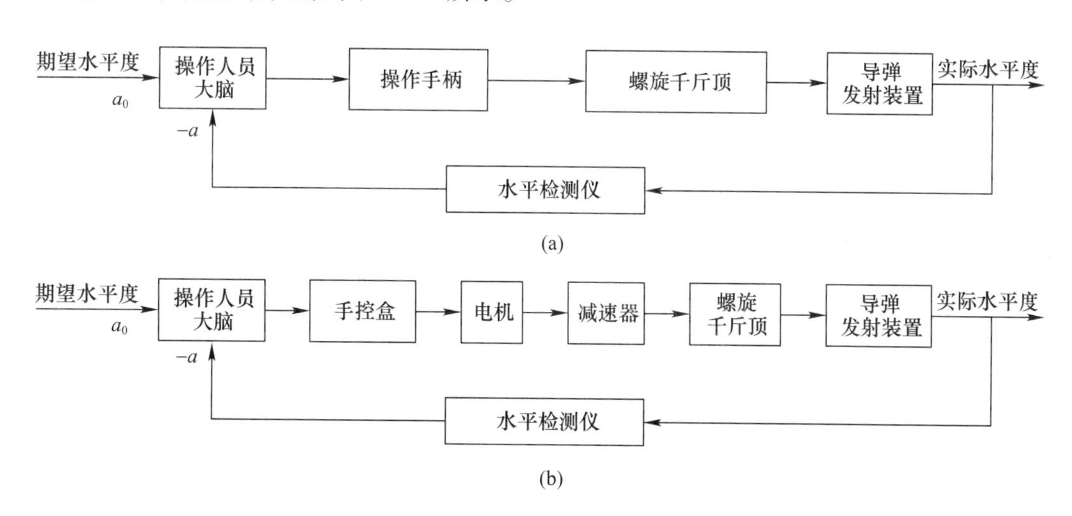

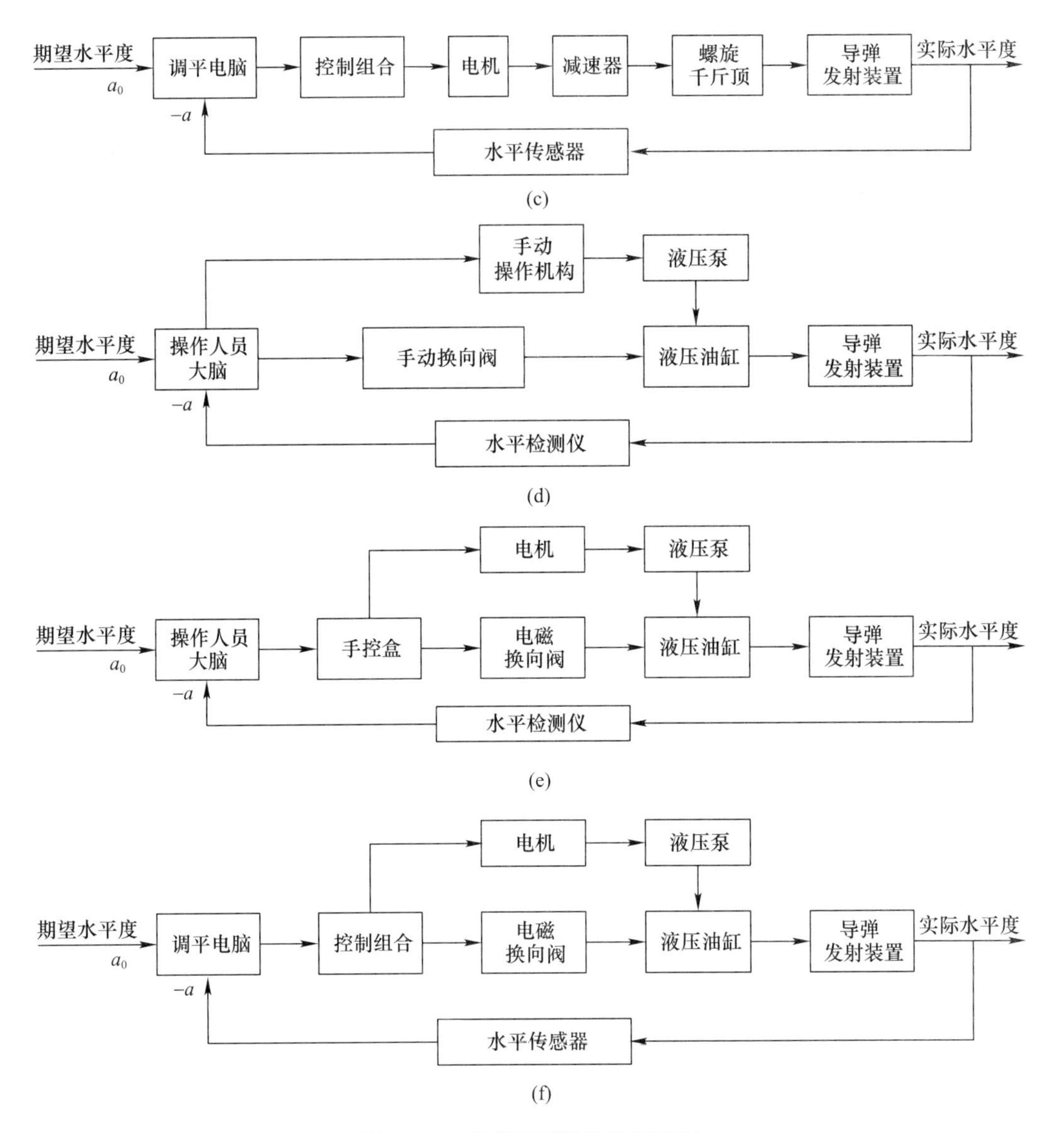

图 2-41　各类调平装置的原理图

(a)机械手动调平；(b)机电手控调平；(c)机电自动调平；(d)液压手动调平；(e)液压手控调平；(f)液压自动调平。

机电自动调平由电机、减速器和螺旋千斤顶组成，由于其自身的自锁特性可以使系统在完成调平后长时间保持水平精度，且成本低、稳定性好、适宜在恶劣的环境下工作，维护修理容易。

液压式调平装置主要通过液压油缸实现支腿的伸缩动作，液压传动有便于过载保护、能传递较大的力或力矩、便于大范围无级调速、同等功率下装置体积小、重量轻、惯性小、结构紧凑等特点。

发射装置手动调平的操作比较复杂、费力、费时，目前应用越来越少，通常只作为自动调平的辅助手段，机电自动调平不适用于大负载，所以快速液压自动调平是应用的主流和未来的发展方向。但快速液压自动调平有一个技术上比较复杂的自动控制问题，主要表现在以下几个方面：

（1）被调整的对象通常是轮式或履带式车辆，被调量为一个平面。理论上三点确定一个平面，但工程实践中不能简单地这么处理，还必须考虑被调整对象的具体结构和发射装置总体设计的要求。目前普遍采用四点支承调平的结构，即通过调整四个支承点的高低使发射装置达到水平。

（2）调平负载比较大，要求执行机构能输出较大的功率。比如发射车的质量约20t，采用液压四点支承的调平方式，执行机构必须选用功率质量比较大的液压油缸。

（3）为了实现较高的调平精度，必须选用高精度的水平检测传感器。

（4）自动调平系统一般是非线性系统，在设计、校正和理论分析上比较困难。如果设计成线性系统，对水平检测元件及变换放大元件的要求就较高，成本会高，且可靠性有可能较低。例如采用两级电液伺服阀取代三位四通电磁换向阀的情况就是如此，因为伺服阀不但比电磁换向阀的价格高得多，而且对液压油的洁净度要求也很高，使用中故障率也会较高。

（5）调平的快速性和系统工作的稳定性是一个矛盾。武器系统对快速反应能力的要求越来越高，这就要求调平的速度要尽可能快，但液压系统的高压快速可能会造成液压冲击和气穴现象，使系统出现振动、噪声、易发故障等问题。

2. 对调平的要求

地空导弹武器系统对导弹发射装置调平系统的战术、技术要求很多，主要的要求如下：

（1）调平及其准备时间应不大于某规定值；

（2）调平精度应满足战术、技术指标的要求；

（3）调平极限角（调平范围）应大于阵地允许的最大坡度；

（4）调平后，导弹发射装置的基准平面应处于刚性支承之下，并能锁紧固定；

（5）调平精度保持时间应大于某规定值；

（6）能有较大功率的输出；

（7）平均无故障工作时间（MTBF）应大于某规定值；

（8）性能稳定，故障率低，故障修复时间尽可能短；

（9）在自动调平系统出现故障时，应能方便地迅速转入手控调平；

（10）结构简单、工作平稳、操作及维修方便。

其中最主要的战术、技术要求是调平精度、调平及其准备时间、可靠性。

3. 液压自动调平关键技术

与机电自动调平方式相比，液压自动调平方式在地空导弹发射装置中的应用越来越多，其技术相对复杂，所以专门介绍一下。

1）液压自动调平的控制方法

液压自动调平的控制方法有角度误差控制法和位置误差控制法。

从控制逻辑和实现来说，位置误差控制法需要根据传感器的信号计算各支腿的位移量，然后再将位移量传给支腿伺服系统，驱动支腿的上升和下降，系统实现复杂，成本较高。角度误差控制法可以通过简单的逻辑电路实现，系统实现简单，成本低。

从调平精度来说，位置误差控制法采用伺服控制，调平精度高、速度快。角度误差控制法的调平精度较低。

在近年来的研究文献中发现，两种方法在实际应用中又演化出了很多性能优良的调平方法，下面进行简单介绍。

（1）辅助腿移动重心的角度误差调平法。此方法采用辅助支承腿参与调平，实际上是首先利用辅助支承腿的作用力将整个平台的等效重心位置移至4个主支承点中间，从而进行六点调平。这种方法适用于载荷大、平台跨度大、重心移动明显的平台。

（2）最高支腿不动，追逐式、循环多次调平法。在调平过程中，最高点保持不动，将较低的三条支腿所需要的移动量存储在控制器的相应寄存器中，同时系统驱动程序设定支腿轮流上升的次数 n。考虑到系统惯性等因素，取 $2<n<4$。调平时，较低三点各自轮流往最高点移动调平时所需移动量的 $1/n$，循环 n 次以后，各支腿与最高支腿等高，平台处于水平状态。

（3）倾角和位移双闭环控制加压力反馈调平法。根据平台位置姿态和自动调平运动方程，每个支腿需要的调平量可由平台的横倾角、俯仰角和4个调平支腿之间的距离分别计算出，控制系统直接控制各液压支腿按各自的调平量伸出（位移传感器判断是否移动到位），这样即可一次调平，并辅以压力反馈的检测方法避免虚腿现象的产生。同时针对平台可能存在的加工误差，承重后会产生的微小变形等不利影响，采用遗传算法对位移传感器进行标定，提高了调平精度。

（4）位置误差控制法与角度误差控制法结合的粗－精调平法。先用升高三点的方法将平台进行粗调平，三支腿的升高速度和所需升高的高度成比例。当达到设定的粗调平精度时进入精调平阶段，精调平采用同边两腿等速升高的方式控制角度误差，使之达到设定的调平精度。

2）液压自动调平中的虚腿问题

由平面几何可知三点决定一个平面，所以四点支承和六点支承的调平系统都必然有多余的支腿作为辅助支承，从而产生虚腿问题，即有一条支腿未着地或者着地后支承力明显偏小。解决虚腿问题一般采用以下方法：

（1）调平后支腿测试性上升。在系统追逐式调平完成后，对最低支腿进行测试性上升，直到水平传感器产生波动时停止，此时系统已经调平，并且不会产生虚腿。

（2）各支腿安装压力传感器检测支承力。通过压力传感器判断虚腿的位置，然后伸长虚腿使其着地并受力。但伸长量必须适量，否则会造成其他实腿成为虚腿。

（3）限定等效重心位置防止虚腿。平台等效载荷的分布与调平过程中是否会出现虚腿有着密切的联系，因此在布局车载装备时要综合考虑等效重心的位置，从源头上避免调平过程中虚腿的产生。

（4）采用只升不降的控制原则。由于液压缸的阻尼特性，为了避免因支腿油缸往复动作带来的迟滞误差造成平台虚腿，自动调平时支腿油缸采取只升不降的控制原则。

虽然大量文献对虚腿问题做了细致研究，并采取了诸多措施改善虚腿状态，但并没有提出根本性的预防虚腿产生的方法和设计条件，使工程设计真正走出虚腿现象的“产生－消除－产生－消除”的控制漩涡，导致了调平时间的增加。

3）液压调平中的振动和噪声控制

引起系统振动和噪声的原因主要有以下几个方面：

（1）驱动液压泵的机械传动部分引起的噪声相当大，尤其是当液压泵直接由底盘发动机带动的工况下其噪声比由电动机带动引起的噪声要高，而发射车的液压泵一般都是由底盘发动机直接带动的。

（2）液压泵本身的噪声是系统噪声的主要部分，由于在调平过程中各回路的油液流量和压力经常处于急骤变化状态，因此会造成液压泵中各构件的振动，接着又引起周围空气产生疏密变化的振动，进而产生噪声。

（3）液压阀的噪声也是系统中噪声的重要部分。在调平过程中，进入各阀的流量和压力的急剧变化会引起流量和压力脉动，使阀体与壁面振动而产生噪声。工作中电磁换向阀的频繁换向通常引起溢流阀的频繁动作，因而溢流阀的噪声比其他阀更为明显。

（4）系统中空气的进入不但容易产生空穴现象从而形成很高的压力冲击引起噪声，同时也极容易使执行机构在运动中出现低速爬行现象，这也是产生振动和噪声的原因。

目前常用的降低系统振动和噪声的主要途径如下：

（1）将系统油液中的空气及时排掉。由液压传动与控制原理知，液压油的体积弹性模量很大，即没有混入空气的液压油很难被压缩，液压回路在理论上的刚度很大。如果液压油中混入不可溶解的气体，其有效体积弹性模量会大大降低，从而使整个系统的刚度减小，容易产生低速爬行现象。但为了保证容积式液压泵的自吸能力，油箱中的油液必须与空气接触，工作一段时间后液压管路中可能会出现空气，所以必须及时排出。

（2）避免产生空穴现象。设计回路时，应考虑阀的进口压力与出口压力比值不要太大，一般以3.5为宜。试验表明，如果进口压力不变，出口压力低于某一临界值时会产生空穴现象，出现气蚀和振动，流量系数急剧下降。根据试验的经验公式，临界压力为

$$P_{2c}=1+0.35(P_1-1)n \qquad (2-18)$$

式中：$n=\dfrac{a}{A}$，其中 a 为节流口通流面积，A 为节流口最大通流面积；P_1 为阀的进口压力；P_{2c} 为阀的出口临界压力。

若节流口出口压力 $P_2 \leqslant P_{2c}$ 时，要考虑采用二级减压或节流，使每级压差减小，以防止空穴现象的发生。

为防止油源产生空穴现象，可采取减小吸油阻力或辅助泵供油的方法。

（3）采用弹性物体使油泵与底座隔离，还可以在管道或薄壁零件表面涂上一层阻尼材料层，防止噪声向空气中辐射。

总之，液压系统的振动和噪声是一个较复杂的问题，不但与元件设计、制造和工作过程有关，而且与系统的设计、安装和使用维护等有关。

4. 典型调平装置简介

1）机械手动调平装置简介

SA-2导弹发射装置采用的是三点支承螺旋千斤顶调平装置，如图2-42所示。座架与基座通过均布在同一圆周上的三个球铰连接，三点共同承受座架以上的载荷。三个球铰中一个是不可调的，两个是可调的。克服重量载荷在螺杆上产生的摩擦力矩，通过转动操作手柄即可调节两个可调支承的高度，从而对发射装置进行调平，操作人员通过观察水平检测仪来确定发射装置是否达到调平精度要求。

图 2-43 所示为设置于载车车架(基座)上的四点支承螺旋千斤顶调平装置。同样是通过转动操作手柄对发射装置进行调平,操作人员通过观察水平检测仪来确定发射装置是否达到调平精度要求。由于车架以上的载荷较图 2-42 的大,因此这种调平装置操作力较大,但操纵较方便,结构简单,便于维修。

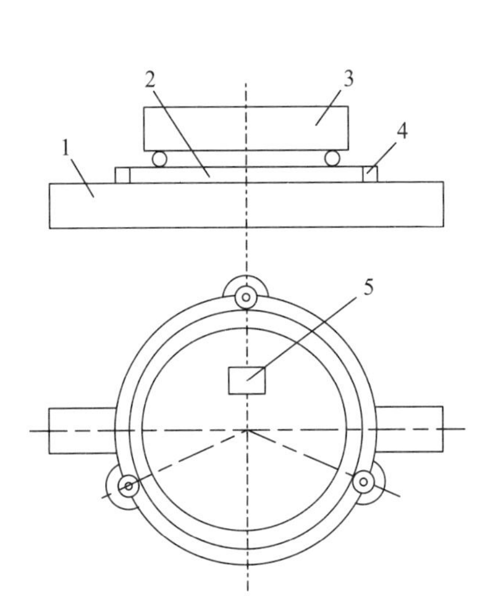

图 2-42　座架两点调平

1—基座; 2—座架; 3—回转部分; 4—螺旋千斤顶; 5—水平仪。

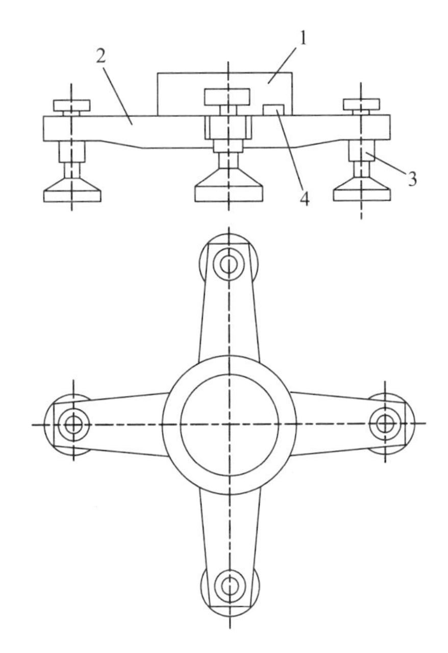

图 2-43　基座两点调平

1—座架; 2—基座; 3—螺旋千斤顶; 4—水平仪。

2）液压自动调平装置简介

某型液压自动调平装置的液压原理图如图 2-44 所示,其电气原理图如图 2-45 所示。

此调平装置的液压回路从功能上可以分为三部分:一是自动调平液压回路,主要由三位四通电磁换向阀 F_{21} ~ F_{24}和四个调平支腿油缸组成;二是手控调平液压回路,主要由三位四通电磁换向阀 F_{31} ~ F_{34}和四个调平支腿油缸组成;三是液压供油回路,主要由机械泵、手摇泵、油箱、压力表及其他功能阀组成。图中的单稳分流阀将泵输出的油液分成两部分供自动调平回路和手控调平回路。机械泵由底盘发动机驱动,通过调整发动机的油门来控制泵的转速。双向液压锁用来对调平后的支腿进行锁定,使调平精度得以长时间的保持。手控调平液压回路还兼有补油功能,例如当自动调平结束后出现虚腿时,可手控补油消除虚腿。

此调平装置的电气控制可分为自动调平控制和手控调平控制两部分。前者主要由光电水平检测器、继电器 K_1 ~ K_8、行程限位开关 Q_1 ~ Q_4、信号灯 H_1 ~ H_5、电磁换向阀 F_{21} ~ F_{24}及自动调平开关 S_4组成。后者主要由三位开关 S_{51} ~ S_{54}和三位四通电磁换向阀 F_{31} ~ F_{34}组成。电池 G 提供 24V 直流工作电源。

此调平装置的手控调平是通过拨动三位开关 S_{51} ~ S_{54}来控制三位四通电磁换向阀 F_{31} ~ F_{34}的换向,进而调整四个调平支腿油缸的升降实现调平。另外,采用自动调平方式时可先采用手控调平方法使调平支腿着地,之后再自动调平。

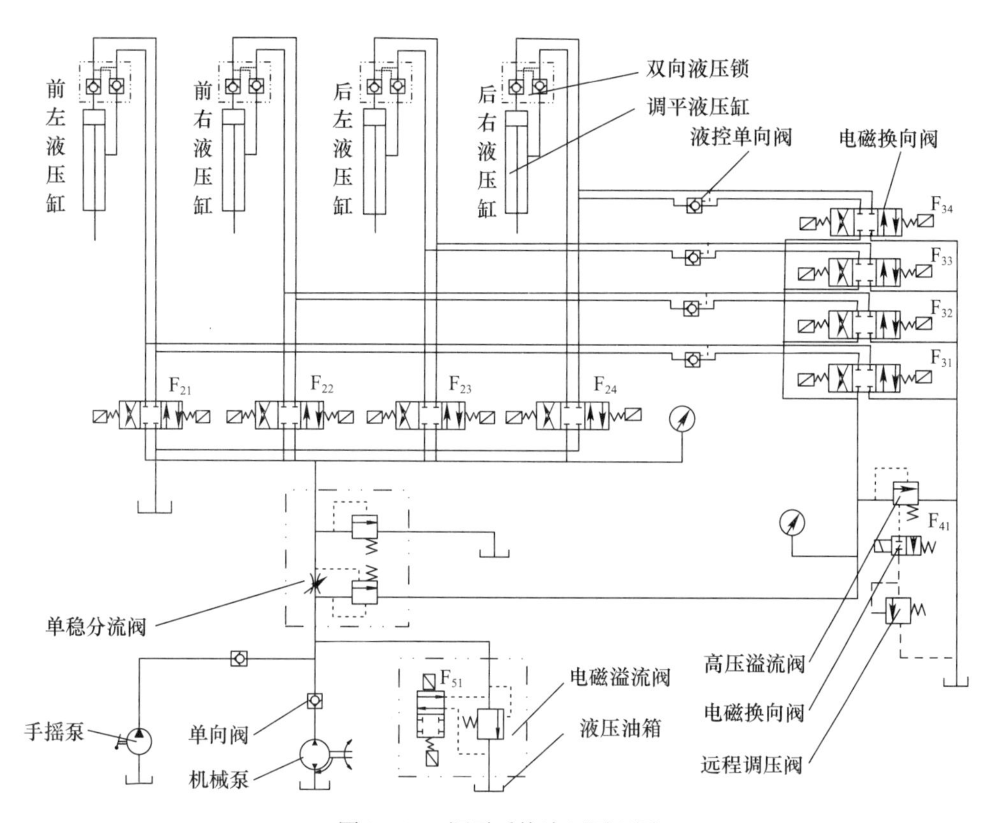

图 2-44　调平系统液压原理图

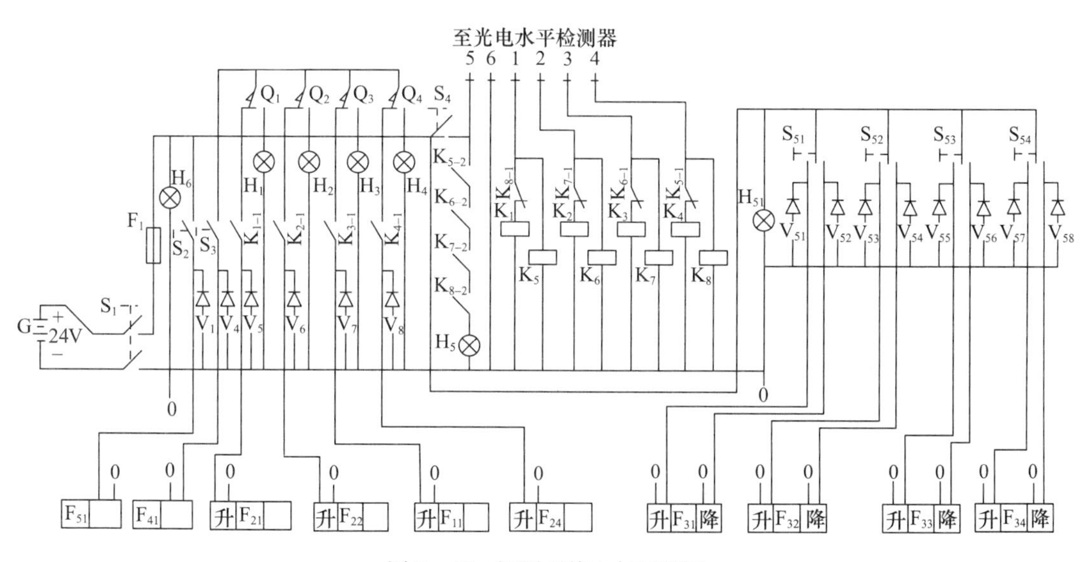

图 2-45　调平系统电气原理图

G—汽车蓄电池；S1—电源开关；H_6,H_{51}—电源指示灯；S_2—加液压开关；H_1 ~ H_4—限位信号灯；H_5—调平信号灯；K_1 ~ K_8—继电器；F_{41}—两位两通电磁换向阀；S_3—调液压开关；S_4—自动手控调转换开关；Q_1 ~ Q_4—行程限位开关；S_{51} ~ S_{54}—手控调平开关；F_{21} ~ F_{24},F_{31} ~ F_{34}—三位四通电磁换向阀；F_{51}—电磁溢流阀。

自动调平采用了只升不降的控制原则，即自动调平开始后四条调平支腿由继电器控制相应升起、交替工作，当水平检测器检测到的水平精度达到要求则调平信号灯亮，表示车已处于水平状态。如果某个支腿油缸行程达到最大值而水平精度仍不满足要求，则行程限位开关 Q 控制相应的限位信号灯 H 亮。这时应分析原因，排除故障，重新进行调平。

第六节 贮运发射箱

箱式发射是地空导弹发射技术的趋势之一，贮运发射箱的应用越来越广泛，已成为地空导弹武器系统中重要的组成部分。导弹在贮存、运输和发射时能得到有效的防护是非常重要的，只有采取措施使导弹经贮存、运输后保持完好的状态，才能提高导弹武器系统的快速反应力。

一、功能及特点

1. 功能

1）贮存

为了长期贮存导弹，保证导弹的寿命，发射箱是密封的，发射箱内充以氮气或干燥空气。平时要经常维护，检查发射箱的湿度和压力，当湿度和压力不合格时，可以对发射箱充压和换气。有的发射箱还装有调温装置，保证导弹在发射时有适合的温度。

2）运输

导弹生产完成后，装入发射箱，发射箱和导弹成为一体。导弹一般通过吊挂装置固定在发射箱的导轨上，有的导弹通过适配器固定在发射箱内部。导弹在发射箱内部的轴向位置是通过定位销来锁定的。为了减小导弹在运输中的振动载荷，发射箱内设有缓冲装置，尤其对较大的导弹更为需要。有的发射箱外部设搬运和减振装置，便于导弹的搬运和减振。

3）发射

导弹在发射时，发射箱起定向器的作用。有的发射箱内装有导轨，保证导弹出箱时的姿态，发射箱导轨有下挂式和上托式两种。有的发射箱不设导轨，设有适配器，这种发射箱适用于垂直发射。对垂直发射的导弹，为了防止导弹发动机意外点火时导弹飞离发射箱，发射箱设有绝对可靠的安全锁定装置，确保导弹及其他设备的安全。

2. 箱式发射的特点

贮运发射箱进行导弹发射的方式有以下特点：

1）获得了更好的环境条件

箱体内的自然环境条件更有利。有些贮运发射箱箱体有气密措施，盐雾及潮湿空气不会进入箱内锈蚀弹上器材；并充有惰性气体或干燥空气，使导弹有良好的贮运环境条件，延长了导弹的寿命，除平时检查箱内气压和湿度外，可贮存 5 ~ 8 年无须开箱检查。某些贮运发射箱有保湿隔热措施，保持箱内湿度，防止环境及高温日照引起箱内湿度超过允许范围，改善固体燃料及电子元件的工作条件。

箱体内的物理环境条件更有利。贮运发射箱有屏蔽措施，能防止外界电磁辐射引起的意外事故。由于箱体的保护，导弹不会受到机械碰撞。

箱体内的动力学环境条件更有利。在弹箱之间或装有适配器，或装有某种形式的弹性悬挂装置，或在箱体外部设有减振装置，贮运时可提供与导弹固有特性相适应的减振特性。

装有适配器的发射箱发射时还能提供与发射散布相适应的初始扰动特性，以提高发射精度。还可用适配器实现同时滑离，改善导弹的气动外形。

2）提高了快速反应能力

弹箱作为一体平时固定在贮运发射箱支架（联装架）上，长期处于待发状态，随时都可发射，提高了快速反应能力。

3）提高了快速补给能力

带弹的贮运发射箱在贮运发射箱支架（联装架）上装卸迅速方便，可实现多次打击、连续作战和快速反击。

4）提高了密集布置能力

由于贮运发射箱可以保护其内部的导弹免受相邻贮运发射箱内的导弹发射时燃气流的冲击，使导弹的密集布置成为可能，应用模块化设计，可将多个标准化的贮运发射箱组合成2箱、4箱和6箱等集装箱，也可将单个标准贮运发射箱直接装于贮运发射箱支架上构成多联装发射装置，以提高火力密度。

5）易于实现一箱多用、一架多用

可用一个标准贮运发射箱发射不同射程、不同弹径，甚至不同用途的导弹，实现一箱多用，提高设备的通用性。

二、工作要求

设计时以导弹的有关参数及对地面设备的总体技术要求作为设计输入。导弹的有关参数包括导弹外形尺寸、质量、转动惯量、质心位置、滑块（或定心部）形式、滑块位置和配合要求、电插头位置、发动机推力曲线、燃气流流场参数等。

对贮运发射箱的工作要求主要包括以下几方面：

1. 使用环境条件要求

例如要求在恶劣气候条件下使用导弹武器系统时，贮运发射箱则应有隔热、气密性能；要求在复杂电磁条件下使用导弹武器系统时，贮运发射箱则应有电磁屏蔽性能；导弹武器系统在服役时经常运输或安装在动平台上时，贮运发射箱应有较好的隔振性能。

2. 实现其基本功能的要求

（1）满足导弹的滑离速度和初始扰动要求，保证导弹顺利发射；

（2）要有足够的强度和刚度，能承受运输和发射时的载荷；

（3）箱体应设置必要操作窗口，如导弹锁定、插拔机构接通、引信装定等操作窗口；

（4）箱体应设有电器设备的转接接口；

（5）箱盖要有足够的强度，能承受相邻导弹的燃气流冲击力；

（6）开盖动作迅速，不妨碍导弹飞行，不影响发射精度；

（7）满足使用寿命要求；

（8）满足通用性要求。箱体结构应考虑单箱、多联装、集装箱多用途使用时的通用性。

3. 使用操作性要求

（1）向发射箱内装填导弹要方便，闭锁机构简单、可靠；从发射箱内退弹也要方便；

（2）向发射装置上装箱要迅速，箱体要便于起吊、搬运和堆放，卸箱也要方便；

(3) 充分考虑使用者的心理、生理因素,从设计上尽量避免误操作的发生。

4. 与系统内其他设备协调性要求

(1) 与贮运发射箱支架应协调;

(2) 发射箱所用动力源尽可能选用装载平台上已有的或与系统内其他设备共用;

(3) 总重不超出给其分配的比例;

(4) 尺寸符合分配的占用空间要求。

还有可靠性要求、维修性要求和经济性要求等。

三、类型与一般组成

贮运发射箱有轨式贮运发射箱、适配器式贮运发射箱和混合式贮运发射箱三种基本类型。

1. 轨式贮运发射箱

轨式贮运发射箱的基本特点是箱内装有发射导轨,通过滑块支承导弹,并起导向作用。靠导轨弹性悬挂或箱外减振垫防止运输和转载时的振动和冲击。轨式贮运发射箱的典型结构如图 2-46 所示,基本组成如图 2-47 所示。

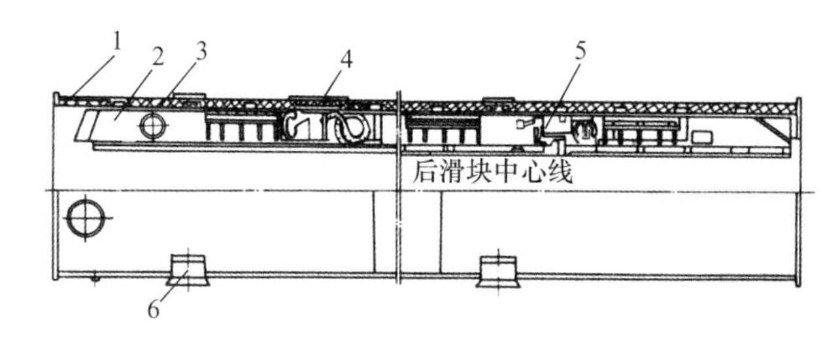

图 2-46　轨式贮运发射箱的典型结构

1—箱体; 2—发射梁; 3—弹性悬挂; 4—插拔机构; 5—挡弹机构; 6—支座。

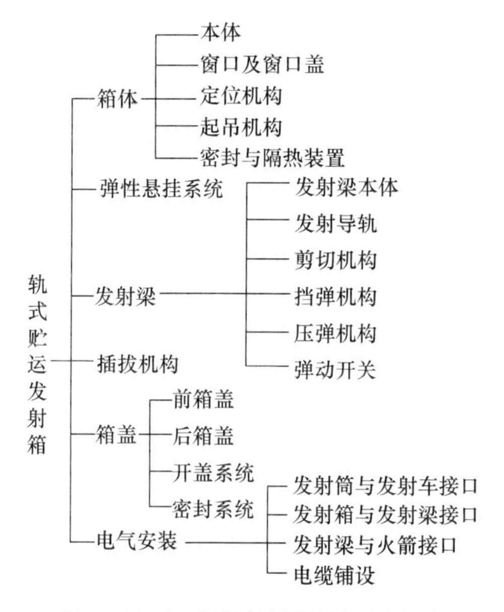

图 2-47　轨式贮运发射箱的基本组成

2. 适配器式贮运发射箱

这种形式的基本特点是：导弹通过前、后适配器支于发射箱内，导弹飞出箱体后适配器脱落，适配器本身有减振缓冲作用，并起导向作用。适配器式贮运发射箱的典型结构如图 2－48所示，基本组成如图 2－49 所示。

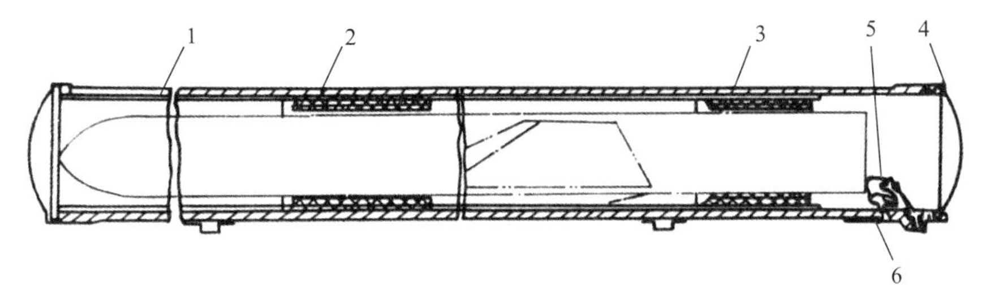

图 2－48　适配器式贮运发射箱的典型结构

1—发射筒；2—前适配器；3—后适配器；4—筒盖；5—插拔机构；6—固弹机构。

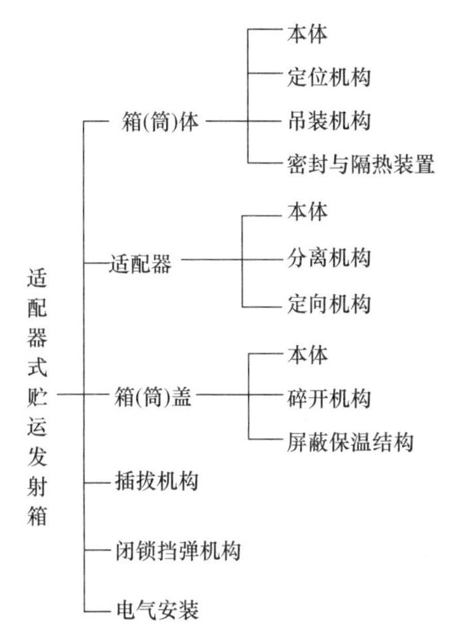

图 2－49　适配器式贮运发射箱的基本组成

3. 混合式贮运发射箱

这种形式的基本特点是：导弹前部用适配器支承于发射筒内，后部用定向件支承于筒内导轨上，发射时适配器和定向件同时滑离，可避免头部下沉。用外设的减振垫缓冲运输和转载时的振动与冲击。混合式贮运发射箱的典型结构如图 2－50 所示，它的基本部件有发射筒、导轨、前适配器、闭锁挡弹器、插拔机构、前后箱盖、吊装与定位机构。

四、贮运发射箱的设计

贮运发射箱的设计内容很多，其中导轨、闭锁器、挡弹器、电分离器等设计内容参看本章第二节内容，这里主要介绍贮运发射箱独有的一些设计内容。

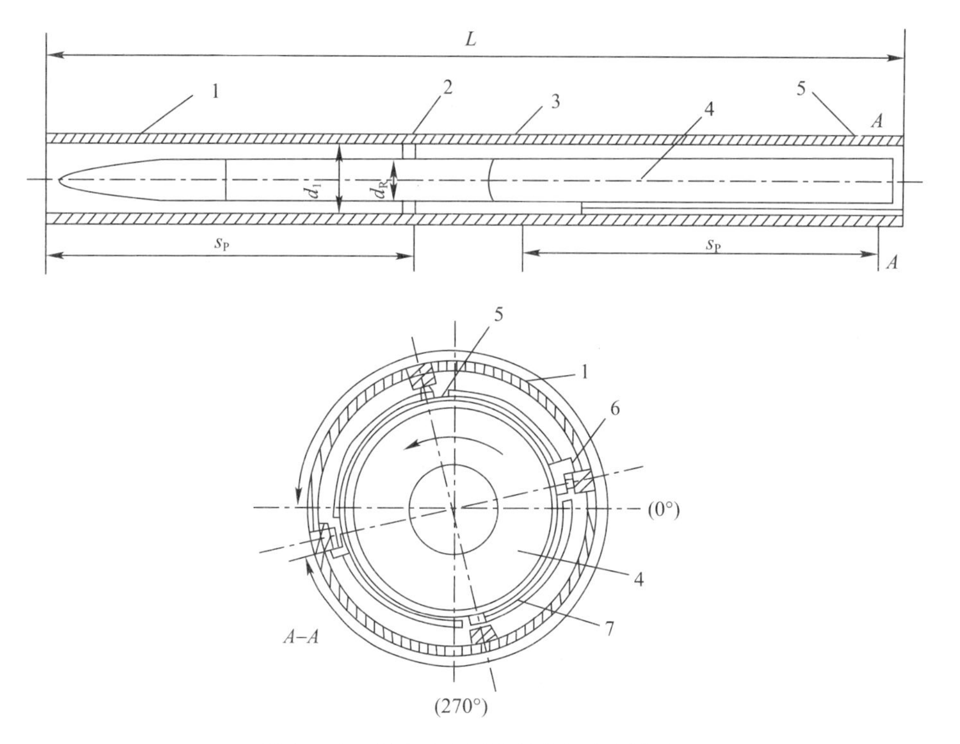

图 2－50　混合式贮运发射箱的典型结构

1—筒体；2—前适配器；3—后导轨；4—筒盖；5—滑块；6—闭锁挡弹器。

1. 结构方案选择

设计时首先要根据导弹参数和贮运发射箱的技术要求选择结构类型，随后确定结构方案。贮运发射箱的结构方案如图 2－51 所示。

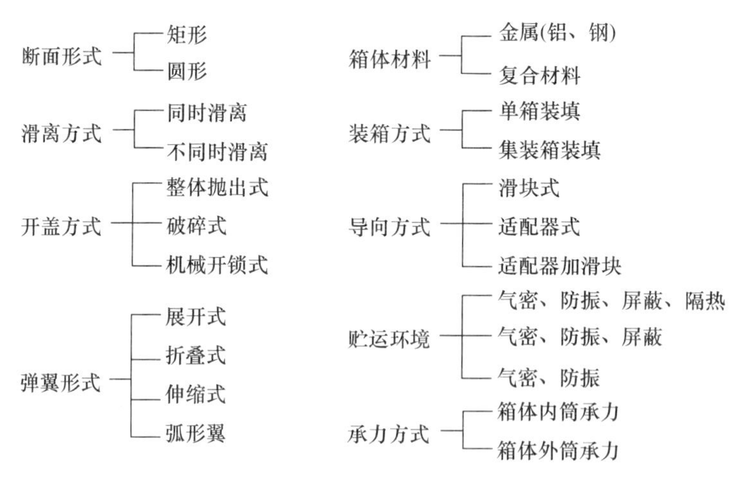

图 2－51　贮运发射箱的结构方案

圆形断面的箱体，尺寸小、质量轻、工艺性好，适于弧形翼或折叠翼横向尺寸小的导弹用。例如美国的“MLRS”（弧形翼）、法国的“响尾蛇”（收缩翼）、“MM40”（折叠翼）等均为圆形发射筒。可将单个圆形发射筒组合成集装箱,既加强了火力密度、缩短了装箱时间,又克服了贮运时圆筒不易堆放和固定的弱点。如果不组合成集装箱,而是单个发射箱贮运和装填,为便于堆放则需另加木质包装箱。

矩形断面的箱体与圆形断面的箱体相比,结构尺寸较大、质量大、结构复杂、生产工艺性较差。但它对翼展较大的导弹适用,贮运时可多个箱体叠放在一起,无须另加包装箱。

箱式发射中的滑块式导向方式与普通定向器有关内容相同。导弹可以下挂,也可以上托,可以布置有前、后滑块,也可以布置有前、中、后滑块,导轨可直接固定于箱体上,也可固定于发射梁上,发射梁再挂在箱体上。有发射梁的发射箱往往用于重型导弹发射。

适配器导向方式多用于圆形断面的发射筒中,优点是在贮运时能减缓对导弹的振动和冲击;发射时起导向作用,并能通过选择适当的结构参数控制导弹的初始扰动值;发射后分离的适配器还可改善弹的气动外形。这种导向方式一般要求弹的尾翼为弧形翼或折叠翼。

混合式导向方式多用于同时滑离的发射筒中。这种形式较好地解决了导弹前后滑块同时滑离后,在筒内飞行时由于下沉而引起的与筒体碰撞问题。由于发射筒的内径前段与后段相同,避免了筒内燃气流反射对导弹的扰动。

导弹的滑离方式有两种,在箱式发射中都有应用。采用同时滑离,导弹滑离后无头部下沉、发射精度较高,弹整体的下沉量较大,箱体结构必须让开足够的距离,以免弹箱相碰。采用不同时滑离的方式,导弹前滑块(或适配器)滑离后,后滑块(或适配器)仍沿导轨(或筒上)滑动,直至到前端全部脱离约束,导弹在箱中无下沉,箱体结构尺寸小。但在不同时滑离阶段导弹存在头部下沉,增加了发射的初始偏差。为了减小头部下沉偏差,可增加滑离速度,缩短不同滑离时间,或缩短前、后滑块间的距离。但对长细比大的导弹而言,支承稳定性欠佳,所以又得采用前、中、后三个滑块,使支承距离加大,稳定性好,弹中、后两滑块间的距离短,不同时滑离的时间仍很短,兼顾了两方面的要求。

向定向架上装带弹的发射箱时,可以采用单箱逐一装填而构成多联装形式。设计时要注意,箱体结构应适应多联装的要求,同一型号发射箱的结构应是统一的,不论装在联装架上哪个位置,都应保证使用操作方便不遮挡操作检查机构或窗口。

贮运环境条件要求是由技术要求决定的,一般都要求气密、防振,有密封装置和减振机构。箱内充有氮气或干燥空气,气压为 0.1 ~ 0.3MPa,使导弹避免潮湿、盐雾、霉菌的腐蚀。屏蔽和隔热保湿要求由导弹所处的电磁环境及对温度的敏感程度而定,不是所有的发射箱都要求具有这一性能。

2. 箱体结构设计

1)箱体基本尺寸的确定

箱体内部尺寸决定于导弹的外形尺寸。箱体长度应比导弹稍长些,使导弹封在箱内,两端留有一定间隙,间隙一般为 80 ~ 120mm。箱体内腔横截面尺寸取决于导弹翼展尺寸、发射梁结构尺寸、导弹下沉量所决定的让开量等。弹翼与发射箱内壁之间应有一定间隙,间隙应大于导弹在箱内的下沉量,以防导弹运动时弹箱相碰。并要考虑振动、定向钮与导轨配合间隙、装配公差等造成的偏差。箱体外壁的横向尺寸决定于结构强度、隔热保温层的厚度等的需要。

几种国外导弹和发射箱参数见表 2 - 2。

表 2-2 导弹、发射箱参数对照表

型号	导弹				发射箱				箱弹总质量/kg	箱弹质量比	发射方式
	直径/m	最大翼展/m	弹长/m	质量/kg	材料	外形尺寸(高×宽×长)/m	质量/kg	开盖形式			
英国“海标枪”	0.48	0.97	4.42	540		1.2×1.2×4.87	639		1180	1.18	倾斜
美国“标准”-ⅠⅡ	0.304	1.04	5.588	590	波纹钢	0.635×0.635×5.84	1134	前冲破后吹碎	1724	1.92	垂直
法国“飞鱼”	0.348	1.04	5.12	735	铝合金	1.24×1.13×5.4	1015	机械打开	1750	1.38	倾斜
奥地利 GOLF	0.16		2.175	86	铝合金	0.25×0.3×2.3	16	机械打开	102	0.186	垂直
法国“响尾蛇”	0.156	0.547	2.936	83	铝合金	ϕ0.476×3.02	37	前抛盖后吹碎	120	0.45	倾斜
法国“海响尾蛇”	0.156	0.547	2.936	83	铝合金	ϕ0.515×3.02	62	前抛盖后吹碎	145	0.75	倾斜
美国“爱国者”	0.41	0.87	5.31	1000	铝合金	1.09×0.99×3.1	696	前冲破后吹碎	1696	0.696	倾斜

2）承力构件设计

导弹贮运与发射时的动载荷及燃气流冲击力作用在承力构件上,设计时既要保证强度与刚度的要求,又要减小重量。一般由纵梁(或内箱体)与加强框构成框架,满足强度要求,再加适当的纵筋与横筋增加刚度与稳定性。

发射箱吊装用的吊环及安装在定向架上的支脚都是承力件,要与加强框相连,以保证传递载荷时的强度要求。

3）箱体材料的选择

发射箱的质量是发射箱设计的主要指标之一。减小发射箱的质量,主要靠发射箱的材料的优化设计和合理地选择材料。

发射箱的材料可供选择的有钢、铝合金和非金属材料玻璃钢。

从现在已投入使用的发射箱看,多为铝合金。从各种铝合金的性能看,发射箱的蒙皮可选择防锈铝和锻铝,加强框、导轨、构件等可以选择硬铝和锻铝,承载力大的构件如主框、支板和拉杆等可以选择钢和合金钢。

如果对发射箱质量要求不严,发射箱的材料也可选择全部是钢材。全钢的发射箱成本比铝合金的低,因此美国舰用发射箱采用的就是钢材。发射箱的蒙皮是波纹钢板,有助于增加强刚度。

发射箱的材料也可用非金属材料玻璃钢,可以降低发射箱质量。玻璃钢发射箱的形状一般是圆形,圆形容易加工。玻璃钢发射箱工艺性比较复杂,生产成本也比较高,国内已研制出了玻璃钢发射箱,并做了发射试验。

4）密封装置设计

箱内充有一定压力的气体。为了使箱内气体压力长期保持在允许范围内,箱体必须是气密的。保证气密的措施包括：

（1）箱壁焊缝必须经过气密检查，不能漏气；

（2）前后箱盖与法兰连接、窗口盖与箱壁连接要用专门密封圈与密封垫，并用适当数量的螺钉固紧；

（3）与箱体内壁相通的电插头与插座必须是专用的气密件；

（4）要安装专用压力表，定期检查箱内气体压力，压力低于最小值时由充气嘴向箱内充气。

3. 发射箱箱盖设计

箱盖是贮运发射箱的重要部件，对导弹的贮存寿命、使用维修性能、发射时的反应时间及可靠性有直接影响。所以箱盖的设计非常重要，在型号研制中往往将其作为关键部件专门进行研究。为了协调弹箱间的要求，箱盖的设计一般与箱、弹同步进行。

1）基本要求

箱盖设计的基本要求如下：

（1）需要箱盖关闭时要能关得住。所谓能关的住是指箱盖关闭时，有一定的强度与刚度，防止导弹遭受机械撞击，有良好的气密性能，对电磁场有屏蔽作用。

（2）需要箱盖打开时要打得开。所谓打得开是指开盖要方便、可靠，不能给导弹的发射带来不利影响。

2）箱盖的类型

目前在导弹贮运发射箱中应用的箱盖有各种形式，如图2－52所示。

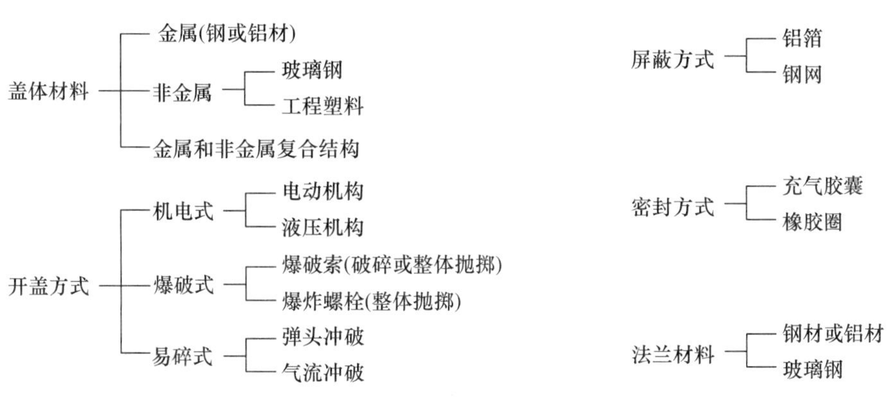

图2－52　箱盖的类型

箱盖的开盖方式及特点如下：

（1）机械开盖。前、后盖一般用金属材料制成，用液压机构关盖，压缩弹簧伸张时开盖或用电动机构开关盖。优点是开关盖可靠，可多次使用。缺点是机构复杂，需要把液压源或电动机构接入发射筒中，重量大。

（2）整体抛出。用外力把整个盖子抛出，抛出的力有两种：①箱内气体压力。箱盖用爆炸螺栓与箱体法兰相连，发射时电点火器点燃爆炸螺栓中的火药将螺栓炸断，在箱内充0.1MPa气压的气体作用下箱盖抛出。②火药气体压力。在箱盖法兰处装有炸药索，发射时引爆点爆管从而点燃炸药索，在盖体与法兰间产生火药气体，使盖沿法兰破裂后整体抛出。

（3）易碎盖。这种盖子在发射时要靠外力作用破裂成块。有的碎成几大块（四块或更大一些），有的碎成小碎块，这由发射要求而定，破裂外力有的是火箭头部撞击的结果，有的则由埋于箱盖中的炸药索爆炸产生，撞击形式最简单。

这种方法的优点是：①易碎盖的前盖由火箭头部冲开，后盖由发动机的燃气流吹开，既简化了发射程序，又省去了一套开盖机构，结构简单，重量较轻，可靠性也提高了；②箱盖打开或关闭对相邻弹都无影响；③具有防潮、隔热、自熄等性能；④制造方便、成本低，适于批量生产。

3）易碎盖设计

易碎盖由盖体与法兰组成，结构外形有平面形、圆锥形、半球形、半椭圆形等，结构形式有单层、多层的，但内部均有沟槽，便于破裂。

箱盖体可以选择下列两种材料：一种是以硬质聚氨酶泡沫塑料为基材，用金属模具浇注成型；另一种是以玻璃纤维布为基材，加树脂、填料，层压固化成型。其中泡沫塑料重量较轻，材质较软，破碎过程不会划伤弹的头部，因为箱盖的破裂实质是由弹头弧形段挤碎的，材料过硬容易划伤弹头。用金属模具发泡成型，批量生产时能保证易碎盖的尺寸与性能参数的一致性，金属模具使用寿命长，批量生产效率高，较经济。

法兰材料可以选择铝或玻璃钢，两者都较轻，性能都能满足要求，但设计制造时要注意不同材质的特点，采取相应的措施。其中玻璃钢法兰刚度较差，用螺栓固定于管口时易变形，气密性不好保证，设计时需加强刚性。铝材法兰的结构厚度可薄些。温度变化时，铝与非金属盖的膨胀系数不一致，黏结部位容易开裂，所以应当进行高低温试验，检查黏结牢度，保证气密要求。

下面举例介绍几种典型易碎盖的结构。

（1）单层结构易碎盖。图 2－53 所示为单层结构的易碎盖。单层结构易碎盖可选用一种适当强度的聚氨酯泡沫塑料，模压成适于镶嵌在发射箱扣上的前盖，并通过一个金属框固定在发射箱上，金属框架是由金属材料制成，例如铝合金制成方框，形状与盖相同，弹尺寸稍大。框架四边内侧有角形构件，与筒盖的外缘直角相配合；箱盖框架凸耳上有孔，螺钉通过此孔将箱盖固定在发射箱上，此时盖外表面突出的铝膜与铝角形构件密切配合，构成一个光滑封闭的平面，保护导弹免受电磁辐射的影响。对这样一种形式的易碎盖，为了使盖易于破裂，还可在盖上做出适当形状的沟槽，沟槽的截面形状一般为等腰直角三角形或者等边三角形。

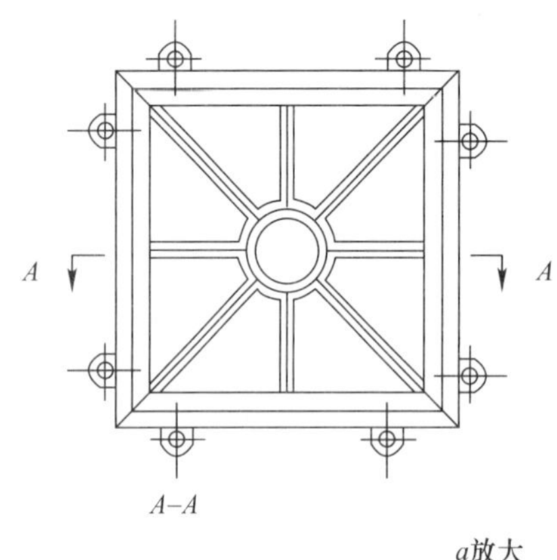

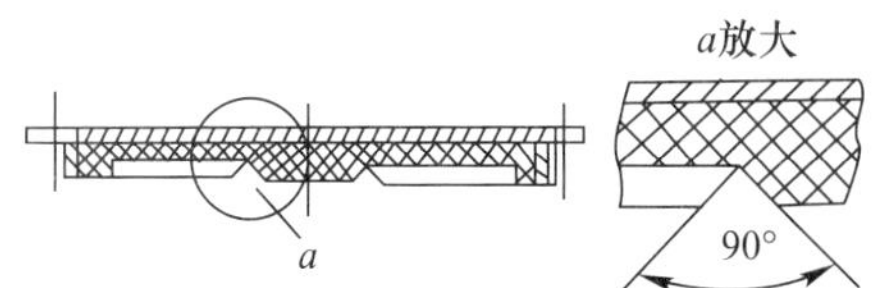

图 2－53　单层结构易碎盖

（2）多层结构易碎盖。图 2－54 所示为多层结构易碎盖，盖体共三层：外层为泡沫塑料，中间为玻璃布，里层为铝箔。铝箔的材料为 LF2－M－0.02Q/Q701－75，起屏蔽作用。玻璃布两面涂胶，将铝箔牢固地粘于塑料层上，并保证有良好的密封性。

塑料层厚 14mm，有 8mm 深的沟槽，把全盖分成 8 块，顶部成半球形，有直径为 150mm 的环形沟槽。导弹发射时，弹头与盖体相撞，先将圆板冲落，导弹继续运动时，盖体沿沟槽被挤成 8 块。这种结构可减小导弹撞碎易碎盖时的撞击力，盖被挤碎时导弹的行程约 400mm，与弹头形状有关。为防止塑料老化，塑料层上涂强化硅橡胶，厚 0.2 ~ 0.3mm。

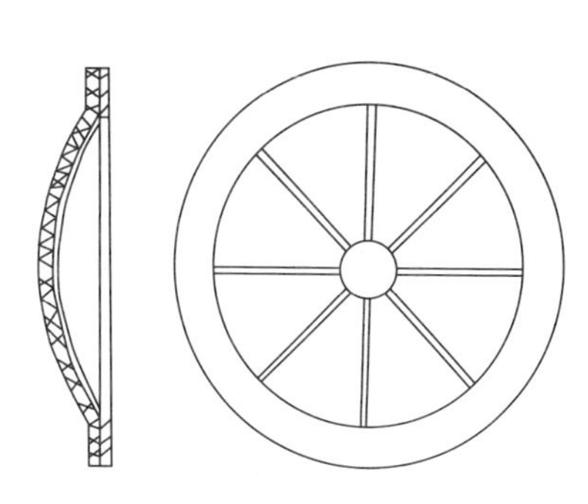

图 2 - 54　多层结构易碎盖

法兰是铝制圆环，材料为 LF6 - VB604 - 66，厚 20mm，有足够的刚度，其上有 8 个圆孔，用 8 个螺钉将其固定，被压紧的橡胶圈起密封作用。

盖体用 101 聚氨酯胶粘在法兰上，按黏结工艺要求保证黏结牢固，黏结连接的主要优点是不削弱受力面积；不发生开孔处的应力集中现象，受力性能及疲劳强度较高；连接点外形平滑，气密性好，连接元件的裂纹不易扩展；可以用于不同材料的连接，无电化腐蚀问题。胶结连接的主要缺点是在胶缝边缘处有较大的剪应力和剥离力，易造成边缘过早剥裂，导致整个胶层破坏；强度分散性大，由于温度、湿度等环境因素的影响，胶结强度会降低，所以，要注意胶结工艺，并要做高低温试验，以便检查胶结质量。

4）爆破式箱盖设计

这种形式的箱盖，有两种开盖方式：一是盖体与法兰之间设导爆索，靠火药的爆轰力使盖破裂，并抛出一定距离；二是箱盖与箱体之间用爆炸螺栓连接，螺栓炸断之后，靠箱内气压将箱盖整体抛出。

爆破式箱盖的主要设计要求有：

（1）在正常发射条件下，爆炸索点燃后，箱盖的盖体与法兰剥离，抛出距离不小于 3m；

（2）在应急发射条件下，导弹头部能冲破箱盖；

（3）箱盖破裂后的碎片不能影响导弹的正常飞行；

（4）箱盖有足够的强度，能承受运输时的振动及相邻导弹燃气流的冲击，在一定大小静载荷作用下，箱盖不破裂；

（5）在 50kPa 气压作用下，保持 24h 不漏气；

（6）耐腐蚀、耐老化、耐高温、有自熄性能；

（7）环境温度为 +50℃或 -40℃时，箱盖胶结处不应脱粘，气密性不应破坏。

导爆索式抛掷盖结构如图 2 - 55 所示。箱盖由盖体、法兰、导爆装置组成。

盖体由玻璃纤维细布和环氧树脂制成，中间连续铺设 200 目的铜网，屏蔽电磁场的辐射作用。盖中间有圆孔，用能透过红外线的护罩罩住，有密封垫防止漏气。导弹在贮运发射箱中，通过透明的护盖接收来自目标的红外信号。盖体四周有一定高度和厚度，中间填充有泡沫塑料的环状突起部，保护导弹头部免受燃气直接冲击。

法兰由玻璃纤维细布和环氧树脂制成，中间铺设有铜网，屏蔽电磁场的辐射。铝片则增加法兰的抗弯刚度，使导弹索的爆轰力只撕裂盖体而不会使法兰变形。法兰四周有均匀分布的圆孔，通过这些孔用螺钉将法兰固定于箱体上，并由密封垫防止漏气。

导爆装置由起爆器、导爆索、传爆药柱及金属护罩组成。起爆器用于起爆导爆索，内装

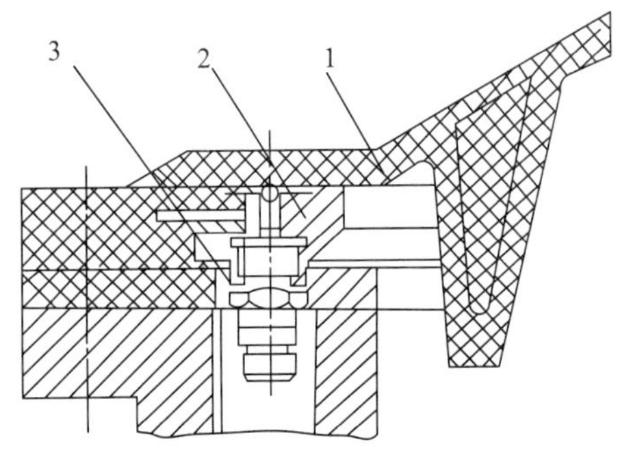

图 2－55　导爆索式抛掷盖结构

1—盖体；2—法兰；3—导爆装置。

起爆药及主装药泰安炸药，发火元件为桥带式发火组件。导爆索装在箱盖周缘护板上的圆槽内，引爆后形成爆轰力使箱盖从黏结面处脱开，并抛出一定距离，导爆索外壳材料为铅弹合金，内装黑索今炸药，炸药线密度根据抛掷力来定。传爆药柱起爆导爆索，由起爆器引爆，经传爆药柱传递爆炸能量。传爆药柱为圆柱形，外有部分短铅壳，内装泰安炸药。

护罩由 25 号钢加工而成，用螺钉固于法兰上，使盖体与法兰形成环状狭缝，将药条固于箱盖周缘，炸药燃气在空间中膨胀形成爆轰力，使箱盖破裂并抛出。护罩还可减弱反向激波对其他部件的影响。

导爆索式抛掷盖的开盖原理是两个对称安装的起爆器爆炸后，引爆传爆药柱，并将爆轰能量传给导爆索，沿箱盖黏结面周缘铺设的导爆索被引爆，产生爆轰压力，作用于箱盖之上，使玻璃钢盖从黏结面上剥离，并将箱盖抛出。

金属护罩承受导爆索引爆产生的爆压后不会破坏，使玻璃钢盖剥离，并能减弱爆炸波对弹头等的影响。试验证明，只要导爆索药量适当，火工品爆炸时弹头上的压力不大，弹头完好无损，箱盖抛出距离符合要求，法兰周边整齐，发射通道畅通，爆炸力对本体不造成破坏。

法国“响尾蛇”导弹采用爆炸螺栓式抛盖，其发射箱前盖采用爆炸螺栓开启盖，也称为抛掷式前盖。发射箱前盖为高 655mm 的锥形铝合金旋压件，壁厚 1.2mm，形状与导弹的头部相适应，以减小前盖的尺寸和质量，如图 2－56 所示。前盖用爆炸螺栓连接在发射箱上，爆炸螺栓结构如图 2－57 所示。在发射时，点火电路接通，内部炸药点燃爆炸，剪断了剪切销，使螺栓分成两部分，在爆炸力和箱内压力的作用下将前盖抛出，传出前盖已抛出的信号时才可以发射导弹。

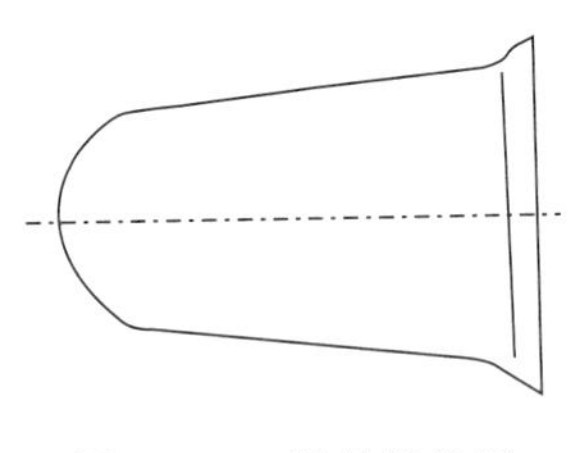
图 2－56　抛盖结构图

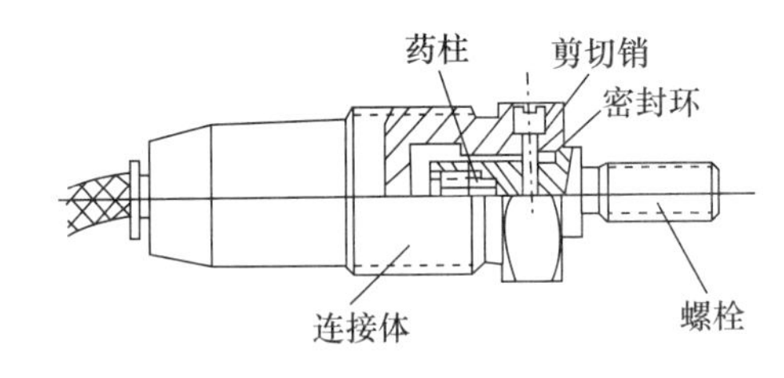

图 2－57　爆炸螺栓结构

4. 发射箱隔热设计

贮运发射箱的一个重要功能就是作为导弹运输和贮存的保护箱，我国的幅员跨度大，气候变化剧烈，箱体设计中必须考虑到隔热问题。

1）箱体隔热的基本要求

箱体隔热的基本要求是保证导弹上各种元器件的正常工作，一般当发射箱在 －30 ~ ＋60℃ 的环境温度下，箱内温度为 －25 ~ ＋50℃。

2）隔热体材料的选择

理想的隔热材料应符合导热系数小、抗湿性及耐火性强、不易霉烂、机械强度高、经久耐用、加工容易等要求。

发射箱中使用的隔热材料有泡沫塑料和玻璃棉。隔热材料的基本特性见表2－3。

表2－3　隔热材料的基本特性

材料名称	密度/(kg·m^{-3})	导热系数/(W·m^{-1}·℃$^{-1}$))	吸水率/%	使用温度/℃
聚苯乙烯泡沫塑料	20～50	0.0～0.046	<3	－3～130
硬质聚氯乙烯泡沫塑料	40～50	0.03～0.043	<3	－3～130
软质聚氨酯泡沫塑料	24～40	0.04～0.046	<3	－3～130
硬质聚氨酯泡沫塑料	<65	0.0279	<3	－3～130
超细玻璃棉	18～22	0.033	～2	<100

聚苯乙烯泡沫塑料经紫外线照射后要老化，因此要用于有覆盖、不受阳光直射的场合，而且要选用自熄性能的材料。

硬质聚氨酯泡沫塑料用现场发泡的方法使其在发射箱的夹层表面成型，隔热效果较好。超细玻璃棉直接填充在箱体夹层内，隔热效果要差一些。

3）复合隔热措施的选择

热量传递是一个复杂过程，有三种基本方式，即热传导、热对流和热辐射。处于高温日照下工作的导弹发射箱是热辐射、热传导和热对流三者的综合传热过程。在设计隔热体结构时，选用单一的隔热材料和隔热层往往难以达到满意的隔热效果，所以设计成复合结构，利用不同材料组合而达到设计要求。如图2－58所示，在外筒外表面涂隔热性能好的隔热胶，随后再选用高反射率、低吸收率的涂料涂在最外面，形成放热辐射层。在外筒和内筒之间利用发泡的泡沫塑料灌注，形成隔热层。这样的结构对高温日照有很好的隔热效果。

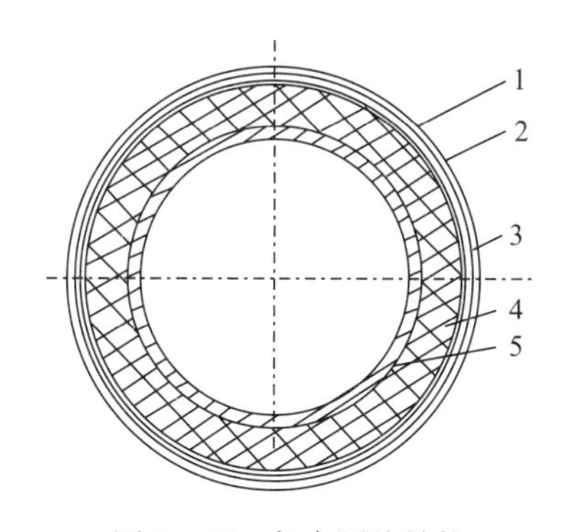

图2－58　复合隔热结构

1—防辐射涂层；2—外隔热涂层；3—外筒；4—泡沫塑料层；5—内筒。

4）减少热桥的热量传递

发射筒的热量是通过金属等容易导热的构件传递的，即形成所谓的热桥，经热桥迅速传热。在进行隔热结构设计时，要分析传热路线，采用下列措施，减少热桥的传热量，或切断热桥的作用。

对于从内部承力构件外伸的支承部件，可采用强度高、导热系数小的非金属材料。对金属结构的箱体,要避免金属构件的直接搭接,必须搭接的地方可用非金属件减弱热交换的强度。箱盖、窗口盖是防止热量传递的薄弱环节,应采取相应的隔热保温措施。避免用金属螺栓将箱盖、窗口盖直接固定在与箱体内壁相连的凸缘上。

5）隔热层最佳厚度的确定

首先选择不同的隔热材料、辅料、隔热体结构组合成多种隔热层,然后进行热力计算,从中选择最佳方案,确定最佳隔热层厚度。

6）隔热层施工方法

常用的施工方法有以下四种:

(1) 填充法。就是将超细玻璃棉等隔热材料填充在内外箱体之间,构成隔热体。这种方法施工容易、经济,但隔热效果不够理想。

(2) 粘贴法。把泡沫塑料板加工成所需形状,用胶黏剂粘接于加工好的金属结构上,构成隔热体。同填充法类似,粘贴法也是施工容易、经济,但隔热效果不够理想。

(3) 灌注法。将硬质聚氨酯泡沫塑料在现场发泡并直接灌注在内外箱体之间,构成隔热体。这种方法保温性能好,结构紧凑,也容易施工。

(4) 喷涂法。用喷涂方法将保温材料喷涂在结构上,构成隔热体。这种方法有一定的隔热保温效果,多与前述方法结合构成复合结构,能达到理想的隔热效果。

5. 筒式发射适配器设计

1）自推力发射用适配器

导弹使用圆截面的贮运发射箱来完成贮存、运输和发射任务时,在弹箱之间往往装有称为适配器的弹性衬垫,贮存时起减振作用,发射时起导向作用,并控制初始扰动。导弹滑离后,适配器与导弹可靠地分离。

适配器一般用泡沫塑料为基材作成,中间有加强筋和起分离作用的圆锥形螺旋弹簧,断面形状较简单,如图 2-59(a)所示。为了增大阻尼,有的适配器断面形状较复杂,专门加工成蜂窝状,既增加刚度,又增加阻尼,有空气从孔中排出,如图 2-59(b)所示。

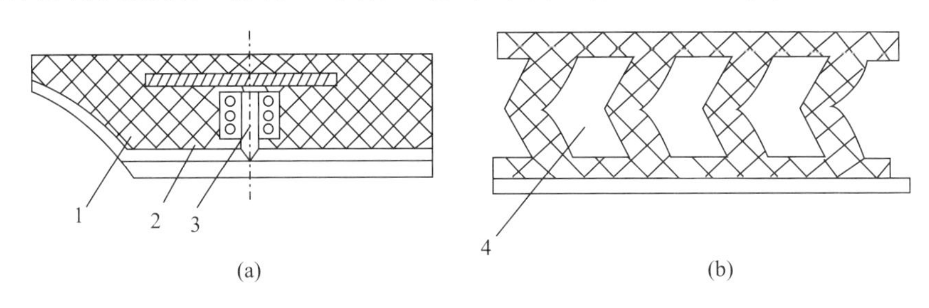

图 2-59 适配器结构

(a)弹簧式适配器;(b)气室式适配器。

1—本体;2—定位销;3—分离器;4—气室。

选用泡沫塑料做适配器是基于以下考虑:

(1) 由于泡沫塑料内部发泡,而且本身的动力特性复杂,使其在整个变形过程中处于弹性-塑性-黏弹性相交汇的流变状态,表现出强烈的非线性特性,这些都是获得良好抗冲击性能的基础。

(2) 可以有效地阻止多个共振峰的产生。当系统处于路面不平或海浪起伏的随即激励环境中时,对多自由度线性系统将激起许多共振峰,产生噪声和疲劳破坏。对这种环境采用以往调整刚度和质量的方法常常难以使结构的固有特性避开宽频激励频率。对黏弹材料,因动力特点与阻尼较大,可以有效地解决这个问题。

(3) 泡沫材料种类较多,对同一种化学成分的材料,可通过不同的加工工艺和发泡处理得到密度、刚度、阻尼等物理参数大不相同的材料,而且易于加工成多种复杂形状的零件。

上述特点便于在设计适配器时能兼顾运输时的减振特性、发射中的控制扰动特性与滑离后的分离特性三方面的要求,合理协调各设计参数。

前述适配器一般都分成四片,导弹离筒后分离,落在发射装置附近,可能损坏地面设备。为了避免产生这些问题,美国的"爱国者"导弹在导轨的表面上粘上一层石墨填充酸胺纤维,在上部和侧向支承块上粘有石墨填充酸胺纤维,作为适配器完成支承、导向、缓冲作用。但发射时,适配器仍粘在导轨和支承块上,不会有损坏地面设备的危险,如图 2-60 所示。

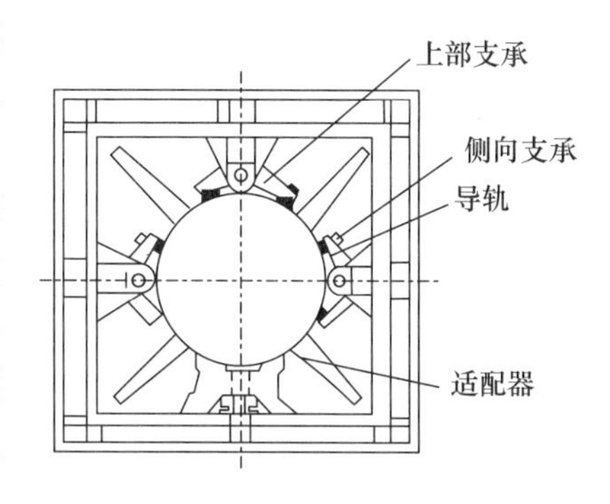

图 2-60 "爱国者"导弹发射箱适配器

2) 弹射用适配器

发射筒内一般有前、中、后三个适配器,完成支承、导向和缓冲作用。此外,后适配器还要完成密封气流的作用。

三段适配器的结构形式基本相同,只是后适配器有尾唇,燃气压力将尾唇压于发射筒壁,起密封燃气作用。如果用活塞或密封环密封燃气,则不需尾唇。适配器长度决定于各段受力情况,要保证弹体的压强要求。厚度取决于导弹与发射筒间隙、形状及尺寸误差。

带尾唇的适配器如图 2-61 所示,每段可以是 4、8 或 12 块组成。每块由三种不同的材料粘接而成。内层为氯丁海面胶板制成,与导弹外表面贴合,主要弥补导弹形状和尺寸误差,此种材料与金属摩擦系数大,能减小装填时销子的受力。中间一层本体是由丁腈橡胶制成,根据需要,本体上可设有若干减轻重量孔。外层粘有聚四乙烯薄膜,与发射筒内壁接触,此种材料摩擦系数小,可减小发射和装填时的阻力。每块适配器均有一个弹性销钉,销钉插入导弹的销孔中,使适配器在导弹上定位。销钉在销孔中可伸缩,目的是在导弹有形状和尺寸误差时,也能良好地结合。适配器前端制成有一定角度的斜面,目的是适配器出发射筒后,在弹簧力和空气阻力作用下,保证导弹和适配器顺利分离。前、中适配器后端制成 45°斜面,目的是当装填装置与发射筒对接产生台阶时也能顺利装填。后适配器尾唇设计成"V"形,目的是良好的密封燃气压力,使之不泄漏到上方,保护弹体并顺利发射。

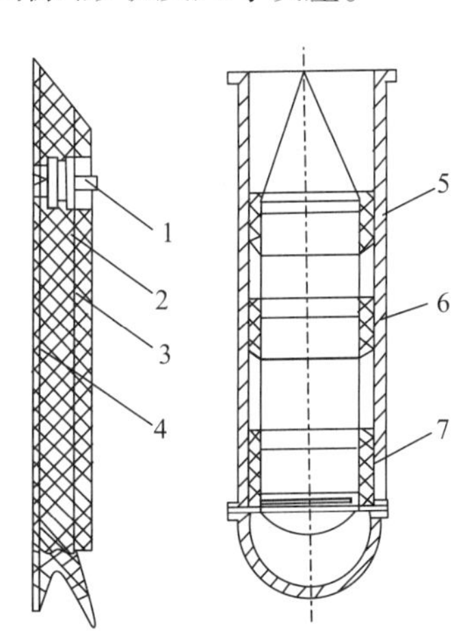

图 2-61 带尾唇的适配器
1—销子; 2—海绵胶板; 3—橡胶本体; 4—四氟乙烯薄膜; 5、6—前、中适配器; 7—带尾唇的后适配器。

带密封尾唇的适配器能完成所要求的功能,且结构简单;

由于适配器形状简单，采用橡胶材料，可用模具进行批量生产。三种材料黏结也无特殊工艺，所以此种形式成本低。

但是后适配器是由 8 块(或 12 块或 4 块)组成一圈进行密封，块与块之间不可能贴合得很好，总会有漏气，密封效果不是最佳的。适配器出发射筒后，由于受到风力等因素影响散落无规律，有可能散落到地面设备上，对地面设备的安全造成威胁。

为了解决发射时适配器分离可能造成的危害，常选用密度小的硬质聚氨酯泡沫塑料作适配器，而用可变形的橡胶作密封环，安装于导弹的尾罩上起密封燃气作用。

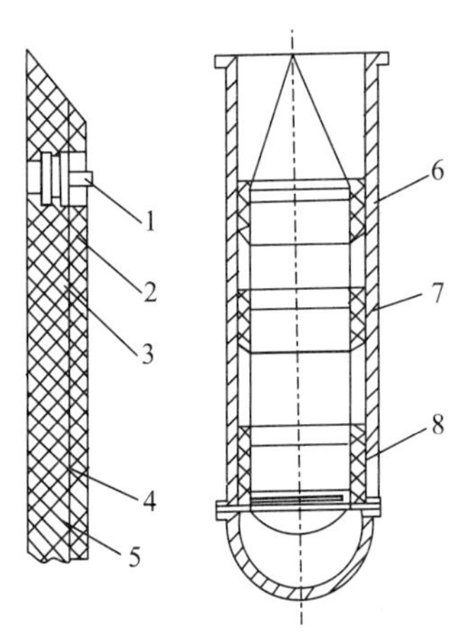

图 2-62　轻质适配器剖面
1—销子；2—海绵胶板；
3—硬质聚氨酯泡沫塑料；
4—橡胶板；5—聚四氟乙烯薄膜；
6、7、8—适配器。

适配器剖面如图 2-62 所示，它由 4 种不同材料黏结而成。内层由海绵胶板制成，它与导弹外表面贴合，主要弥补导弹的尺寸和形状误差，此种材料与金属的摩擦系数大，能减小装填时销子的受力。内层由硬质聚氨酯泡沫塑料制成，是适配器的承力件，由于硬质聚氨酯泡沫塑料密度小，具有一定的强度和弹性，由它制成的适配器质量可大大减轻，且能起到缓冲作用。外层是大约 2mm 厚的橡胶板，它能适应装填时发射筒与装填装置产生的台阶，同时避免了聚四氟乙烯薄膜与硬质聚氨酯泡沫塑料不易黏结的困难。最外层是聚四氟乙烯薄膜，它与金属的摩擦系数小，能减小发射和装填时的摩擦阻力。

密封环制成了单边唇形，如图 2-63 所示。用螺钉、压板固定在尾罩的支承环上。密封环由两种材料粘接而成，本体是用橡胶材料制成，在外表面上粘接一层聚四氟乙烯薄膜；主体主要起密封作用，聚四氟乙烯薄膜用于减小发射时它与筒壁间的摩擦阻力。

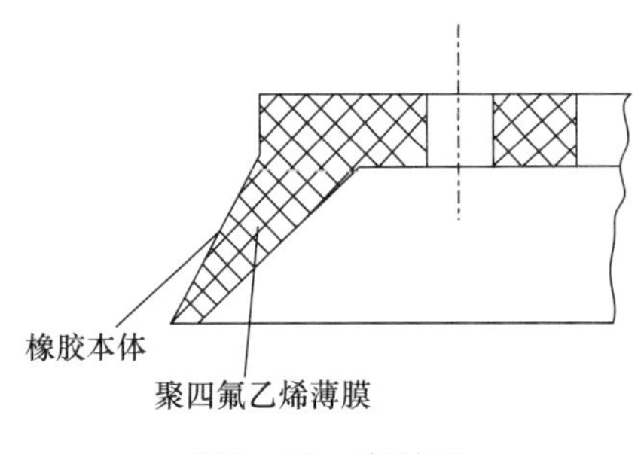

图 2-63　密封环

密封环设计时，应有足够的厚度，否则，在导弹装填与发射时容易产生翻边。并应有足够的过盈量，特别是公路机动发射，导弹运输和发射呈水平和垂直两种状态，这样导弹和发射筒产生不同心。所以密封环的最大外径必须是发射筒的内径，加上导弹与发射筒的不同心度，再加上必要的过盈量，这样才能保证良好的密封性能。

尾罩密封、轻质材料适配器的优点是适配器散落在地面设备上不会造成地面设备的损坏；密封环制成整圈的，没有接缝，密封效果好；质量小，操作方便，使用性能好。缺点是材料强度低，操作需小心；适配器落地后将全部损坏，不能多次使用；制造工艺较复杂，成本较高。

思 考 题

1. 发射装置的环境适应性有什么内涵?
2. 发射装置的机动性有什么内涵?
3. 什么是发射装置的稳定性? 如何稳定?
4. 什么是发射初始偏差? 其对导弹发射有何影响?
5. 质量与尺寸对发射装置的性能有何影响?
6. 什么是状态转换时间? 其对发射装置的性能有何影响?
7. 瞄准角和瞄准速度对发射有何影响?
8. 导弹发射装置的类型与一般组成有哪些?
9. 定向器在导弹发射装置中的地位和作用是什么?
10. 定向器由哪几部分构成? 其长度受哪些因素影响?
11. 为什么要设置闭锁挡弹器? 其工作有什么要求?
12. 瞄准机的功用与要求是什么? 其类型有哪些?
13. 平衡机的设置原因和工作要求是什么?
14. 燃气导流装置有哪些类型? 在设计导流型面时一般有什么要求?
15. 利用贮运发射箱进行导弹发射有哪些特点?

第三章　地空导弹发射控制系统

在地空导弹武器系统中，按照规定的发射条件和程序，实施导弹射前检查、发射准备和发射控制的系统称为导弹发射控制系统（以下简称发控系统）。随着电子技术的发展，发控系统经历了时间继电器和电磁继电器控制、门电路（或集成电路）与电磁继电器控制、计算机控制等发展阶段。新型地空导弹发控系统广泛采用计算机分布式控制技术，既保证了导弹发射任务的完成，又大大提高了系统的性能。本章主要介绍发控系统的功用、组成、工作状态、简要工作过程和导弹发射过程的约束条件，发控系统工作程序，计算机控制发控系统，发控系统数据通信，以及发控系统配电技术等内容。

第一节　概　　述

发控系统是执行导弹发射控制任务的核心设备。在导弹起飞前，发控系统是指控系统与导弹相互联系和信息交互的唯一通道，其功能性能、自动化程度和可靠性等，直接影响导弹准备和发射能否成功。

一、功用

由于导弹发射方式、发控系统工作状态、导弹制导控制方式、导弹供电方式等不同，决定了发控系统的功用也有较大区别，但应具备以下基本功能：

（1）射前检查，检查导弹在位状态，对发射车上导弹主要功能电路进行检查；

（2）接电准备，准备导弹地面电源，按准备时序对导弹进行接电管理；

（3）装定导弹射击诸元，将导弹飞行控制需要的各类参数进行装定，为导弹发射做好准备；

（4）发射控制，接收发射令，按照发控时序完成能源激活、转电、点火等任务；

（5）发射故障检测和应急处理；

（6）多车多弹型管理功能；

（7）与指控配合进行训练和维护。

部分发控系统还具有完成对发射装置（随动系统或者车控系统）的控制、全配置导弹的管理、导弹在架测试、导弹初始对准等功能。

二、发控系统特点

发控系统在指控系统的控制下，检测导弹在位状态、对导弹加电控制和装定导弹射击诸元，然后按严格的发射时序控制导弹发射过程，其工作特性决定了其具有以下几个特点：

(1) 发控系统为高实时性控制系统，特别在导弹发射控制过程中，具有严格的时序要求；

(2) 发控系统为高安全性系统，应具有足够安全的措施确保导弹的管理和发射控制安全；

(3) 发控系统为高可靠性系统，应具有足够的容错能力、抗干扰能力和冗余能力；

(4) 发控系统为嵌入式控制系统，控制软件紧密依附于硬件，操作人员不与软件直接接触，仅通过开关、按钮等以命令和指令形式与软件打交道；

(5) 发控系统为多输入多输出系统，需处理大量的输入和输出信号。

三、组成

发控系统主要是指位于各导弹发射车上的发控单元，一般由发控计算机组合、电源设备、执控组合、辅助设备、筒弹插头和模拟器等组成。

由于发控系统对上连接指控系统，对下连接导弹（筒弹）或者模拟器，因此，与发控系统密切相关的部分包括指控系统与发控相关部分和导弹（筒弹）与发控相关部分。

发控系统的一般组成和功能联系如图 3－1 所示。

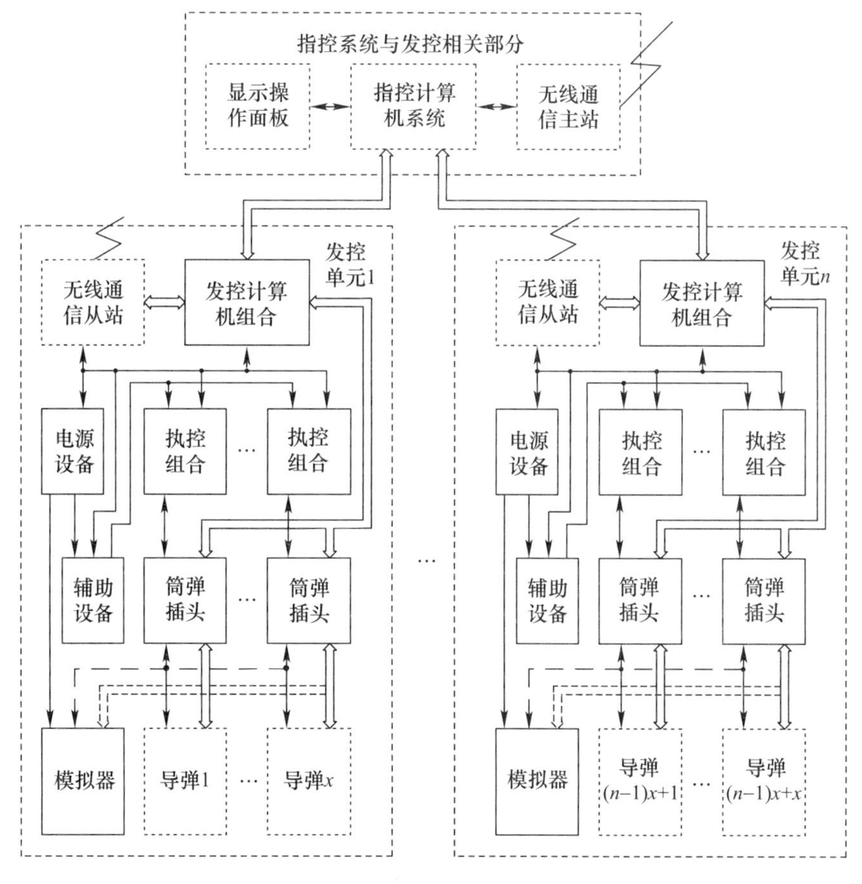

图 3－1　发控系统的一般组成和功能联系图

1. 与发控系统密切相关部分

指控系统与发控相关部分是指控系统的重要组成部分，也可以是专设的发射控制台。主要用于通过操作面板和键盘接收指挥人员的操作指令、需要装定给发射设备和导弹的参数，设置发射设备的工作状态；建立和检查与各发控单元的通信联系；接收发控系统返回的发射设备和导弹的信息、参数装定结果；完成发控单元控制的逻辑运算；显示和适时向各发控单元发出指令和需要装定的参数；遥控接通或断开各发控单元的电源；向各导弹发射车提供同步时钟；完成发控系统工作监控和故障诊断。

地空导弹武器系统不同，指控系统与发控相关部分的结构组成也有较大差别。一般包括显示操作面板、指控计算机系统和无线通信主站等。指控系统与发控相关部分和发控系统之间主要以数据通信方式完成信息交互，可用电缆有线连接或通过无线通信系统沟通联系。

导弹（筒弹）与发控相关部分包括用于沟通电源和信息的筒弹插座、用于与发控计算机组合通信的弹载计算机、弹上能源系统和点火系统的激活点火丝、用于向发控系统提供导弹状态信息和接收发控系统电源及控制信号的电路等。

2. 发控计算机组合

发控计算机组合是发控单元的控制核心。主要用于接收通过电缆或者无线通信传输的指控系统的指令、装定给发控单元和导弹的参数，向指控系统返回发射设备和导弹的状态信息、参数装定结果；建立和检查通过筒弹插头与导弹（筒弹）或模拟器的通信联系，传递需要装定给导弹的参数并接收导弹（筒弹）或模拟器返回的状态信息和参数装定结果；执行指控系统的指令，完成导弹检查、准备、发射和故障处理等逻辑运算；控制发控单元电源设备和辅助设备的工作，控制执控组合通过筒弹插头向导弹（筒弹）提供地面电源；向执控组合和辅助设备发出指令，控制执控组合完成对导弹（筒弹）的检查、准备、发射和故障处理等工作，并接收导弹（筒弹）或模拟器返回的状态信息。

发控计算机组合一般由硬件和软件两部分组成。硬件包括电源模块、处理器、通信模块、开关量输入输出模块、模拟量输入输出模块等。软件包括系统软件和发控软件，系统软件是处理器工作的基础，目前多为 MS – DOS 或 VxWorks 操作系统，发控软件是完成导弹发射控制任务的专用软件。

发控计算机组合位于导弹发射车（架）上，每个发射车（架）有一套，通过有线或无线通信方式与指控系统沟通联系；通过电缆与电源设备、辅助设备、多个执控组合、筒弹插头沟通联系。

3. 电源设备

电源设备用于给导弹发射车（架）电气设备提供动力电源，给发控单元控制系统提供所需要的电源，给导弹提供地面电源。地空导弹武器系统不同，电源设备的结构组成和工作原理不同。一般包括取力发电机或燃气涡轮发电机及其控制电路、发控电源和导弹地面电源等。发控电源和导弹地面电源目前多采用大功率开关电源，有特殊要求的也采用变流机。供给导弹的地面电源由执控组合根据发控计算机组合的指令经筒弹插头送往导弹（筒弹）。

4. 执控组合

执控组合接受发控计算机组合的控制，执行发控计算机的指令，对导弹进行射前检查并将检查结果返回发控计算机组合;和筒弹插头一起执行对发控单元和导弹(筒弹)的通信联系;接收电源设备提供的导弹地面电源,按照发控计算机的指令适时将导弹地面电源通过筒弹插头提供给导弹(筒弹);传递需要装定给导弹的参数和参数装定结果;完成导弹准备和发射过程中的部分逻辑功能和功率转换;完成导弹故障处理和解除。

执控组合的主要元件一般是固态继电器,对于有特殊要求的地空导弹武器系统,如模块化设计要求、一筒多弹等,执控组合内部还有自己的处理器和接口电路。

执控组合位于导弹发射车(架)上,通过电缆与电源设备、发控计算机组合、辅助设备、筒弹插头进行联系。

5. 辅助设备

辅助设备针对不同地空导弹武器系统导弹准备、发射过程中的特殊要求完成各自的功能任务。比如:由专门的检测设备完成发射车功能快速检查;由专门的监测设备记录作战过程中的重要参数和设备的状态;对于倾斜发射的导弹,由随动系统完成跟踪瞄准任务;对于半主动寻的制导的导弹,由调谐器给导弹提供直波信号,使弹上引导头预先锁定在照射雷达的频率上;对于复合制导的导弹,由频率相位自动微调设备完成导弹本机振荡器速调管、应答机磁控管频率微调和重调工作以及无线电测向仪相位微调工作,将其调到照射制导雷达的工作频率上,保证导弹飞行过程中与地面照射制导雷达的通信联络。

6. 筒弹插头

筒弹插头是导弹与发控系统电气沟通的桥梁,主要用于向导弹(筒弹)传递执控组合的导弹地面电源和指令、需要装定给导弹的参数和向执控组合传递导弹(筒弹)执行指令情况、参数装定情况和导弹的状态信息;沟通弹架通信联系。

每枚位于导弹发射车(架)上的导弹(筒弹)对应一个筒弹插头。裸弹时为脱落插头,筒弹时为筒弹插头+脱落插头两部分。

脱落插头安装在专用的脱落插头机构上。对于裸弹发射方式的导弹,脱落插头机构位于定向器上;对于箱筒发射方式的导弹,筒弹插头位于联装架上,脱落插头机构位于发射箱内部。导弹起飞瞬间,带动脱落插头完成与导弹的可靠分离。

7. 模拟器

模拟器是导弹(筒弹)的模拟装置,由于导弹接电次数有限,在发射单元上一般都配有模拟器,主要用于部队日常训练和对发射系统进行功能检查。

由于导弹采用计算机控制技术,为完成对导弹(筒弹)的功能模拟,模拟器也采用计算机控制技术。一般由硬件和软件两部分组成。硬件包括电源模块、处理器、通信模块、开关量输入输出模块和操作显示面板等。操作显示面板用于模拟导弹主要电路状态和模拟显示导弹执行发控指令情况。软件包括系统软件和模拟器软件,系统软件是处理器工作的基础,目前多为 MS - DOS 或 VxWorks 操作系统,模拟器软件是完成导弹功能模拟的专用软件。

模拟器一般有固定的和移动的两种,固定的模拟器安装在发射装置上,移动的模拟器平时放在舱室内,使用时搬出。模拟器在使用时,通过模拟器电缆上带的模拟器插座与筒弹插头连接。

四、工作状态

发控系统工作状态分为本车控制和遥控控制两种。

1. 本车控制

本车控制时,发控系统脱离指控系统的控制,独立完成发控自检、BIT 测试和筒弹测试等功能。

1）发控自检

发控自检时,发控系统与模拟器连接,可单步检查发控系统各功能电路,也可根据本车控制指令进行系统自检,检查的项目和检查过程与正常发射程序相同。发控系统按照正常工作逻辑顺序对模拟器进行控制,并利用模拟器中的计算机完成模拟弹载计算机自检、装定参数等功能,通过模拟器面板显示其工作状态,目视检查与正常情况相同则为自检正常,其目的在于定性地检查发控系统工作的正确性。

2）BIT 测试

对于有故障诊断定位功能的发控系统,还可调用发控计算机 BIT 测试程序,对发控系统各单板进行检查和故障定位。

3）筒弹测试

筒弹测试时,发控系统可与导弹(筒弹)连接,对导弹(筒弹)与发控相关的电路进行检查;也可与模拟器连接,训练操作人员对导弹(筒弹)测试的方法步骤。此时,发控计算机调用筒弹测试程序,按照测试流程完成筒弹测试。

2. 遥控控制

遥控控制时,发控系统在指控系统的控制下,主要完成作战、功能检查和训练等功能。

1）作战模式

作战模式下,发控系统与导弹(筒弹)连接,根据指控系统的指令自动完成导弹发射控制任务。发控系统无人值守,指控系统控制发控计算机启动并与之建立数据通信,发控计算机运行作战程序,通过发控组合完成对导弹的接电准备、参数装定和发射控制。

2）功能检查

功能检查是在指控系统的配合下对发控系统功能进行检查。此时,发控系统与模拟器连接,发控计算机运行作战程序,对每一个导弹通道进行正常发射和故障发射检查。首先发控系统按照正常工作逻辑顺序对模拟器进行控制,并利用模拟器中的计算机完成模拟弹载计算机自检、装定参数等功能,通过模拟器面板显示其工作状态,目视检查发控系统正常工作情况;其次,通过模拟器操作面板模拟导弹与发控相关电路的故障,然后进行检查,对发控系统在发射故障时能否进行故障处理做出判断。功能检查的目的在于定性地判断发控系统工作的正确性。功能检查是发射设备日常主要战勤操作项目之一。

3）训练模式

训练模式下,发控系统与模拟器连接,根据指控系统的指令自动完成模拟导弹发射控制任务。发控系统有人值守,通过模拟器显示面板目视检查发控系统的工作情况。这种模式主要用于对指控系统操作人员进行指挥训练和武器系统的功能检查,发控系统主要是配合指控系统完成训练和检查。

五、简要工作过程

发控系统工作过程可分为工作准备阶段、功能检查阶段、接电准备阶段、发射阶段。

1. 工作准备阶段

工作准备阶段的主要任务是完成发控系统动力电源的启动、检查、接通,辅助设备的工作和主要设备的上电自检等。

发射设备所用电源一般由电源配电车或导弹发射车自带的发电设备提供,电源配电车可以由市电供电或本身携带的发电机组发电,提供发射设备工作所需要的动力电源;导弹发射车自带的发电设备有专门的发电机、通过汽车发动机取力的发电机等。

辅助设备的工作包括夏天使用的空调、通风机,冬天使用的电炉或其他取暖装置等。

主要设备的上电自检包括各用电设备电源的接通、各级计算机的上电自检、初始参数的装定、通信链路的建立和检查。

2. 功能检查阶段

功能检查阶段的主要任务是用模拟器代替导弹进行发控系统的功能检查、导弹(筒弹)在位检查和导弹(筒弹)主要电路检查等。

用模拟器代替导弹进行发控系统的功能检查是将筒弹插头与模拟器连接,在指控系统的配合下完成模拟正常和故障两种状态的发射,以判断发控系统工作的正确性。

导弹在位检查是将筒弹插头与导弹(筒弹)连接,通过发控系统检查连接的可靠性和可靠连接导弹(筒弹)的数量。

对于导弹(筒弹)主要电路检查时,不同的导弹发控系统能够检查的内容不同。一般包括弹载计算机启动及其与发控计算机建立通信的检查、参数装定检查、弹上控制电路的零位检查、弹载能源系统激活点火丝的通断检查、发动机或者弹射器点火电路的通断检查。检查时由发控计算机、指控系统或者辅助设备向发控组合发出检查指令,发控组合按照检查逻辑,逐个检查相关电路并形成检查结果传送发控计算机。对于检查有故障的导弹,发控系统不对其进行接电准备。

弹上主要电路检查也可由弹上设备根据发控系统的指令进行检查并向发控系统返回检查结果。检查激活点火丝和点火电路时要限制其检查电流,以防电流过大引起误爆。

发控系统功能检查和导弹(筒弹)主要电路检查在作战时可以省略。前提是发控系统日常检查维护良好、导弹(筒弹)测试良好。

3. 接电准备阶段

进入战斗阶段后,指控系统指挥人员应根据敌情,确定导弹准备方式并通过操作显示面板下达指令,发控系统根据下达的指令,对导弹进行接电准备。

对于导弹接电准备过程,不同发射方式和不同制导体制的导弹略有不同,一般可分为下达指令、发射车电源设备工作、向导弹提供地面电源、参数装定、辅助设备工作和准备完毕等。准备完毕的导弹,可以进入发射阶段;战机消失则进行解除。发控系统也可根据设计逻辑,使导弹进入休息状态或者自动接通导弹的接电准备。

发控计算机接收到指控系统的导弹准备指令或者目标分配指令后,根据导弹(筒弹)在位情况,首先启动在位导弹地面电源;然后根据准备逻辑通过发控组合向导弹(筒弹)提供地面电源；弹上设备工作并建立弹载计算机与发控计算机的通信联系；之后发控计算机向导弹（筒弹）装定参数并判断参数装定结果。弹载设备工作正常、参数装定正常、准备时间满足要求后导弹（筒弹）准备完毕，随时可以进行发射。

4. 发射阶段

指挥人员根据作战的需要，随时可以对处于准备完毕状态的导弹进行发射。

指控系统给出的导弹发射指令送到导弹发射车，发控计算机接收到发射指令后，按照发射逻辑，控制执控组合完成导弹发射。

执控组合发射时完成的工作和顺序一般为：

（1）接通地面电源对弹载能源的激活电路；

（2）接收弹载能源系统建压正常后给出的允许转电信号；

（3）激活时间满足要求后，控制电源转换，接通弹载能源供电，断开地面供电；

（4）传递发射过程需要给导弹装定的参数，并回传装定参数；

（5）对弹射器或者发动机点火电路进行解锁；

（6）控制弹射器或者发动机点火，导弹飞离发射装置，向发控系统返回导弹脱落信号，发控系统将脱落信号返回指控系统，作为导弹开始运动的时间零点。

如果在发射指令发出后的规定时间内，导弹插座与脱落插头没有分离，执控组合向发控计算机发出导弹故障信号，解除导弹准备，断开点火电路。如果此时发射指令仍然有效，则自动接通同一发射车已准备完毕另一发导弹的发射电路，确保对目标的有效攻击。

导弹在发射装置上运动过程中，为防止发射装置和导弹发生碰撞，倾斜发射装置仍应保持同步状态，直到导弹离架后一定时间，此工作由发控系统控制完成。对于箱式和筒式发射的导弹，执控组合在接收到发射指令后，首先要控制完成导弹在发射箱或筒内的解锁和箱筒盖的开启，然后再完成上述控制过程。

六、导弹发射过程的约束条件

导弹发射过程中通常设置两个约束条件：一个是允许发射条件；另一个是发射约束条件。前一个约束条件是后一个条件的约束，只有允许发射条件满足了导弹的发射程序才可以进行到第二个约束条件。设置两个约束条件的目的是使导弹既能安全发射出去，又能在发射后有效攻击目标。

1. 允许发射条件

允许发射条件是指那些为保证导弹有效攻击目标必不可少的，但准备时间又相对比较长或允许提前准备的条件。不同的导弹的允许发射条件不完全相同，但是，如下几项通常是必不可少的：

（1）目标属性确定为“敌”或“不明”，跟踪雷达已稳定跟踪目标，指控系统已进行目标诸元和射击诸元及有关装定参数计算；

（2）火力分配好，该导弹跟踪通道空闲；

（3）对于倾斜发射，发射装置已同步好并处于发射禁区之外；对于垂直发射，导弹已起竖好；

（4）导弹接电准备完毕。

对雷达半主动寻的制导的导弹，照射雷达准备好处于待命状态，短时间内就能达到辐射状态也是允许发射的条件。导弹调谐、频率微调等允许提前准备也可作为允许发射条件。

只有上述所有的约束条件都满足了，导弹才允许发射，如果其中有一项不满足，就不允许导弹发射。发控系统在此形成导弹接电准备完毕条件。

2. 发射约束条件

发射约束条件是为保证导弹安全可靠发射并有效攻击目标必不可少的且准备时间又短的条件。不同导弹的发射约束条件不完全相同，但如下几项通常是必不可少的：

（1）参数已装定好；

（2）弹载能源已激活并达到额定值；

（3）弹载能源已接通；

（4）点火电路已解锁。

上述各项约束条件都满足了，弹射器（弹射发射）或者发动机（自力发射）的电爆管才允许点火；如果其中有一项不满足，弹射器或者发动机的电爆管就不能点火。发控系统在此形成参数已装定好、弹载能源已激活并达到额定值、弹载能源已接通、点火电路已解锁等条件，并在发射约束条件满足时利用弹载能源完成弹射器或者发动机电爆管点火。点火电路解锁是导弹安全发射的最后一道约束，在此之前都可人工干预停止发射进程。

第二节　发控系统工作程序

按照作战过程，发控系统对导弹的工作程序分为可逆过程和不可逆过程两部分。可逆过程是指接收到发射指令之前的工作过程；而不可逆过程是指接收到发射指令之后的工作过程。在可逆过程中完成导弹检查和接电准备以及解除导弹接电准备等，此过程可多次进行重复；在不可逆过程中完成导弹的正常或故障发射等，此过程对于一枚导弹只能进行一次，该枚导弹要么正常发射出去，要么故障，需进行处理后才能再次使用。

对于不同制导方式的导弹，可逆过程和不可逆过程的工作程序和内容也不相同，一般包括准备和点火两个程序，其中准备程序为可逆过程，点火程序为不可逆过程。

一、无线电指令制导导弹的工作程序

对于无线电指令制导的导弹，准备时发控系统要给导弹提供地面供电，使弹上无线电引信、无线电控制探测仪和自动驾驶仪加电工作。发射时发控系统要激活弹上电池组，进行电源转换，控制发动机点火，导弹才能飞离发射装置；如果发射失败，导弹不能飞离发射装置，发控系统要给出解除指令，使导弹断电，完成发射应急解除。

1. 准备程序（可逆过程）

可逆过程中，发控系统主要完成以下工作程序。

（1）接收指控系统的计算机启动指令，启动发控计算机；发控计算机工作正常后与指控计算机建立数据通信；向指控计算机返回通信正常信号，接收指控计算机装定的参数并存储。

（2）发控系统检测到筒弹插头与导弹（筒弹）连接好时，向指控系统返回导弹在位

情况。

（3）接收指控系统的准备指令或目标分配指令，控制发控电源和导弹地面电源的启动。

（4）发控计算机发出向导弹一次供电指令，发控组合一次供电继电器工作，其触点将导弹地面电源经筒弹插头送到导弹，使弹载计算机启动、惯测组合再平衡电路供电、导弹换流器一次供电向惯测组合输出频标。

（5）弹载计算机启动工作正常后与发控计算机建立数据通信；向发控计算机返回通信正常信号，接收发控计算机的装定参数。

（6）间隔一定时间，发控计算机发出向导弹二次供电指令，发控组合二次供电继电器工作，其触点将导弹地面电源经筒弹插头送到导弹，使导弹换流器二次供电启动惯测组合陀螺、舵机供电线路继电器线圈加电接通舵机供电、无线电引信和无线电控制探测仪供电、脱落控制继电器动作向弹载计算机送地面准备信号。

（7）弹载计算机判断到二次供电和地面准备信号后向发控计算机返回二次供电信号，发控计算机判断到弹载计算机工作正常和二次供电信号，经一定时间使无线电控制探测仪预热好后，向指控系统返回准备好信号，发控系统完成该弹的准备工作，导弹处于待发状态。

准备时，若导弹需要射击高空气球，指控系统的直接起爆指令准备经发控系统传送至导弹引信的直接起爆转换开关。

（8）当导弹发射时机消失或者准备时间到达规定时间时，指控系统的准备指令或目标分配指令取消，发控计算机发出一次解除指令（断开二次供电），发控组合二次供电继电器停止工作，其触点断开经筒弹插头向导弹的二次供电，使舵机能源供电断开、导弹换流器二次供电断开导致惯测组合陀螺断电、脱落控制继电器复原、断开无线电引信和无线电控制探测仪供电。

（9）一次解除后一定时间，发控计算机发出二次解除指令（断开一次供电），发控组合一次供电继电器停止工作，其触点断开经筒弹插头向导弹的一次供电，使弹载计算机断电、导弹换流器一次供电断开停止向惯测组合提供频标、惯测组合再平衡电路供电断开，导弹恢复起始状态，进入休息过程。

2. 点火程序（不可逆过程）

指控系统指挥人员根据作战的需要，随时可以对准备好的导弹进行发射，发控系统工作进入不可逆过程，主要完成以下工作程序。

（1）接收到指控系统的发射指令后，发控计算机发出起爆指令，发控组合电池激活继电器工作，其触点将导弹地面电源经筒弹插头送往导弹电池激活点火丝，再经筒弹插头回到发控组合，经继电器触点到地，使弹上电池电爆管起爆，激活电池。

（2）弹上电池建压正常后，返回允许转电信号，发控计算机判断到允许转电信号且电池激活时间满足要求后，发出转电指令，发控组合转电继电器工作，其触点将导弹地面电源经筒弹插头送往导弹，使弹上直流接触器动作，电池接入弹上电网，直流接触器自保、转电正常信号送入弹载计算机。

（3）弹载计算机将转电正常信号送发控计算机，发控计算机取消二次供电指令，发控组合二次供电继电器停止工作，其触点断开二次供电（保证实现导弹不间断供电），但一次供电不能切断。

（4）发控计算机发出点火指令，发控组合点火继电器工作，其触点将弹上电源（允许转电信号）经筒弹插头送到导弹发动机点火电路，使发动机点火，导弹起飞。

（5）发动机点火后，导弹开始滑动，筒弹插头脱落，使弹上脱落控制继电器复原，其常闭触点对弹上电路进行保护接通，为引信二级保险解除做好准备。

（6）当导弹有故障不能飞离发射架时，发控计算机经一定延时检测到筒弹插头与导弹（筒弹）连接好信号仍然存在，即为发射故障。发控计算机向指控系统返回故障信号，同时向发控组合发出故障信号，发控组合故障处理继电器工作，其触点断开发动机点火电路、转电继电器、起爆继电器、二次供电继电器的工作（断开二次供电），对导弹进行一次解除；送往导弹的转电指令被转电继电器常闭触点接地，使弹上直流接触器释放，主电池脱离弹上电网、转电好信号断开、舵机电池供电线路断开、换流器二次供电断开惯测组合陀螺供电、无线电引信供电断开、无线电控制探测仪供电断开、脱落控制继电器复原。

（7）一次解除后一定时间，发控计算机取消一次供电指令，发控组合一次供电继电器停止工作，其触点断开一次供电（进行二次解除），使弹载计算机断电、换流器一次供电断开停止向惯测组合提供频标、断开惯测组合再平衡电路供电，弹上设备全部断电。

二、半主动寻的制导导弹的工作程序

对于半主动寻的制导导弹，武器系统作战时，跟踪照射雷达跟踪目标，并将测得的目标信息送给指挥仪，指挥仪根据目标信息和其他有关信息，按照发射架跟踪规律，计算出导弹的发射角，按照预装参数计算公式计算出天线预装角及多普勒频率等预装参数，将发射角送给发射车，使发射架指向前置点，将预装参数经发控系统送给导弹。当发射条件具备时，即可发射导弹。导弹发射后，照射器照射目标和导弹，弹上头部天线接收目标反射的回波信号，直波天线接收照射器照射的直波信号，回波信号与直波信号共同形成多普勒频率。回波天线测量目标角度信息，最终形成控制指令送入自动驾驶仪，操纵导弹飞行，直至命中目标。

准备时发控系统需要给导弹提供地面电源，传递指控系统送来的天线预装角及多普勒频率等预装参数。发射时发控系统需要再次判断导弹调谐好信号，向导弹预置扫描选择信号，控制固弹机构解锁、弹上能源激活、电源转换、发动机点火。

1. 准备程序（可逆过程）

可逆过程中，发控系统主要完成以下工作程序。

（1）接收指控系统的供电指令，控制发控电源和导弹地面电源的启动；启动发控计算机；发控计算机工作正常后与指控计算机建立数据通信；向指控计算机返回通信正常信号，接收指控计算机装定的参数。

（2）发控系统检测到筒弹插头与导弹（筒弹）连接好时，向指控系统返回导弹在位情况。

（3）接收指控系统的准备指令或目标分配指令，发控计算机发出向导弹供电指令，发控组合地面供电继电器工作，其触点接通导弹地面电源，经筒弹插头向导弹供交流电，开始计供电时间。

（4）发控系统接通预定参数电路，发控计算机通过将多普勒预定频率信号与高频射频信号（上述信号在导弹整个发射过程中，不断发送不断更新）经筒弹插头送至弹上，导弹开始调谐。

(5) 发控系统接收到指控系统的目标跟踪指令后,向导弹送导引头天线高低、方位,导弹俯仰/航向偏差,以及扫描控制、发射距离等模拟量信号进行预定,上述信号在导弹整个发射过程中(包括准备程序和点火程序)不断发送,不断更新。

(6) 发控系统向导弹送状态型预定参数:高度、近距、长扫。

(7) 发控系统经一定延时并接收到导弹送出的调谐好信号后,向指控系统返回导弹准备好信号,导弹处于待发状态。

(8) 发控系统经一定延时并未接收到导弹送出的调谐好信号,作故障处理;如果准备指令或目标分配指令和目标跟踪指令仍然有效,应自动选另一发导弹继续进行准备。

2. 点火程序(不可逆过程)

指控系统指挥人员根据作战的需要,随时可以对准备好的导弹进行发射,发控系统工作进入不可逆过程,主要完成以下工作程序。

(1) 再测调谐好信号,若导弹调谐好信号丢失,且持续丢失大于规定时间,作故障处理。

(2) 向导弹送扫描选择状态量信号,扫描选择在导弹内是不可逆的一次指令,在点火程序期间,应加上并保持到点火程序结束。

(3) 发射车接到发射指令后,发控计算机发出固弹机构解锁指令,执控组合固弹机构解锁继电器工作,其触点接通固弹机构电爆管电路,使发射箱内固弹机构爆炸螺栓起爆,导弹在发射箱内的固定被解锁,固弹机构短路触点闭合,为导弹的发射点火准备好条件。

(4) 发控计算机接到固弹机构短路触点闭合信号后发出弹上能源激活指令,执控组合能源激活继电器工作,其触点向导弹送出能源激活电流,使弹上能源激活电爆管点火。

(5) 经过一定时间的延时,发控计算机判断到弹上返回的能源激活信号有效后,发出断开导弹供电指令,执控组合地面供电继电器停止工作,其触点断开导弹地面电源;发出起爆发动机电爆管指令,执控组合点火继电器工作,其触点将导弹返回的能源激活信号作为起爆发动机电爆管电源经脱落插头送至导弹,使导弹发动机工作,导弹起飞。

(6) 发控计算机判断到导弹在位信号消失后,向指控系统返回脱落信号。

(7) 按下发射按钮一定时间后,导弹尚未起飞,发控计算机没有在规定时间内判断到导弹脱落信号,即向指控系统返回故障信号,并发出故障信号,执控组合故障处理继电器工作,其触点断开固弹机构解锁、能源激活、发动机点火继电器工作电路,使故障导弹恢复起始状态。同时,若本车有另一发导弹准备好的情况下,自动切换到准备好的导弹进行发射。

三、复合制导导弹的工作程序

地空导弹采用复合制导方式时,为有效攻击目标,垂直发射的导弹通常采用捷联惯导为初制导、捷联惯导+低速指令修正为中制导、主动雷达导引为末制导。初制导时,弹上捷联惯导系统根据测得的导弹实际飞行姿态角和速度矢量角与发射前装定的姿态角和速度矢量角比较结果,形成控制指令,使导弹按要求快速转弯;转入中制导后,弹上信息处理器将获得的导弹实际姿态、位置和速度信息与接收到的地面雷达送来的目标位置、速度信息、导弹位置信息一并进行制导控制计算,按修正的比例导引法,形成制导控制指令,控制导弹按所要求的弹道飞行,同时形成控制指令,控制导引头天线方向对准目标;在末制导段,雷达主动导引头接收目标反射回来的信号，弹上信息处理器根据导引头提供的信息，完成修正的比例导引计算，形成控制指令，控制导弹沿预定弹道飞向目标。

倾斜发射的导弹通常采用无线电指令+半主动雷达寻的复合制导，在中制导段，采用信息融合技术，根据捷联惯导计算得到的导弹运动信息和制导站的上传信息形成半主动雷达导引头的控制指令，引导半主动雷达导引头天线始终指向目标；在中末制导段和末制导段，弹上信息处理器综合半主动雷达导引头测量的目标相对于导弹的相对运动信息和制导站的上传信息，采用二元制导技术，形成导弹控制指令，控制导弹飞行，直至命中目标。

导弹发射前发控系统根据指控系统指令向导弹提供地面供电，由执控组合控制发射前的加电准备，使导引头灯丝预热、弹载计算机启动工作并与发控计算机建立正常的通信、导弹自检并返回状态结果，惯测组合工作；接收、存储指控计算机、辅助设备指令和预装参数，完成各种判断和逻辑运算，当满足发射条件时，控制完成导弹解锁，弹上电池激活、电池电压检查、装定参数、电源转换，最终控制起爆发射筒副燃气发生器、主燃气发生器（弹射发射方式）或导弹发动机电发火管（自力发射方式）；导弹开始运动，接收并传递弹动信号；导弹离轨飞行。

1. 准备程序（可逆过程）

可逆过程中，发控系统主要完成以下工作程序。

（1）接收指控系统的计算机启动指令，启动发控计算机；发控计算机工作正常后与指控计算机建立数据通信；向指控计算机返回通信正常信号，接收指控计算机装定的参数并存储。

（2）发控系统检测到筒弹插头与导弹（筒弹）连接好时，进行弹型识别，向指控系统返回弹型和导弹在位情况。

（3）发控计算机接收指控系统的导引头预热指令，控制发控电源的启动，接通发控组合导引头预热继电器，其触点将发控电源经筒弹插头送导弹主动导引头对灯丝进行预热；同时检测指令执行结果，上报指控系统。

（4）发控计算机接收指控系统的准备指令或目标分配指令，控制导弹地面电源的启动，控制接通发控组合导弹地面供电继电器，其触点将导弹地面电源经筒弹插头送导弹。导弹加电过程中，发控计算机接收导弹返回的正在加电信息并回传指控系统。

（5）发控计算机向弹载计算机发出自检指令，弹载计算机控制完成对弹上设备的检查；自检完毕后，发控计算机接收弹上返回的自检结果及导引头和接收应答机频率代码并将结果返回指控系统。

（6）发控计算机接收指控系统的导弹指令频率代码和导引头工作频率代码，并将存储的工作模式、导弹地址码、海拔高度和站架相对位置等信息和频率代码装定到导弹上。

（7）对于垂直发射，发控计算机接收辅助设备状态信息，形成状态参数，装定到导弹并返回给指控系统；对于倾斜发射，发控计算机接收指控系统的同步指令，送瞄准设备完成瞄准，并接收瞄准设备的同步信号，返回指控系统。发控计算机接收弹载计算机的状态和弹上设备状态信息，形成导弹准备好信号返回指控系统。

（8）当导弹自检故障、参数装定不正确时，发控计算机控制发控组合继电器，断开导弹地面供电，向指控系统返回故障信号。当发射时机消失或者准备时间到达规定时间时，指控系统的准备指令或目标分配指令取消，发控计算机控制对导弹的解除，发出断开导弹地面供电指令，地面供电继电器断电释放，其触点断开向导弹的供电，导弹进入休息过程。

2. 点火程序（不可逆过程）

指控系统指挥人员根据作战的需要，随时可以对准备好的导弹进行发射，发控系统工作进入不可逆过程，主要完成以下工作程序。

（1）接收到指控系统的发射指令后，发控计算机发出起爆指令，发控组合电池激活继电器工作，其触点将导弹地面电源经筒弹插头送往导弹电池激活点火丝，再经筒弹插头回到发控组合，经继电器触点到地，使弹上电池电爆管起爆，激活电池。

（2）弹上电池建压正常后，返回允许转电信号，发控计算机判断到允许转电信号且电池激活时间满足要求后，发出转电指令，发控组合转电继电器工作，其触点将导弹地面电源经筒弹插头送往导弹，使弹上直流接触器动作，电池接入弹上电网，直流接触器自保、转电正常信号送入弹载计算机。

（3）弹载计算机将转电正常信号传送发控计算机，发控计算机取消地面供电指令，发控组合地面供电继电器停止工作，其触点断开地面供电（保证实现导弹不间断供电）。

（4）发控计算机发出点火指令，发控组合点火继电器工作，对于自力发射的导弹，其触点将弹上电源（允许转电信号）经筒弹插头送到导弹发动机点火电路，使发动机点火，导弹起飞；对于弹射发射的导弹，其触点将点火电源送弹射器。

（5）发动机或者弹射器点火后，导弹开始滑动，脱落插头分离，发控计算机将脱落信号送指控系统，作为导弹起飞零点；弹射发射时，该信号作为弹动零点，延时起爆导弹发动机电发火管。

（6）当有故障导弹不能飞离发射架时，发控计算机经一定延时检测到筒弹插头与导弹（筒弹）连接好信号仍然存在，即为发射故障。发控计算机向指控系统返回故障信号，同时向发控组合发出故障信号，发控组合故障处理继电器工作，其触点断开发动机或者弹射器点火电路、转电继电器、地面供电继电器的工作（断开二次供电），对导弹进行解除；送往导弹的转电指令被转电继电器常闭触点接地，使弹上直流接触器释放，电池脱离弹上电网，导弹恢复。

第三节　计算机控制发控系统

发控系统是按照规定的发射程序和发射命令实施导弹发射过程自动控制的实时控制系统。计算机技术、超大规模集成电路技术和通信技术的发展，为计算机用于发控系统创造了良好的条件。

一、计算机控制发控系统的结构

在地空导弹武器系统中，指控系统通常可同时控制多辆导弹发射车上的发控系统，而每辆导弹发射车上的发控系统又可同时控制多枚导弹（筒弹）。地空导弹武器系统这种管理的集中性和控制的分散性特点，使得计算机控制发控系统普遍采用分布式控制系统结构形式。

1. 分级分布式系统结构

分布式控制系统是计算机控制系统的一种结构形式，是由计算机技术、测量控制技术、网络通信技术和人机接口技术相互发展和渗透而产生的。

分布式控制系统采用集中管理、分散控制的机制,将在物理和功能上分立并分布在不同位置上的多个设备通过不同类型的总线集成为一个系统,且每个设备都有各自的控制器对数据进行分布处理,并行执行不同的功能和管理控制。

计算机控制发控系统通常采用一种简单、实用的分层树状总线结构,称为分级分布式系统结构,如图 3-2 所示。在这种结构中,各计算机之间存在着较明显的层次关系:下层计算机专门进行数据采集和局部功能控制;中间层计算机执行数据加工和控制管理;高层计算机则根据下级计算机所提供的信息,执行综合处理功能,进行决策指挥。

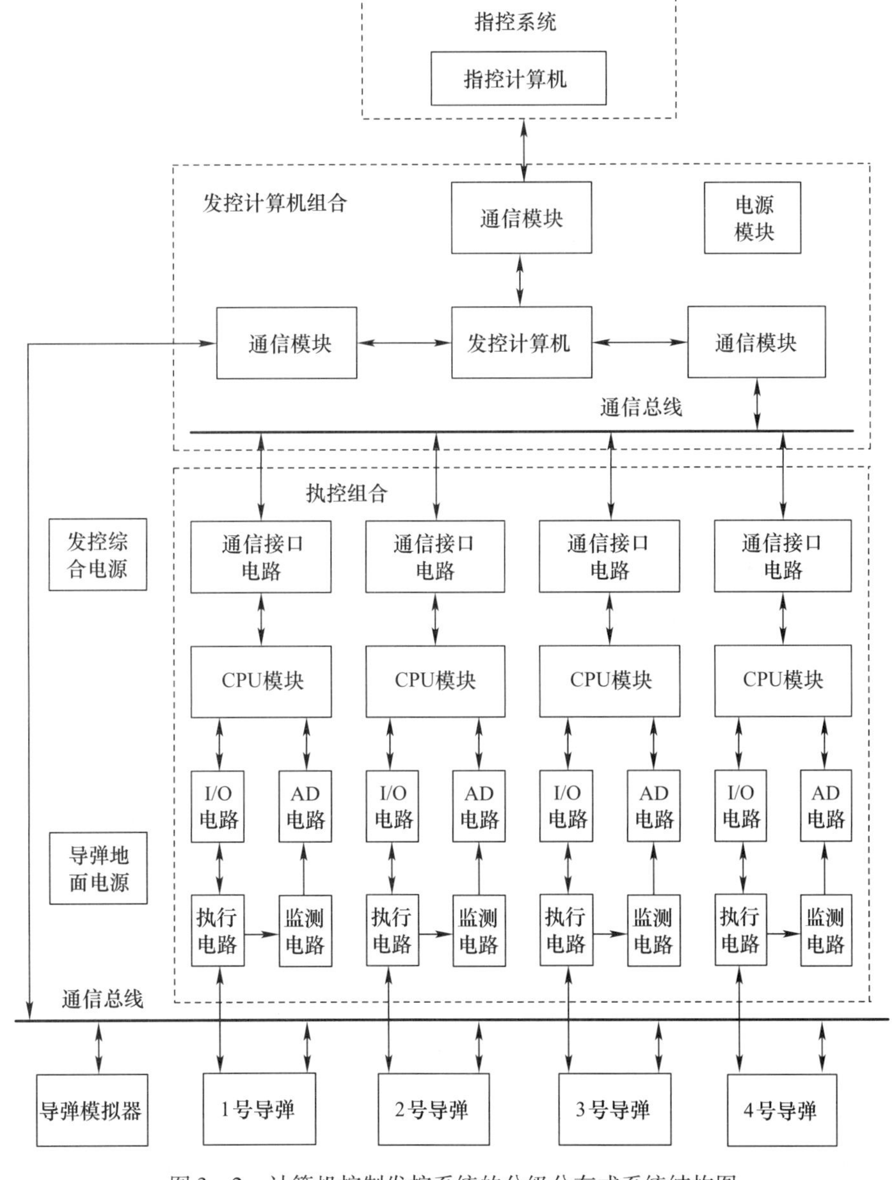

图 3-2　计算机控制发控系统的分级分布式系统结构图

指控系统作为整个武器系统的管理层，在导弹的发射控制过程中，其主要功能是对发控系统进行管理和控制，向发控系统发布指令和传送有关参数信息，使发控系统进行控制与执行，同时对发控系统以及导弹的工作情况进行收集、显示与记录，实现集中监视与指挥控制。指控系统通常可以指挥控制 6 ~8 辆导弹发射车中的发控系统。

发控计算机组合中的计算机是发控系统的主机，其主要功能是对所属的从机设备进行集中管理和协调，根据接收到的指控系统的指令信息产生发射时序控制逻辑，传输给下级执控组合进行控制与执行，同时接收执控组合的信息并反馈给指控系统。发控计算机不仅与执控单元计算机进行数据通信，还需要与弹载计算机进行数据通信，控制完成弹上设备自检、参数装定等任务，并接收导弹回送的自检及参数校验结果等。发控计算机通常可以控制 4 个执控单元和 4 枚导弹。

执控组合是发控系统的控制执行层，通常由 4 个相同的执控单元组成，每个执控单元控制一枚导弹。执控单元计算机主要接收发控计算机的时序控制指令，完成导弹准备及发射的实时控制和参数检测等任务。由于完成的任务比较单一，各执控单元可并行工作。

2. 主要技术特点

图 3 -2 所示的分级分布式发控系统结构具有如下主要技术特点：

（1）集中管理、分散控制。发控计算机作为发控系统的主机，既负责与指控计算机进行数据通信，接收上级发布的指令和传送的有关参数信息，又对执控单元计算机和弹载计算机等各从机实施统一协调管理，并将各执控单元与导弹返回的信息统一上报给指控系统。执控单元计算机和弹载计算机等各从机独立实现各自的检测、控制功能，它们既可独立工作，又可并行工作。

（2）可靠性高、便于维修。发控计算机与各执控单元间采用数据通信，大量减少了设备之间连接电缆的数量，另外各执控单元独立并行进行工作，当其中一个单元因故障而失效时，并不影响整个系统或其他单元的工作，明显提高了系统的可靠性。同时每个执控单元完成相同的检测、控制功能，易于采用模块化结构，模块间按规定接口连接，使得系统结构清晰，逻辑关系明确，出现故障时便于维修。

（3）配置灵活、便于扩展。采取模块化设计的各执控单元相互之间功能独立，每个执控单元对应控制一枚导弹，且每个执控单元计算机与上级发控计算机之间通过数据总线进行信息交互，这种结构形式适合对系统控制的导弹数量进行灵活配置。当系统控制的导弹数量需要添加或裁减时，只需对系统软件进行改进性设计，以适应对硬件的添加或裁减，而无须对系统的硬件结构进行改动。

3. 数据通信总线

图 3 -2 所示的分级分布式发控系统结构中，发控计算机作为发控系统的控制核心，既要与指控计算机和弹载计算机进行数据通信，又要与发控系统内部的执控单元计算机进行数据通信，这些通信功能都是通过数据通信总线实现的。

发控计算机与指控计算机之间的数据通信可采用串行总线或以太网，与弹载计算机之间的数据通信可采用串行总线或 GJB289A 总线（1553B 总线），与发控系统内部的执控单元计算机之间的数据通信可采用串行总线或 CAN 总线。上述这些数据通信总线的有关内容将在第四节介绍。

二、发控系统计算机及其接口

发控系统计算机及其接口电路是计算机控制发控系统硬件平台的重要组成部分，其中接口电路主要包括通信接口、开关量输入接口、开关量输出接口、A/D 转换接口等。

1. 发控计算机组合

图 3－2 所示的分级分布式发控系统结构中，发控计算机组合的总线架构可采用 CPCI 总线。根据发控计算机组合所实现的功能要求，给出其体系架构，如图 3－3 所示。

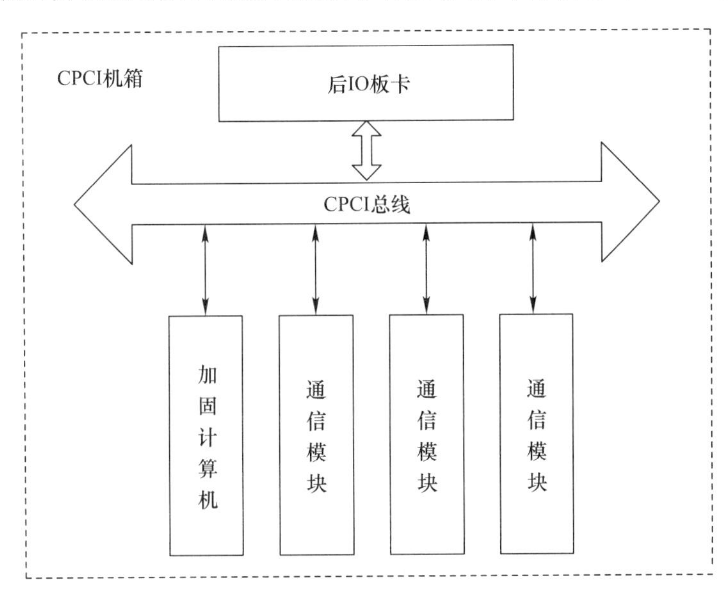

图 3－3 发控计算机组合体系架构

CPCI 总线是在 PCI 总线基础上改进而来的，其沿用了 PCI 总线的局部总线技术，以 PCI 总线的电气规范为基础，对 PCI 总线的机械结构进行了改进。因此在电气规范上来讲 CPCI 总线与 PCI 总线是兼容的，并且继承了 PCI 总线的良好性能。CPCI 总线采用标准的工业机械组件以及良好的连接技术，增加了可靠性，在气密性和防腐性方面较 PCI 总线也有了很大的提高。

发控计算机主板选用加固 PC 类军用计算机，将存储器控制器、图形显示卡、以太网卡、PCI 总线、LPC 控制器、LAN 控制器等功能都集成到一块板上，从而提高了系统构成的可靠性，同时还提供并口、串口、USB 口、IDE 口、FWH 口等丰富的接口以及多种直流电源。

通信模块主要完成 RS－422 通信、CAN 通信以及 1553B 通信三种通信功能，其原理框图如图 3－4 所示。

通信模块在硬件上由 CPCI 总线接口、通信控制、存储器和数据发送接收通道组成，其中通信控制以及存储器的存取控制部分在 FPGA 内可以编程逻辑实现。CPCI 接口完成 CPCI总线的时序转换，使主控计算机能控制 CPCI 通信模块的功能电路。通信控制电路主要实现串行收发器的功能，把 CPCI 接口发来的数据根据协议转换为串行数据发送到后级电路，同时把后级电路接收的串行数据转为并行数据。存储器包括 FIFO、SRAM 和

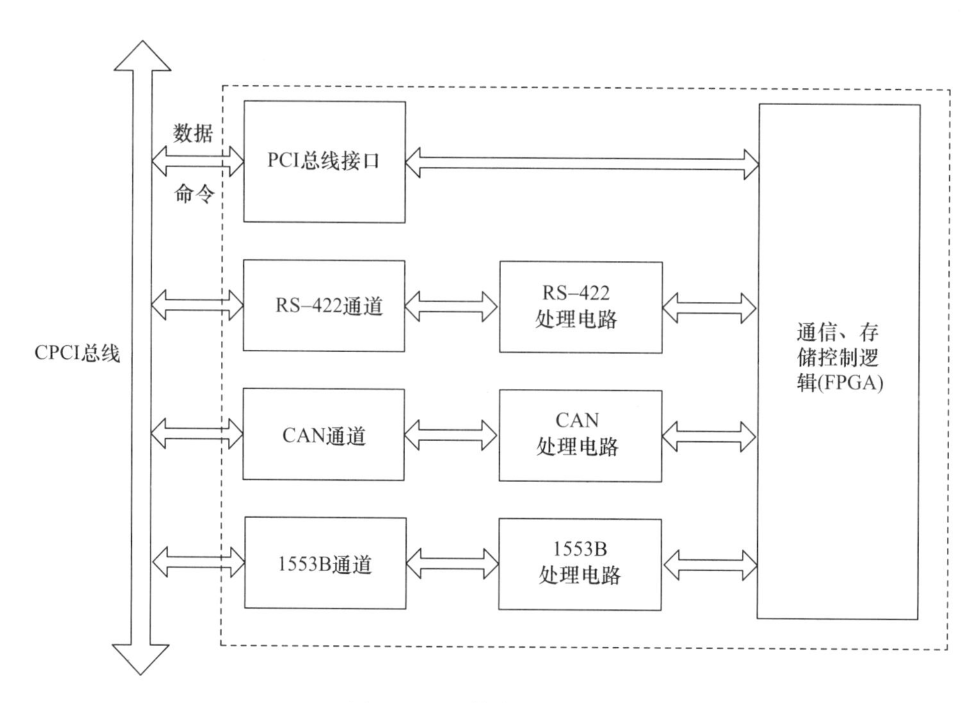

图 3 - 4　通信模块原理框图

SDRAM,用于存储要发送的数据和接收的数据。通过存储器,CPCI 总线可以不必频繁地干预接口板的工作。

2. 执控单元计算机及其接口

图 3 - 2 所示的分级分布式发控系统结构中,每个执控单元计算机所实现的功能相对简单,主要是接收发控计算机的命令,然后按照命令仅进行输出控制和输入检测,不执行时间控制。执控单元计算机可采用单片机来实现,这里不再展开,下面仅对其接口进行简要介绍。

1）开关量输入接口

开关量是表示发控系统状态的二进制逻辑变量,如开关的接通与断开、继电器触点的闭合与断开等,输入的开关量首先经过光耦输入回路进行隔离,然后由电平转换电路将外部输入的开关量信号转换为计算机能够接收的逻辑信号,最后送入开关量输入接口电路,采用查询、中断等方式访问,用输入指令读取。

当无开关量输入时,光耦处于非导通状态,开关量输入接口电路的输入端为低电平;当有开关量输入时,光耦处于导通状态,开关量输入接口电路的输入端为高电平,表明有开关量输入。开关量输入接口原理如图 3 - 5 所示。

2）开关量输出接口

开关量输出是由计算机向发控系统发送回路或状态通断的二进制逻辑变量,回路或状态接通用二进制“1”表示,否则用“0”表示。CPU 采用查询方式访问,利用输出指令送到相应输出接口寄存器,经光耦驱动器推动输出。

无开关量输出时,CPU 向输出接口寄存器的 D_0 位输出高电平,经过输出接口驱动器后

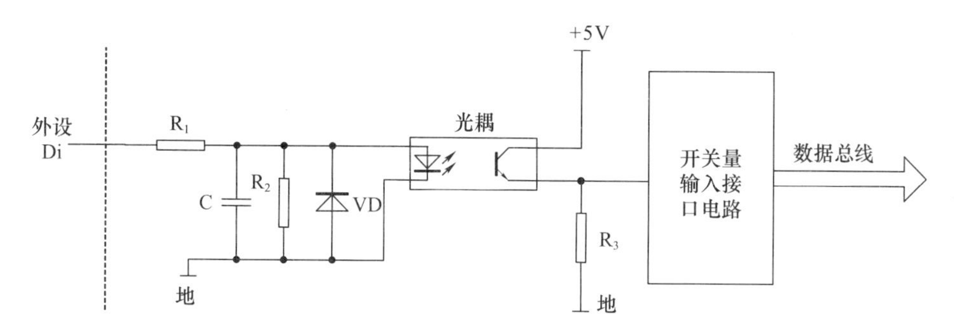

图 3-5　开关量输入接口原理

输出高电平，光耦驱动器处于截止状态。有开关量输出时，CPU 向输出接口寄存器的 D_0 位输出低电平，经过输出接口驱动器后输出低电平，光耦驱动器处于导通状态，从 D_{0+} 端输出的是 +27V 地低电平信号，表示开关量输出有效。开关量输出接口原理如图 3-6 所示。

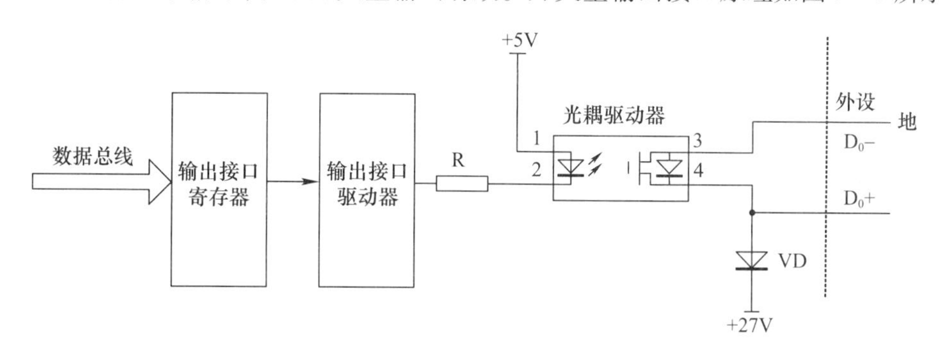

图 3-6　开关量输出接口原理

3）A/D 转换接口

A/D 转换接口可将导弹预定参数、供电电压电流等模拟信号转换为数字信号，通过数据总线传给计算机，以实现对导弹预定参数、供电信号等的检测。

模拟输入信号经多路模拟转换开关进行分路采集，选择 1 路模拟信号输入到 A/D 转换器进行模数转换，再经过光耦隔离和总线驱动后，输出至数据总线供计算机读取。A/D 转换接口原理如图 3-7 所示。

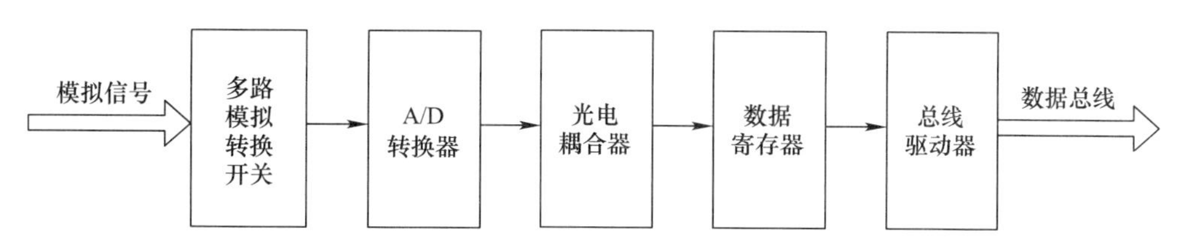

图 3-7　A/D 转换接口原理

三、计算机控制发控系统的控制部件

控制部件是发控系统进行功率转换和完成部分逻辑功能的器件。在计算机控制发控系统中，使用最为普遍的控制器件就是固态继电器。

固态继电器(SSR)是一种无触点式电子开关,它采用分立的电子元器件、集成电路及混合微电路技术,实现了控制回路(输入电路)及负载回路(输出电路)的电隔离及信号耦合,由固体器件实现负载的通断切换功能,内部无任何机械运动零部件,其功能与电磁继电器相似。

与电磁继电器相比较,固态继电器具有驱动功率小、噪声低、可靠性好、抗干扰能力强、开关速度快以及体积小、重量轻、寿命长、使用方便、能与 TTL(或 HTL、CMOS)电路兼容等优点。另外,固态继电器耐振动、耐潮湿、耐腐蚀,能在环境恶劣、易燃易爆场合下工作,因此被广泛应用在计算机控制发控系统中。

固态继电器的种类很多。按负载电源类型划分有直流固态继电器(DC - SSR)和交流固态继电器(AC - SSR)两种。直流固态继电器是五端器件,它以功率晶体管为开关器件,用来控制直流负载电源的通断。交流固态继电器是四端器件,以双向晶闸管作为开关器件,用来控制交流负载电源的通断。按控制触发方式分为直流型和交流型。交流型又包括过零触发型与非过零触发型。按隔离方式划分为光电耦合器隔离型、变压器隔离型和混合型等,以光电耦合器隔离型为最多。发控系统中使用的多为直流固态继电器。

固态继电器的原理电路如图 3 - 8 所示。它至少包括以下四个部分:输入电路、隔离电路(一般为光电耦合器)、开关电路(功率晶体管或双向晶闸管)、保护电路(续流二极管或 RC 吸收网络)。对于交流固态继电器,还有控制触发器;对于过零触发型还应有过零检测器。

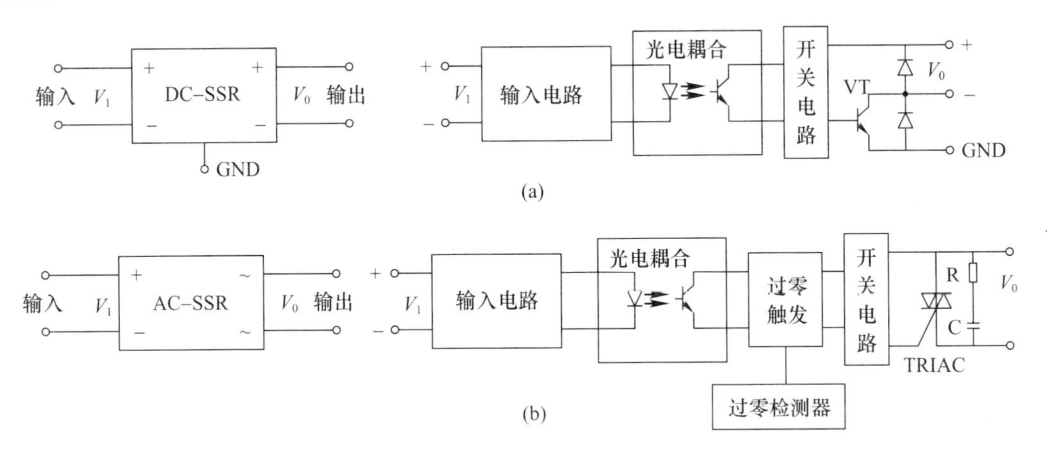

图 3 - 8　固态继电器原理电路

(a)直流固态继电器;(b)交流固态继电器。

对于直流固态继电器,当加上输入信号 V_1(一般为高电平)时,直流负载电源被接通,负载上就有直流电压。对于过零触发型交流固态继电器,只有当交流负载电源电压经过零点时,负载电源才被接通。对于非过零触发型交流固态继电器,一旦施以输入信号,不管交流负载电源电压处于什么状态,都能立即接通负载电源。

在固态继电器的基础上发展起来的新型无触点开关组件称为固态继电器组件,它是由若干个固态继电器组合而成的,使用的方法也非常灵活。由于器件内部各组固态继电器的一致性很好,因此既可单独控制,也可以几组并联使用以扩展负载电流或者串联使用以提高负载电压。

四、计算机控制发控系统软件

对于计算机控制发控系统而言，除了其硬件组成部分以外，软件也是必不可少的，必须为其提供或研制软件，才能实现对导弹发射过程的控制。发控系统软件对于发控系统能否满足战术技术指标要求起着关键作用。

1. 发控系统软件特点

除了一般计算机控制软件的通用性外，发控系统软件还具有其自身的特点。

（1）实时性：发控系统软件是实时控制软件，要求严格的时间性。编程语言的选择、软件结构的设计和中断的设置等均应遵循这一要求。

（2）高可靠性：发控系统软件应具有足够的容错能力、抗干扰能力和冗余能力，确保导弹发射过程的安全可靠。

（3）多输入多输出：发控系统软件需要处理大量的开关量输入输出。

（4）嵌入式软件：发控系统软件紧密地依附于系统硬件，在作战过程中，操作者不是通过软件界面，而是仅通过开关、按钮等以命令和指令的形式与软件进行交互。

2. 发控系统软件功能及组成

发控系统软件与硬件系统配合，完成发控系统及导弹的射前检查、导弹加电准备、导弹装定参数、导弹发射控制等功能。

发控系统软件主要由作战程序和维护测试程序组成，操作系统采用 VxWorks 嵌入式实时操作系统。

发控系统软件各功能模块的执行，由上级指控计算机的控制指令来启动。为便于系统调试、检查和维修，通常也可以从本系统的控制面板上启动操作。

VxWorks 操作系统是一种内核可裁剪的嵌入式实时操作系统，能够支持多任务，且在 Windows 操作系统下有优秀的开发环境和软件平台，有利于程序的开发与维护。VxWorks 操作系统具有可裁剪性、高可靠性和强实时响应能力等优点，符合发控系统软件对实时性和高可靠性的要求。

3. 发控系统软件工作流程

发控计算机组合加电正常后，发控系统软件首先进行系统初始化，初始化完成后转入系统自检，系统自检正常后，根据工作状态选择情况，调用作战程序或维护测试程序。发控系统软件工作流程如图 3-9 所示。

作战程序分为作战和训练两种工作方式，其软件工作流程相似，只是作战工作方式发控系统连接导弹，训练工作方式发控系统连接导弹模拟器。当作战程序被调用时，根据指控系统的指令，完成对导弹（或导弹模拟器）的加电准备、装定参数以及发射控制等任务。

维护测试程序包括发控系统测试和导弹测试两个子程序，执行发控系统测试子程序时，发控系统连接导弹模拟器，执行导弹测试子程序时，发控系统连接导弹。当维护测试程序被调用时，从本系统的控制面板上启动操作，分别完成对发控系统或导弹的测试和检查工作。

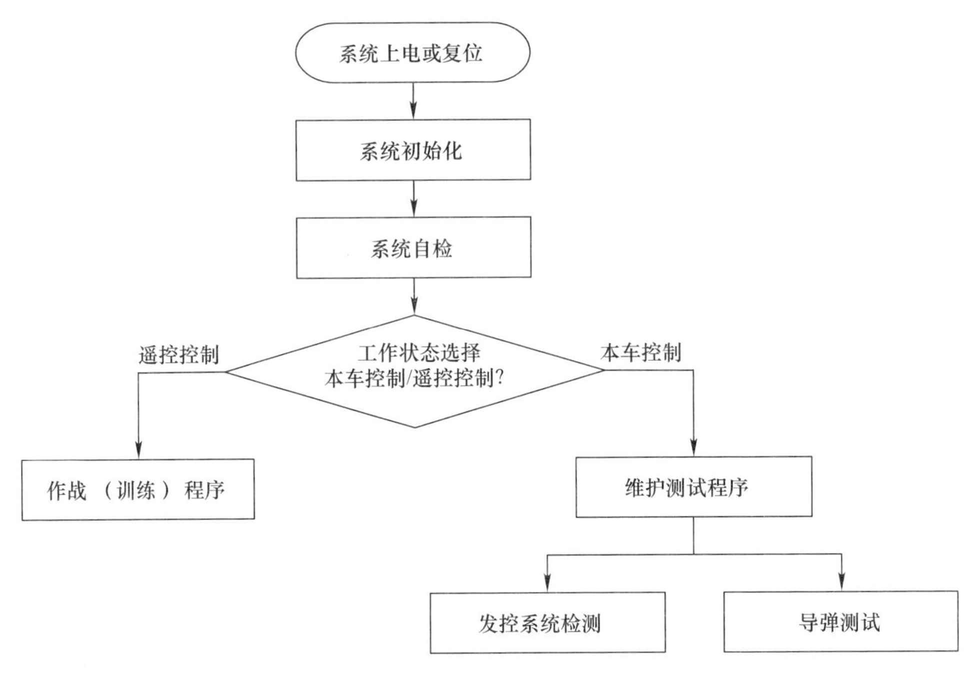

图3－9　发控系统软件工作流程

第四节　计算机控制发控系统数据通信

发控系统在导弹射前准备和导弹发射过程中需要进行指控系统与导弹系统之间大量指令和参数的传输。在发控系统数据通信过程中，广泛采用多路复用技术、串行同/异步通信技术、高性能传输介质、现场总线技术，实现高速、高可靠性、大容量、远距离、抗干扰的数据通信。

一、发控系统对外信息交互

发控系统是指控系统与导弹系统进行信息交互的枢纽，接收指控系统的指令和数据，经过解析、解算等环节，下传导弹系统，导弹系统接收相应的指令、数据，完成射前准备、参数装定和导弹发射等过程；同样，发控系统接收导弹系统的弹上设备状态参数、指控命令执行反馈、装定参数反馈等，上传指控系统，使指控系统掌握导弹系统当前状态，为后续指令形成提供依据。

1. 与指控系统信息交互

1）战前准备阶段

战前准备阶段，指控系统与发控系统交互的信息主要为初始固定参数，如目标位置测量误差、速度测量误差、发射点位置、制导雷达在发射坐标系内的位置、发射架调平误差、发射架起竖角、发射架方位角、导弹相关参数等信息。

2）战斗实施阶段

（1）指控系统向发控系统发送工作状态设置命令、自检命令，发控系统回传本系统及弹上设备检测结果。

(2) 如弹上有需要提前预热的设备,指控系统向发控系统下达预热指令,发控系统应答。

(3) 指控系统向发控系统发送导弹加电指令,发控系统向指控系统回传导弹加电完成信息、导弹状态信息、弹上设备参数。

(4) 对于具有伺服系统的倾斜发射导弹,指控系统向发控系统下达同步指令。

(5) 指控系统向发控系统下达允许发射指令,发控系统回传发射系统准备好状态信息。

(6) 指控系统下达发射指令,并按一定频率向发控系统发送需要装定的相关动态参数。不同类型的导弹有不同的装定参数,对指令制导导弹,需装定的参数一般有导弹工作频率、导弹地址码、自毁时间、引信延迟等;对捷联惯导导弹,需装定的参数一般有导弹飞行区号、导航系数等;对自动寻的导弹,需装定的参数一般有导引头天线方位角与高低角、导引头与接收机频率、多普勒频率等。

(7) 发控系统完成正常或故障发射后,发送导弹脱落信号、导弹正常发射信息或导弹故障发射信息。

(8) 指控系统向发控系统发送系统复位指令,发控系统应答。

2. 与导弹信息交互

发控系统与导弹上计算机交互的信息主要包括导弹各组合状态信息、部分组合(如接收机和导引头)参数、导弹自检指令、预热/断预热指令、弹上电池激活正常/故障信息、弹上电池建压正常/故障信息、装定动态参数信息等。

二、发控系统数据通信基础

发控系统数据通信中,发控系统与指控系统距离在几百米到几千米之间,需要在导弹发射阵地这样的复杂电磁环境下实时、高速、可靠传输目标状态数据、导弹指令、导弹状态数据,多路复用技术、串行同步通信技术、合适的传输介质是解决这些问题的有效手段。

1. 多路复用技术

在发控系统与指控系统的数据通信中,复用技术被广泛采用,很好地解决了主站所有信道同时工作带来的收发电磁兼容、不断增加的数据流量传输等问题,提高了信道传输效率。

1) 频分多路复用(FDM)

频分多路复用是根据频率参量的差别来分割信号的,当传输介质的带宽大于所要传输的所有信号的带宽总和时,可采用 FDM 技术。在 FDM 中,将每个信号调制到不同的载波频率上,调制后的信号被组合成可以通过媒介传输的复合信号。载波频率之间的间距要足够大,即能够保证这些信号的带宽不会重叠。为了防止信号间的相互干扰,在每一条通道间使用保护频带进行隔离,保护频带是一些无用的频谱区。频分多路复用原理如图 3-10 所示。

2) 时分多路复用(TDM)

TDM 以时间作为分割信号的参量,即信号在时间位置上分开但它们能占用的频带是重叠的。当传输信道所能达到的数据传输速率超过了传输信号所需的数据传输速率时即可采

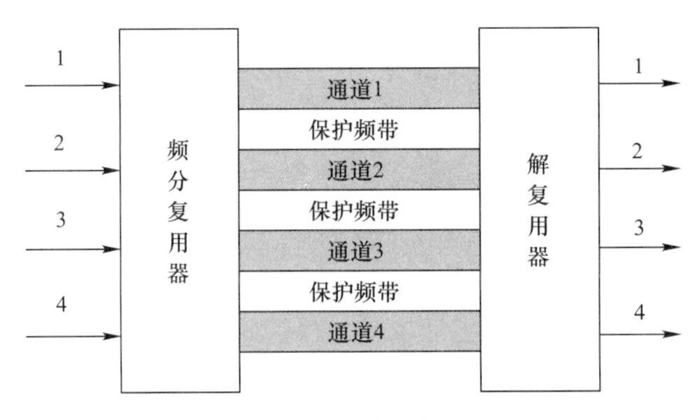

图 3-10　频分多路复用原理

用 TDM。利用每个信号在时间上的交叉，可以在一个传输通路上传输多个信号。时分多路复用原理如图 3-11 所示，多路信号连接到时分复用器，复用器按照一定的顺序轮流给每个信道分配一段使用公共信道的时间。当轮到某个信号使用信道时，该信号就与信道在逻辑上连接起来，其他信号与信道的逻辑关系暂时被切断。待指定的信号占用信道的时间一到，时分复用器就将信道切换给下一个被指定的信号。在接收端，解复用器也按照一定的顺序轮流接通各路输出，并与输入端复用器保持同步。

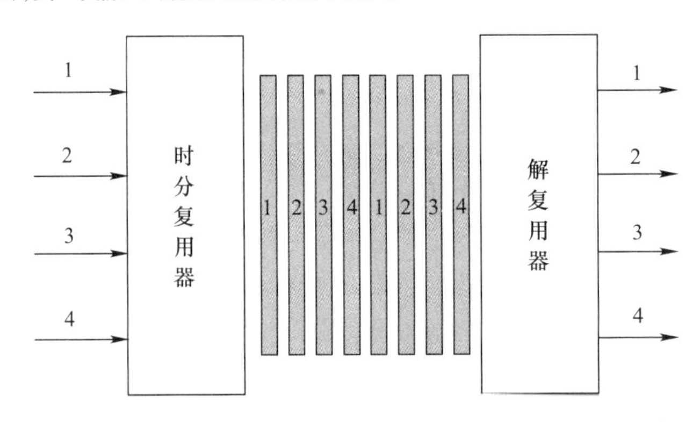

图 3-11　时分多路复用原理

3）码分多址复用（CDMA）

码分多址复用是另一种共享信道的方法，每个用户可在同一时间使用同样的频带进行通信，但使用的是基于码型的分割信道的方法，即每个用户分配一个地址码，各个码型互不重叠，通信各方之间不会相互干扰。码分多址复用的原理是每比特时间被分成 m 个更短的时间槽，称为码片，每个站点被指定一个唯一的 m 位代码或者码片序列。当发送 1 时站点就发送码片序列，发送 0 时就发送码片序列的反码。当多个站点同时发送时，各路数据在信道中被线性相加。为了从信道中分离出各路信号，要求各个站点的码片序列是相互正交的。

2. 串行异步和串行同步通信

发控系统与指控系统、导弹之间的通信可以采用串行异步或串行同步通信方式，异步通信适用于传送数据量较少或传输要求不高的场合，如发控系统和导弹之间的通信，对于快速、大量信息的传输，一般采用通信效率较高的同步通信方式，如发控系统和指控系统之间的通信。

1）串行异步通信

串行异步通信(Asynchronous Data Communication,ASYNC),又称起止式异步通信,是计算机通信中最常用的数据信息传输方式。它是以字符为单位进行传输的,字符之间没有固定的时间间隔要求,而每个字符中的各位则以固定的时间传送。收、发双方取得同步的方法是采用在字符格式中设置起始位和停止位。在一个有效字符正式发送前,发送器先发送一个起始位,然后发送有效字符位,在字符结束时再发送一个停止位,起始位至停止位构成一帧。

串行异步传输时的数据格式。

(1) 起始位:起始位必须是持续一个比特时间的逻辑“0”电平,标志传送一个字符的开始。

(2) 数据位:数据位为5~8位,它紧跟在起始位之后,是被传送字符的有效数据位。传送时先传送字符的低位,后传送字符的高位。数据位究竟是几位,可由硬件或软件来设定。

(3) 奇偶位:奇偶校验位仅占一位,用于进行奇校验或偶校验,也可以不设奇偶位。

(4) 停止位:停止位为1位、1.5位或2位,可有软件设定。它一定是逻辑“1”电平,标志着传送一个字符的结束。

(5) 空闲位:空闲位表示线路处于空闲状态,此时线路上为逻辑“1”电平。空闲位可以没有,此时异步传送的效率为最高。

串行异步通信的特点:

(1) 起止式异步通信协议传输数据对收发双方的时钟同步要求不高,即使收、发双方的时钟频率存在一定偏差,只要不使接收器在一个字符的起始位之后的采样出现错位现象,则数据传输仍可正常进行。因此,异步通信的发送器和接收器可以不用共同的时钟,通信的双方可以各自使用自己的本地时钟。

(2) 实际应用中,串行异步通信的数据格式,包括数据位的位数、校验位的设置以及停止位的位数都可以根据实际需要,通过可编程串行接口电路,用软件命令的方式进行设置。在不同传输系统中,这些通信格式的设定完全可以不同;但在同一个传输系统的发送方和接收方的设定必须一致,否则将会由于收、发双方约定的不一致而造成数据传输的错误与混乱。

(3) 串行异步通信中,为发送一个字符需要一些附加的信息位,如起始位、校验位和停止位等。这些附加信息位不是有效信息本身,它们被称为额外开销或通信开销,这种额外开销使通信效率降低。

(4) 串行异步通信依靠对每个字符设置起始位和停止位的方法,使通信双方达到同步。

2）串行同步通信

串行同步通信是一种连续串行传送数据的通信方式,总体上可以分为面向字符的同步协议(如BSC)和面向比特的同步协议(如HDLC),这里主要介绍高级数据链路控制(HDLC)。

HDLC在链路上以帧作为传输信息的基本单位(Frame),无论是信息报文还是控制报文都必须符合帧的格式。如图3-12所示,F(Flags)表示标志字段,A(Address)表示地址字段,C(Control)表示控制字段,I(Information)表示信息字段,FCS(Frame Check Sequence)表示帧校验序列。标志字段以唯一的01111110在帧的两端起定界作用,某个标志字段可能既是一个帧的结束标志,也是下一个帧的起始标志;地址字段给出执行该命令从站的地址;控制字段用来标志帧的类型和功能,根据帧类型的不同,控制字段也不同;信息字段表示链路传输的实际信息，它不受格式或内容限制，一般规定最大信息长度不超过256B；帧校验序列用于检测差错，对整个帧的内容作CRC循环冗余校验，循环码的生成多项式是16bit的CRC－CCITT码或CRC－32码。

图3－12　HDLC的帧格式

HDLC有以下主要特点：

（1）HDLC的命令和响应采用了统一的帧格式，即在主站和从站之间无论是传输数据或者链路控制信息，都用唯一的标识符F作界符，除标识符F外的所有信息不受任何限制，具有良好的透明性。

（2）HDLC在所有数据和控制帧内，都采用循环冗余的差错控制校验序列，并且将信息帧按顺序编号，以防止信息码组的漏收和重收。由于数据和控制信息都采用帧格式，如果需要扩充功能，只要改变帧内控制字段的内容和规定，提高了可靠性。

（3）HDLC能适应全双工通信，显著提高传输效率。

3. 数据传输介质

发控系统与指控系统、导弹的数据通信的传输介质主要包括野战被覆线、同轴电缆、双绞线、光纤等。

1）双绞线、同轴电缆、光纤

双绞线可以传输数字、模拟信号，是应用很广的一种传输介质。一般用于低于10MHz的信号传输，而其对于抗干扰能力要求高的场合不太适宜。

同轴电缆是在局部网中使用最为广泛的一种物理介质。它有75Ω和50Ω两种。75Ω是宽带电缆；50Ω是基带电缆，基带电缆只能传输数字信号。

光纤通信是通过光端机将数据进行光电转换后通过光纤介质进行传输的通信方式，传输距离较长，可达80km，甚至更远（120km），传输速率可达200Mb/s，完全可以满足计算机间传输高速、大容量的要求，光纤通信抗干扰能力强、强度高、传输速率高。

双绞线、同轴电缆、光纤这三种传统传输介质特性比较见表3－1。

表3－1　传输介质特性表

介质性能	双绞线	同轴电缆	同轴电缆	光纤
带宽	<6MHz	<100MHz	<300MHz	<300GHz
距离	<300m	<2.5km	<100km	<100km
抗强电子干扰	较差	高	高	非常高
安装难易	中	易	易	中
布局多样性	好	好	好	中
保密性	一般	好	好	最好
经济性	低	较低	中	较贵
对噪声反应	最敏感	较好	较好	最好

2）野战被覆线

传统铜线造价较高，重量大，铺设不灵活、难度大。信号在双绞铜线做传输媒介传输时高频部分衰减较大，易失真。在低频部分相频特性呈非线性，会产生群时延失真，造成码间串扰。另外，传统铜线较长距离内2根线路是紧贴在一起的，线路之间易产生串音。野战被覆线以镀锡或镀锌钢线混绞线为导体，外包聚乙烯或聚氯乙烯来绝缘，经双绞成型（所用被覆线单根线径0.25mm），轻便抗拉、抗老化。2根导线互绞可提高信号抗干扰能力，将串扰减至最小或加以消除；镀锡或镀锌可提高双绞线的抗电磁干扰能力；无屏蔽外套，直径小，节省空间，独立灵活方便铺设；由于采用了最新的G.SHDSL标准中的TC-PAM作为线路传输码，压缩了传输频谱，抗噪声性能提高。被覆线传输性能基本等同于双绞线，但双绞线远不如被覆线抗干扰、抗拉、抗腐蚀性强。被覆线主要用于传输异步数据或话音，数据传输速率可调，速率为256~2304kb/s，调节步长128kb/s，传输距离为3~7km。

3）E1线路

E1是指我国采用的欧洲E1标准，即30路脉码调制PCM、速率为2.048Mb/s的一个时分复用帧同步数据传输体制，其传输介质为同轴电缆，一般传输距离为几十米到几百米。E1接口主要分为两种类型，即非平衡的75Ω接口、平衡的120Ω接口。目前2M接口大多采用非平衡的75Ω物理接口（一收一发），而使用平衡式120Ω物理接口（一收一发两地）较少。E1线路具有抗干扰能力强，保密性好，传输速率高，信道利用率高，线路延迟小，数据信息传输透明等特点。

三、发控系统数据通信总线

为了快速高效完成发控系统与导弹、发控系统与指控、发控系统内部的信息交换与控制，发控系统中广泛采用总线技术，如1553B总线、CAN总线、串行总线和以太网技术等。

1. 1553B总线

1553B总线是美军航空电子综合系统的标准总线，挂接在同一条数据传输同轴电缆上的各子系统能够分时使用传输总线，因其性能优异，已在航空、航天、航海和其他武器装备上得到广泛的应用。

1）1553B总线介绍

1553B总线系统是主从控制访问结构。总线控制器是主站，而所有远程终端是从站。任何时刻系统中只能有一个总线控制器，控制着与远程终端以及远程终端之间的信息传输。1553B总线的以下特点使其适合作为发控系统与导弹通信接口。

（1）1553B总线满足发控系统与导弹进行关键数据传输的抗干扰性要求。1553B总线有很高的抗噪声能力，采用双绞屏蔽电缆，通过变压器耦合与地面完全隔离。系统采用ManchesterⅡ型数据编码方案，增加了总线上的信号抗干扰能力和数据传输的完整性，使系统具有很好的抗噪以及最小的串音传输特性。

（2）1553B总线能满足发控系统与导弹进行数据传输的可靠性要求。1553B总线系统可以进行备份双余度设计，即采用两条总线与两个总线控制器，能保证系统在任一总线和总线控制器发生故障时都不会影响系统的数据传输。

（3）1553B总线能满足发控系统与导弹进行数据通信的实时性要求。1553B总线数据传输速率为 1Mb/s,允许 10 种消息格式,每个消息至少包含 2 个字,每个字 16 个位加上同步头和奇偶校验位共 20 个位时,因而传输一条消息时间较短,实时性好。

(4) 1553B 总线能满足发控系统与导弹进行数据通信的通用性要求。当信息需要在总线终端之间通过数字通信通道传输时,适合采用 1553B 总线。1553B 总线要求所有总线终端和用于总线终端之间连接的电气接口必须是标准接口,并且要求信息以一种可靠的确定的命令/回应的方式传输。

2) 拓扑结构

由于 1553B 总线系统可以进行备份双余度设计,发控系统可以采用备份双余度拓扑结构,由两台总线控制器和两条并行总线构成。两台总线控制器中一台处于工作状态担任总线控制器(BC),另一台作为备份机起总线监视器(BM)作用,两者都处于发控系统内部。两条总线互为余度构成物理上隔离的双通道,每条总线上由一台工作机,一台备份机和 n 枚(最多 32 枚)导弹组成。导弹作为受控者,处于从属地位,作为远程终端(RT)工作。总线拓扑结构如图 3-13 所示。

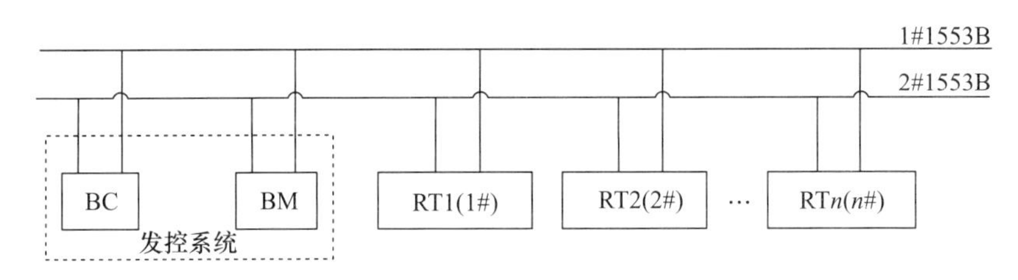

图 3-13 总线拓扑结构

1553B 的命令、数据和状态字如图 3-14 所示,BC 向 RT 的数据传输、RT 向 BC 的数据传输如图 3-15、图 3-16 所示。

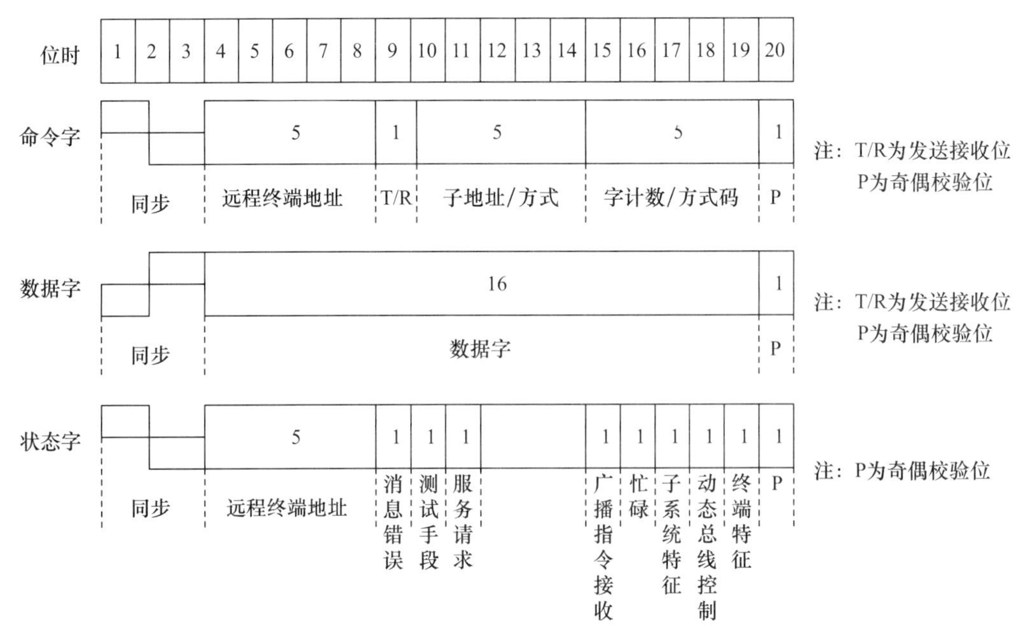

图 3-14 1553B 的命令、数据和状态字示意图

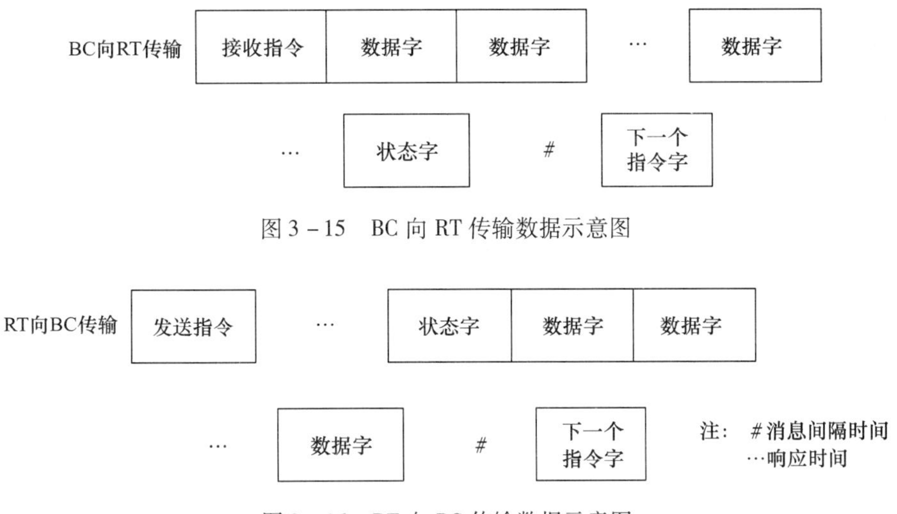

图 3－15　BC 向 RT 传输数据示意图

图 3－16　RT 向 BC 传输数据示意图

2. CAN 总线

CAN(controller area network)现场总线简称 CAN 总线，属于现场总线的范畴，是一种有效支持分布式控制或实时控制的串行通信网络，最初是由德国的 Bosch 公司为汽车的监测控制系统而设计的。由于 CAN 现场总线具有卓越的特性和极高的可靠性，特别适合工业过程监控设备的互联，因此越来越受到工业界的重视，并被公认为几种最有前途的现场总线之一，成为一种国际标准(ISO11898)，CAN 总线在一些导弹发控系统中已有应用。

1）CAN 总线的报文传送与通信帧结构

在数据传输中，发出报文的节点称为该报文的发送器，节点在报文进入空闲状态前或丢失仲裁前恒为发送器。如果一个节点不是报文发送器，并且总线不处于空闲状态，则该节点为接收器。CAN 总线协议中使用两种逻辑位表达方式，当总线上的 CAN 控制器发送的都是隐性位时，此时总线状态是隐性位(逻辑 1)，如果总线上有显性位出现，隐性位总是让位于显性位，即总线上是显性位(逻辑 0)。报文传输有 4 种不同类型的帧：数据帧、远程帧、错误帧和过载帧。数据帧和远程帧可以使用标准帧及扩展帧 2 种格式。CAN2.0B 的数据帧从发送节点传送数据到一个或多个接收节点，由 7 种不同的位域组成：帧的起始域、仲裁域、控制域、数据域(长度可为0)、CRC 域、应答域、结束域。在 CAN2.0B 中，数据帧存在两种不同的帧格式，其主要区别在于标识符的长度，具有 11 位标识符的帧称为标准帧，而包括 29 位标识符的帧称为扩展帧。

2）CAN2.0B 帧信息格式

CAN2.0B 标准帧信息分为两部分：信息和数据部分。前 3 个字节为信息部分。第 1 个字节是帧信息，第 2、3 个字节的前 11 位为 CAN_ID 标识符(2 个字节)。其余 8 个字节是数据部分，存有实际发送的数据。

CAN2.0B 扩展帧信息分为两部分：信息和数据部分。前 5 个字节为信息部分。第 1 个字节是帧信息，第 2、3、4、5 字节的前 29 位为标识符(4 个字节)。其余 8 个字节是数据部分，存有实际要发的数据。

3）CAN 总线通信控制器

CAN 总线通信控制器是 CAN 总线接口电路的核心，主要完成 CAN 总线的通信协议，由实现 CAN 总线协议部分和微处理器接口部分电路构成。

目前广泛流行的 CAN 总线器件有两大类：

（1）独立 CAN 总线控制器，如 82C200、SJA1000 及 Intel182526/82527 等；

（2）嵌入式 CAN 总线控制器，如 P8XC592、87C196CA/CB、P51XA－C3、DSP 等。

4）发控系统 CAN 模块

CAN 通信模块是发控计算机与执控组合进行数字通信的数据通道。发控计算机组合作为管理机，通过 CAN 通信模块向执控组合发出各指令，并根据它们返回的工作状态来决定是否执行下一步的控制指令。

如图 3－17 所示，对 CAN 通信模块进行冗余设计，发控计算机组合通过双端口 RAM 与处于 CAN 控制器前端的处理器进行数据交换，CAN 控制器经过光耦隔离后由总线收发器与 CAN 总线相连。

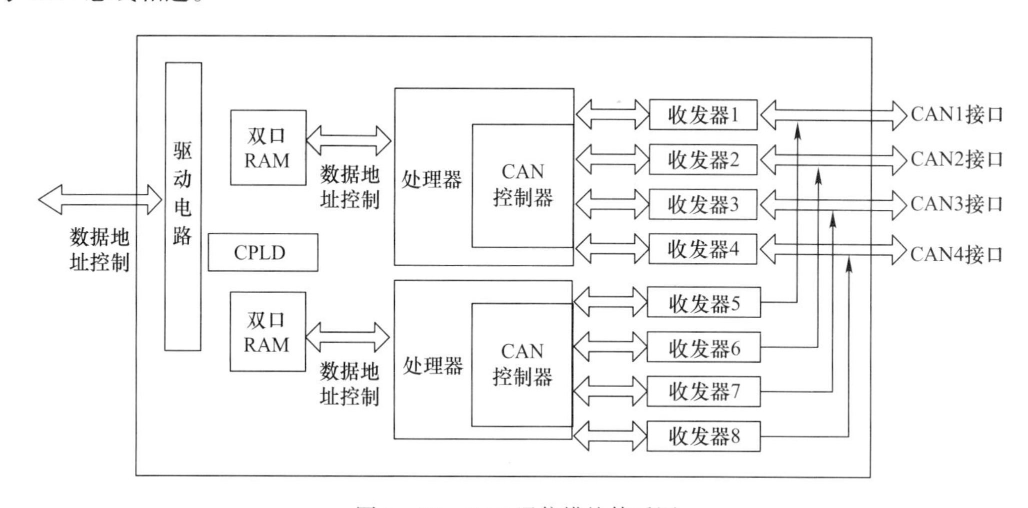

图 3－17　CAN 通信模块体系图

3. 串行总线

RS232、RS422 与 RS485 都是串行数据接口标准，最初是由电子工业协会（EIA）制定并发布的。RS232 在 1962 年发布，命名为 EIA－232－E，作为工业标准，保证不同厂家产品的兼容。RS422 由 RS232 发展而来，RS－422 定义了一种平衡通信接口，将传输速率提高到 10Mb/s，传输距离延长到 4000ft（1ft＝30.48cm），允许在一条平衡总线上连接最多 10 个连接器，RS－422 是一种单机发送、多机接收的单向、平衡传输规范，命名为 TIA/EIA－422－A 标准。RS－485 增加了多点、双向通信能力，允许多个连接器连接到同一条总线上，增加了发送器的驱动能力和冲突保护特性，扩展了总线共模范围，命名为 TIA/EIA－485－A。

1）RS232 总线

RS232 采用 EIA 电平，规定对于数据线，逻辑“1”在－15～－3V 之间，逻辑“0”在＋3～＋15V 之间。对于控制信号，接通状态（ON）即信号有效的电平高于＋3V，断开状态（OFF）即信号无效的电平低于－3V。

RS232 的电气参数如下。

（1）工作方式:单端;

（2）节点数:1 收、1 发;

（3）最大传输电缆长度:50ft;

（4）最大传输速率:20kb/s;

（5）最大驱动输出电压: +/ -25V;

（6）驱动器负载阻抗:3 ~7kΩ;

（7）摆率(最大值):30V/μs;

（8）接收器输入电压范围: +/ -15V;

（9）接收器输入门限: +/ -3V;

（10）接收器输入电阻:3 ~7kΩ。

2）RS422 总线

RS422 数据采用差分传输方式,也称作平衡传输,使用一对双绞线,将其中一线定义为 A,另一线定义为 B,如图 3 -18 所示。

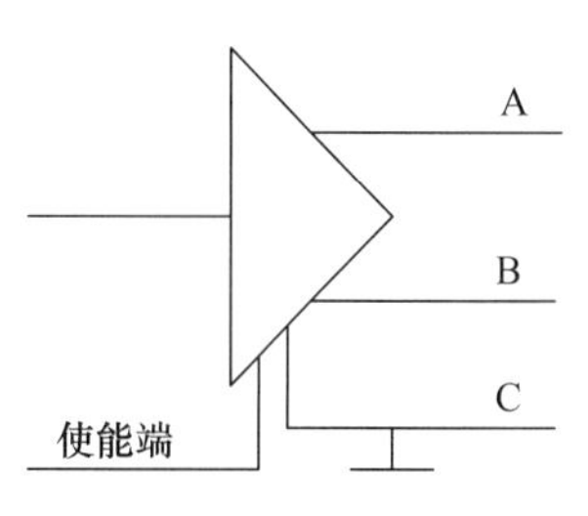

图 3 -18　RS422 定义

发送驱动器 A、B 之间的正电平在 +2 ~ +6V,是一个逻辑状态,负电平在 -2 ~ -6V,是另一个逻辑状态,另有一个信号地 C。"使能"端用于控制发送驱动器与传输线的切断与连接。当"使能"端起作用时,发送驱动器处于高阻状态,称作"第三态",即有别于逻辑"1"和"0"的第三态。接收端也作与发送端相对的规定。收、发端通过平衡双绞线将 AA 与 BB 对应相连,当在收端 AB 之间有大于 +200mV 的电平时,输出正逻辑电平,小于 +200mV 时,输出负逻辑电平。接收器接收平衡线上电平范围通常在 200mV ~6V。

RS422 标准全称是"平衡电压数字接口电路的数字特性",典型的 RS422 接口如图 3 -19所示,通过平衡发送器把逻辑电平变换成电位差,完成始端的信息传送,通过差动接收器,把电位差变为逻辑电平,实现终端的信息接收。RS422 完成发送接收过程需要四线接口,实际上还有一根信号地,共 5 根线。

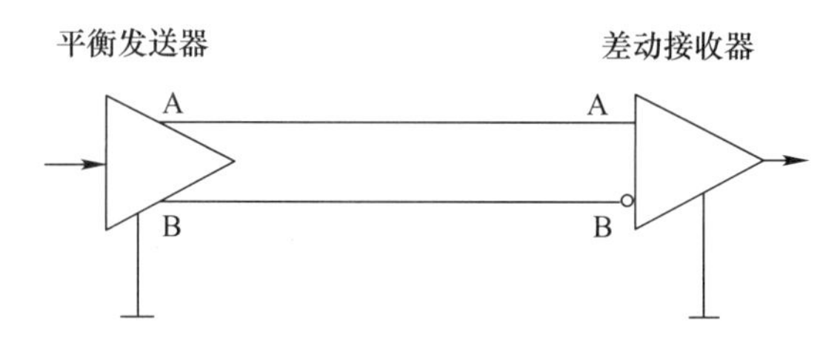

图 3 -19　RS -422 平衡驱动差分接收电路

RS422 的电气参数如下。

（1）工作方式:差分;

（2）节点数:1 发、10 收;

（3）最大传输电缆长度:4000ft;

（4）最大传输速率:10Mb/s;

(5) 最大驱动输出电压: -0.25 ~ +6V;

(6) 驱动器负载阻抗:100Ω;

(7) 接收器输入电压范围: -10 ~ +10V;

(8) 接收器输入门限: +/-200mV;

(9) 接收器输入电阻:≥4kΩ;

(10) 驱动器共模电压: -3 ~ +3V;

(11) 接收器共模电压: -7 ~ +7V。

3) RS485 总线

RS485 是一个电气接口规范,规定了平衡驱动器和接收器的电气特性,而没有规定接插件、传输电缆和通信协议。RS485 标准定义了一个基于单对平衡线的多点、双向(半双工)通信链路,是一种极为经济并具有相当高噪声抑制、传输速率、传输距离和宽共模范围的通信平台。

RS485 总线实际就是 RS422 总线的变形,二者不同之处在于:RS422 为全双工,而 RS485 为半双工。RS485 可以采用二线与四线方式,二线制可实现真正的多点双向通信;采用四线连接时,与 RS422 一样只能有一个主设备,其余为从设备。无论四线还是二线连接方式总线上可接最多 32 个设备。图 3-20 为 RS485 连接电路,在此电路中,某一时刻只能有一个站发送数据,而另一个站只能接收,发送电路由使能站加以控制。

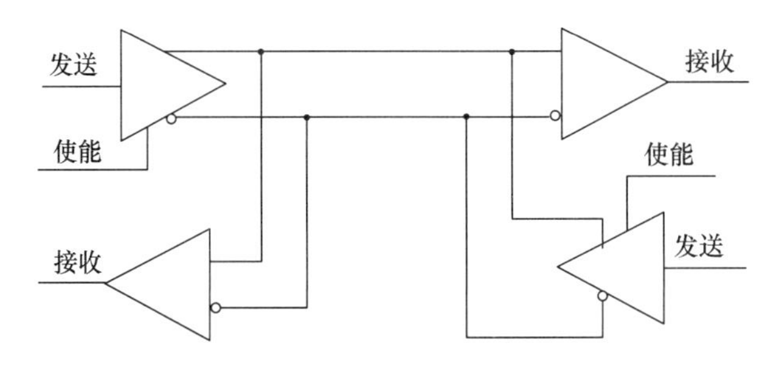

图 3-20 RS485 接口连接方法

RS485 的电气参数如下。

(1) 工作方式:差分;

(2) 节点数:1 发、32 收;

(3) 最大传输电缆长度:4000ft;

(4) 最大传输速率:10Mb/s;

(5) 最大驱动输出电压: -7 ~ +12V;

(6) 驱动器负载阻抗:54Ω;

(7) 接收器输入电压范围: -7 ~ +12V;

(8) 接收器输入门限: +/-200mV;

(9) 接收器输入电阻:≥12kΩ;

(10) 驱动器共模电压: -1 ~ +3V;

(11) 接收器共模电压: -7 ~ +12V。

4. 以太网技术

在地空导弹武器系统中，指控系统与发控系统一般采用串行接口，如 RS422、RS232 及 RS485。虽然串口的数据传输率很高，但它只适用于点到点的数据传输，已不能满足发控系统的数据传输任务需求，选择以太网作为通信接口，对发控系统和指控系统进行互联，能够有效提高数据传输效率、减轻网络负荷、降低网络传输时延。

1）以太网介绍

以太网最初源于 1975 年英国 xerox 公司建造的 2.9Mb/s 的 CSMA/CD（载波监听多路询问/冲突检测）系统，它以无源电缆作为总线来传送数据，在 1000m 长的电缆上连接 100 多台计算机。随后 DEC、Intel 及 xerox 等公司合作公布了 Ethernet 物理层和数据链路层的规范，称为 DIX 规范。在此基础上，电气和电子工程师协会（IEEE）制定了 IEEE802.3 标准。以太网的优势主要有以下几方面：

（1）以太网技术成熟、兼容性强。以太网技术难度较低，它的高度开放性和兼容性使其适合作为标准通信接口完成发控系统与指控系统之间的数据传输任务。

（2）以太网是全数字化的网络，其传输速度快，最高能达 10G bit/s。将以太网作为标准通信接口，能满足发控系统的实时性要求，另外以太网还可以满足对带宽的更高要求。

（3）以太网冗余实现难度较低，对以太网接口进行冗余设计能满足发控系统数据传输稳定性和可靠性要求。

（4）以太网是目前最廉价的网络，以太网作为通信接口的发控系统研发成本较低。由于以太网的应用最为广泛，因此受到硬件开发与生产厂商的高度重视与广泛支持，有多种硬件产品供用户选择。而且由于应用广泛，硬件价格也相对低廉，随着集成电路技术的发展，其价格还会进一步下降。

（5）以太网可持续发展潜力大。以太网广泛应用于各行各业，使它的发展一直受到广泛的重视和吸引大量的技术投入。信息技术与通信技术的进步，保证了以太网技术不断地发展。

2）发控系统与指控系统接口

以太网可以作为发控计算机与指控系统的数据通道，发控计算机接收指控系统的各种指令控制执控组合和导弹工作，并给指控系统返回各种状态信息。以太网模块支持最快 100Mb/s 的数据传输速率，由 2 个以太网接口 A 和 B 构成冗余，在每一个独立的部分中都包含有以太网控制器、以太网变压器和驱动程序，其系统结构如图 3－21 所示。当发控计算机检测到 A 部分的接口出现通信故障时，A 部分停止工作，同时启动 B 部分，实现了两个以太网接口的冗余切换。

利用以太网模块，多个发控系统和指控系统作为网络中的节点，构成局域网，发控系统可以接受不同指控系统指挥，指控系统也可以指挥不同的发控系统，如图 3－22 所示。

3）协议体系结构

指控系统与发控系统之间通过双冗余以太网进行信息交换，冗余网络之间的切换对于应用软件透明，网络传输协议体系结构如图 3－23 所示。物理层采用通用的 100M 以太网 PHY 芯片，实现数据的发送和接收，减少系统连线，链路层采用地址解析协议（ARP）和逆地址解析协议（RARP），网络层采用网际协议（IP）、网际控制报文协议（ICMP）和网际组管理

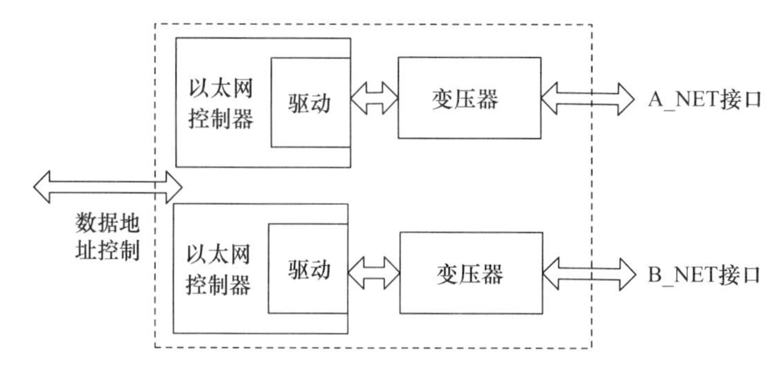

图 3－21　以太网模块结构原理图

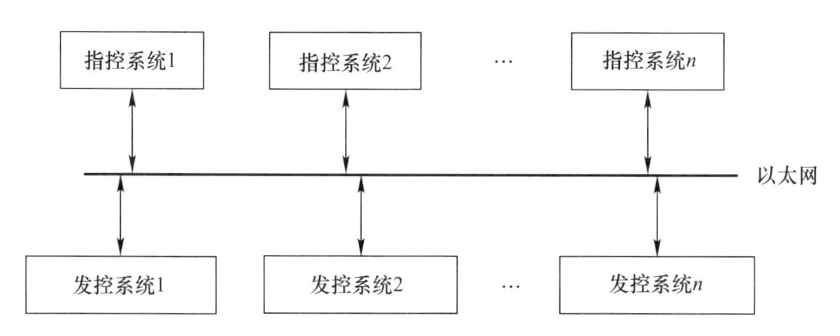

图 3－22　多个发控系统和指控系统构成的以太网

协议（IGMP），传输层采用用户数据报协议（UDP），应用层是通信体系中的最高层，用于建立指控系统和发控系统的通信进程，采用发控系统与指控系统应用层协议。

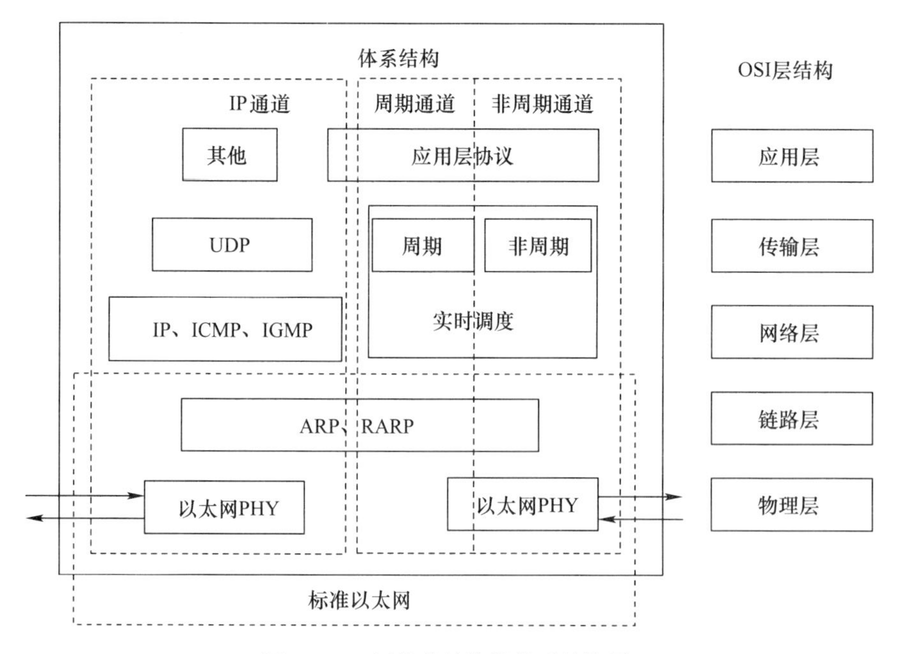

图 3－23　网络传输协议体系结构图

第五节　发控系统配电技术

发控系统是电气控制系统,其本身工作需要电源;另外,受导弹电池工作特性和寿命限制,导弹在发射装置上进行检查、准备时,需要使用地面电源使其工作,因此,发控电源包括发控系统电源和导弹地面电源两部分。

发控系统电源主要用于给控制系统供电,一般为直流电源;导弹地面电源主要用于向导弹提供功率比较大的直流电源或者不同于动力电源频率及电压的交流电源使弹上设备工作。导弹类型不同,弹上设备在准备阶段需要的电源类型也不同。一般情况下,导弹地面电源与弹上能源系统提供的电源相一致。导弹地面电源向导弹供电是由执控组合完成的。

在发控系统配电中,大功率直流电源可由开关电源或变流机产生;不同于动力电源频率及电压的交流电源可由逆变电源或变流机产生。

一、开关电源

开关电源是利用现代电力电子技术,控制开关管开通和关断的时间比率,维持稳定输出电压的一种电源,开关电源一般由脉冲宽度调制(PWM)控制 IC 和 MOSFET 构成。随着电力电子技术的发展,开关电源技术也在不断地创新。开关电源具有小型、轻量和高效率的特点,是现代计算机系统、发控系统乃至整个地空导弹武器系统不可缺少的一种电源方式。

直流开关电源,其功能是将电能质量较差的原生态电源(粗电),如市电电源或蓄电池电源,转换成满足设备要求的质量较高的直流电压(精电)。直流开关电源的核心是 DC/DC 转换器。

直流 DC/DC 转换器按输入与输出之间是否有电气隔离可以分为两类:一类是有隔离的称为隔离式 DC/DC 转换器;另一类是没有隔离的称为非隔离式 DC/DC 转换器。

1. 基本组成

开关电源一般由主电路、控制电路、检测电路、辅助电源四大部分组成,如图 3－24 所示。

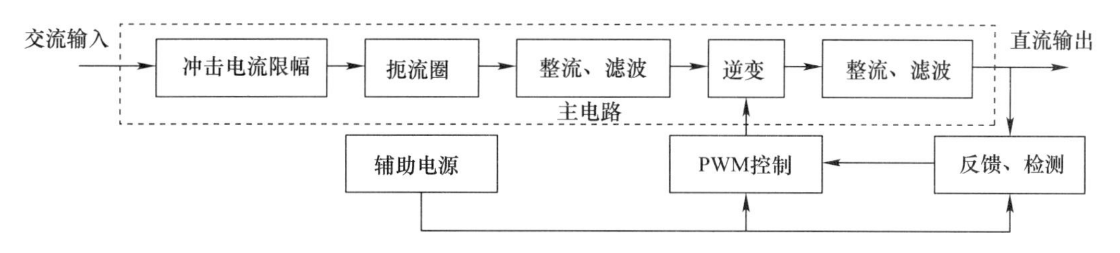

图 3－24　开关电源基本组成及工作原理图

1)主电路

主电路主要由冲击电流限幅、输入滤波器、整流与滤波、逆变和输出整流与滤波等部分组成,各部分功能如下:

(1)冲击电流限幅:限制接通电源瞬间输入侧的冲击电流。

（2）输入滤波器：其作用是过滤电网存在的杂波及阻碍本机产生的杂波反馈回电网，一般采用扼流圈。

（3）整流与滤波：将电网交流电源直接整流为较平滑的直流电。

（4）逆变：将整流后的直流电变为高频交流电，这是高频开关电源的核心部分。

（5）输出整流与滤波：根据负载需要，提供稳定可靠的直流电源。

2）控制电路

控制电路一方面从输出端取样，与设定值进行比较，然后去控制逆变器，改变其脉宽或脉频，使输出稳定；另一方面，根据检测电路提供的数据，经保护电路鉴别，提供控制电路对电源进行各种保护措施。

3）检测电路

检测电路提供保护电路正在运行中各种参数和各种仪表数据。

4）辅助电源

辅助电源实现电源的软件（远程）启动，为保护电路和控制电路（PWM 等芯片）工作供电。

2. 工作原理

交流电源输入时一般要经过厄流圈，过滤掉电网上的干扰，同时也过滤掉电源对电网的干扰；交流电源输入经整流滤波成直流；通过高频 PWM（脉冲宽度调制）信号控制开关管，将直流加到开关变压器初级上；开关变压器次级感应出高频电压，经整流滤波供给负载。

输出部分通过一定的电路反馈给控制电路，控制 PWM 占空比，以达到稳定输出的目的；输出部分还需要增加保护电路，在空载、短路时进行保护，否则可能会烧毁开关电源。

在功率相同时，开关频率越高，开关变压器的体积就越小，但对开关管的要求就越高；开关变压器的次级可以为多个绕组或一个绕组有多个抽头，以得到需要的输出。

开关电源利用电子开关器件（如晶体管、场效应管、可控硅闸流管等），通过控制电路，使其不停地“接通”和“关断”，对输入电压进行脉冲调制，从而实现 AC/DC、DC/DC 电压变换，以及输出电压可调和自动稳压。

PWM 开关电源中的电子开关器件工作在导通和关断的状态。在这两种状态中，加在功率晶体管上的伏安乘积（器件上所产生的损耗）是很小的，这是因为在导通时，电压低，电流大；关断时，电压高，电流小。

PWM 开关电源工作过程是通过“斩波”，即把输入的直流电压斩成幅值等于输入电压幅值的脉冲电压来实现的。

脉冲的占空比由开关电源的控制器来调节。一旦输入电压被斩成交流方波，其幅值就可以通过变压器来升高或降低。通过增加变压器的二次绕组数就可以增加输出的电压值。最后这些交流波形经过整流滤波后就得到直流输出电压。

控制器的主要目的是保持输出电压稳定，一般由功能块、电压参考、误差放大器和电压/脉冲宽度转换单元组成。

开关电源的电力电子器件工作在开关状态而不是线性状态、高频而不是接近工频的低频，输出的是直流而不是交流。

二、逆变电源

利用晶闸管电路把直流电转换成交流电的电力变换装置称为逆变电源。对应于此，把直流电逆变为交流电的电路称为逆变电路。这是一种对应于整流的逆向过程，在特定场合下，同一套晶闸管变流电路既可作整流，又能做逆变。

基本型方波逆变电源电路简单，但输出电压波形的谐波含量过大，亦即 THD(电流谐波畸变率)过大。移相多重叠加逆变电源输出电压波形的谐波含量小，但电路复杂。而 PWM 脉宽调制式逆变电源，电路相对简单，所获得的输出平滑且谐波含量小；按一定的规律对各脉冲的宽度进行调制，既可改变逆变电路输出电压的大小，也可改变输出频率，因而比较常用。

1. 基本组成

PWM 脉宽调制式逆变电源主要由开关电路和 PWM 控制器两部分组成，如图 3－25 所示。

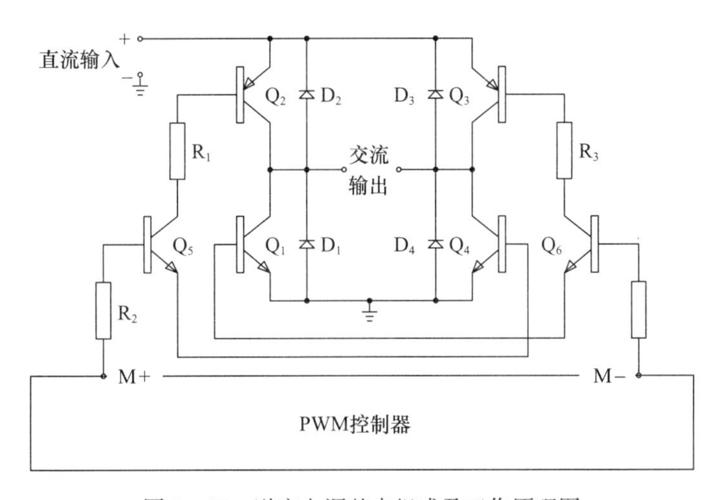

图 3－25　逆变电源基本组成及工作原理图

2. 工作原理

在发控系统中，使用逆变电源时，变流器工作在逆变状态，其交流侧直接接到负载，即把直流电逆变为所需频率或可调频率的交流电供给负载。

逆变的基本原理是直流电压经过一个单相 H 型晶闸管桥，H 的横就是输出，H 的竖线上各有两个晶闸管，通过控制电路，对角开启和关闭两个晶闸管，就得到正负相隔的输出电压和电流，即交流电。

PWM 脉宽调制是用一种参考波(通常是正弦波，有时也采用梯形波或注入零序谐波的正弦波或方波等)为调制波，而以 n 倍于调制波频率的三角波(有时也用锯齿波)为载波进行波形比较，在调制波大于载波的部分产生一组幅值相等，而宽度正比于调制波的矩形脉冲序列用来等效调制波，用开关量取代模拟量，并通过对逆变电源开关管的通/断控制，把直流电变成交流电。由于载波三角波(或锯齿波)的上下宽度是线性变化的，故这种调制方式也是线性的，当调制波为正弦波时，输出矩形脉冲序列的脉冲宽度按正弦规律变化。

三、变流机

在发射系统上设置变流机的原因是导弹在接电准备和发射时，需要功率比较大的直流电源和不同于供电电源频率及电压的交流电源。

变流机作为发控系统的电源设备，既可以将交流电变换为直流电，也可以将交流电变换为不同频率、不同电压的交流电。

1. 基本组成

变流机一般是由电动机和发电机组成的机组，外加启动电动机的启动器和调压装置等组成，如图 3 – 26 所示。电动机的转子和发电机的转子可以是同轴的，也可以通过联轴器连接。

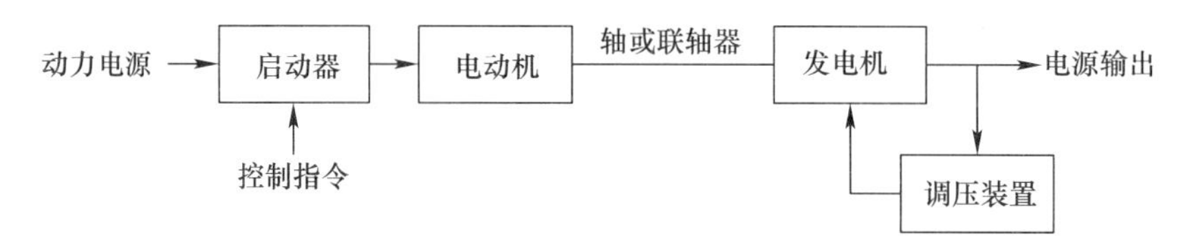

图 3 – 26　变流机基本组成及工作原理图

电动机一般为三相异步电动机，是由定子和转子组成，定子铁芯装在壳体内为固定部分，转子为鼠笼式与发电机的电枢同装于一根转轴上，用来带动直流发电机的转子转动。

发电机为复激式发电机，由电动机带动，发出所需电源。它由固定部分和转动部分组成。固定部分由壳体、定子、电刷、电容器组成。发电机的定子磁极铁芯同样是装在壳体内。转动部分为电枢绕组，发出直流电时需要换向器。

启动器安装在变流机的接线盒内，用来控制电动机工作电源的接通或断开。它由铁芯、线圈、衔铁、触点组、触点连杆及弹簧组成。

稳压装置是用来减小变流机输出电压的变化，使其稳定在规定的电压范围之内。这是因为发电机在有负载时，电枢端电压要随负载的变化而变化，因而造成变流机输出电压不稳定。如果电站电压有变化也将直接影响发电机输出电压的不稳定。而变流机输出电压的变化会影响发射设备的正常工作。因此，为了减小各种因素所造成的输出电压波动，而在变流机的发电机部分安装了稳压装置，能自动调节变流机的输出电压，使之稳定在允许范围内。稳压装置由整流电路、分压电路、开关电路、附加激磁绕组等组成。

2. 工作原理

当启动器线圈通入控制电源后，使铁芯磁化产生吸力，吸引衔铁带动触点组压缩弹簧，使触点组闭合，接通电源，三相交流电加到异步电动机的定子绕组中。定子的三个绕组在空间位置相隔 120°，通入三相交流电后，便产生合成旋转磁场，此磁场相对于静止的转子导体做相对运动，此时转子导体切割旋转磁场的磁力线而产生感应电动势和感应电流，转子上的感应电流与旋转磁场相互作用，便产生电磁力矩，使转子转动，电动机工作。

电动机工作时，其转子转动，通过联轴器或同轴带动发电机转子转动。

在发电机的定子中因有剩磁磁场或外加电源产生的磁场，所以，转子切割磁力线而产生交流感应电势，通过接触环输出不同频率、不同电压的交流电或是通过换向器输出直流电。

此电流经过串激和并激绕组在激磁绕组中又产生激磁磁通，使原来的剩磁磁场或外加电源产生的磁场加强，增大了的磁通又使电枢绕组中的感应电势升高，则激磁电流又增大。就这样激磁电流与感应电势相互促进，从而达到在电枢绕组中建立起额定数值的电势输出。

稳压装置通过整流电路、分压电路检测输出电压的值，然后控制开关电路的通断，使附加激磁绕组在输出电压小于额定电压时有电流流过，增加激磁，使电压升高；在输出电压大于额定电压时无电流流过，减小激磁，使电压降低，从而达到稳定输出的目的。

当启动器线圈断电后，铁芯磁性消失，在弹簧的作用下使触点组断开电源，电动机停止工作。变流机为断续工作制，即在额定负载下运转规定时间，应停机休息。

思 考 题

1. 分别分析发控系统在本车控制和遥控控制两种工作状态下所完成的工作有哪些？
2. 导弹发射过程中的两个约束条件和设置目的分别是什么？
3. 什么是导弹的允许发射条件，其通常包括哪几个方面？
4. 什么是导弹的发射约束条件，其通常包括哪几个方面？
5. 请简要分析无线电指令制导导弹的简要工作程序。
6. 什么是固态继电器，其与电磁继电器相比较有哪些优点？
7. 请简要分析发控系统的对外通信类型及其功能。
8. 面向比特的串行同步通信协议（HDLC）的主要特点是什么？
9. 请对比分析 RS－232、RS－422、RS－485 串行总线的异同点。
10. 请简要分析计算机控制发控系统使用以太网的主要优势。

第四章　地空导弹倾斜发射技术

地空导弹倾斜发射技术主要是对导弹调转、跟踪、滑离等发射过程的有关问题进行分析,确定相关的总体设计参数。本章主要介绍倾斜发射的发展概况及特点、导弹发射动力学的一些基本概念、倾斜发射导弹滑离技术、倾斜发射导弹初始瞄准技术等内容。

第一节　概　　述

倾斜发射是地空导弹传统的发射方式,由于较好地解决了导弹的初始瞄准问题,保证了发射时导弹的初始射向和离轨速度,使得导弹的初始偏差小,低空性能好,因而在地空导弹武器系统中得到了广泛应用。

一、发展概况

20 世纪 40 年代末 50 年代初,苏联研制的地空导弹“SA－1”、美国研制的地空导弹“波马克”“奈基－2”都采用了垂直发射方式。这些地空导弹只能对付高空活动目标,若对付中、低空活动目标就比较困难,这是因为当时垂直发射方式没有解决地空导弹武器系统的初始瞄准问题。为了能对付中、低空活动目标,就必须寻找更适合于地空导弹的发射方式。倾斜发射方式就比较好地满足和适应了当时的战术要求和技术水平,特别是倾斜变角发射方式,在地空导弹中得到了广泛应用。1980 年以前研制、装备的攻击活动目标的各种型号的地空导弹都采用了倾斜发射技术,其中大多数型号都采用了倾斜变角发射技术。

对于地空导弹倾斜发射技术的研究已经历了半个多世纪的历程,经历了第一、二、三代地空导弹武器系统的运用,使倾斜发射技术发展得比较完善和成熟。

在计算机技术、导弹技术、雷达技术、通信技术等高新技术不断发展的今天,地空导弹的多联装倾斜发射技术仍不失它的特色,先进的第三代“爱国者”地空导弹的发射系统仍采用倾斜发射技术就是一个例证。

二、倾斜发射的特点

由于空中威胁可能来自不同的方位和高度,采用倾斜发射可在导弹发射前将发射装置调转到目标来袭的方向,并对目标进行跟踪,因而具有以下优点:

(1) 导弹起飞后不需要很大转弯就可以进入巡航飞行,导弹所需承受的过载小。

(2) 导弹比较容易实现初制导,甚至可以不用初制导,仅依靠发射装置赋予的初始方向即可射入预定空域,使导引头截获目标或者导弹被制导雷达截获。

(3) 通过合理设计发射装置随动系统相对制导雷达的跟踪规律,可以获得比较小的弹道初始偏差,导弹消除这一偏差所需时间相应比较短,可以获得比较近的杀伤区近界,提高了导弹的近界拦截能力。

(4) 对于指令制导和驾束制导的导弹,通过合理设计发射装置随动系统相对制导雷达的跟踪规律,可以使导弹射入雷达波束时的速度方向与波束中心线的夹角比较小,导弹不易冲出波束,截获比较容易。

(5) 对寻的制导的导弹,通过合理设计发射装置随动系统相对制导雷达的跟踪规律,把初始飞行段导弹相对目标的前置量控制在导引头天线偏角允许的范围内,通过地面发射控制设备对导引头天线初始角度预装,可以使导引头天线在目标截获点处正好对准目标而不需进行角度搜索,缩短了目标截获时间。

(6) 可以根据不同的作战空域,设计不同的导弹发射前置量(如大前置量的高抛弹道),使导弹所得到的飞行航迹阻力减小,有利于减轻导弹的起飞质量。

尽管倾斜发射具有上述优点,但由于发射装置随动系统需要不断转动指向目标,不可避免会带来如下缺点:

(1) 随动系统从静止状态到准确对准目标需要有一个调转和稳定跟踪的过程,完成这个过程需要一定的时间,转过的角度越大所需时间越长,结果导致武器系统的反应时间和火力转移时间加长。

(2) 在一次射击中,发射装置只能指向一个目标方向,不能同时对不同方向的目标进行射击,限制了武器系统对付多目标的能力。

(3) 与垂直发射方式相比,倾斜发射需要随动系统,增加了发射装置结构的复杂性,需要占用较大的空间,减少了载体的装弹数量;但对导弹来说,其构造则相对简单些,而且攻击区较大。

第二节 基本概念

为了便于本章后续内容的学习,本节简要介绍导弹发射动力学方面的一些基本概念。

一、导弹的滑离方式与发射阶段

导弹的结构与用途不同,发射时所用的发射装置也有不同,甚至差异很大,在具体研究时应考虑不同的滑离方式及在不同发射阶段的特点。

1. 导弹滑离方式

导弹从定向器上滑离的方式有三种,即不同时滑离、同时滑离和瞬时滑离,如图4-1所示。导弹的滑离方式充分反映了导弹与定向器之间的相互关系。

1) 不同时滑离

导弹的前后定向件先后脱离定向器导轨,如图4-1(a)所示,其中前定向件滑行长 l_1,后定向件滑行长 $l_2(l_2>l_1)$。这种方式的优点是定向器结构简单,长度尺寸较短。但在不同时滑离阶段,当前定向件滑离后导弹会绕定向器约束的后定向件转动,出现头部下沉现象。导弹头部下沉及定向器振动对后定向件的扰动,使导弹滑离时初始扰动增大。为了减小这类扰动的影响,设计时应使滑离速度增加,或使不同时滑离段的长度缩短。

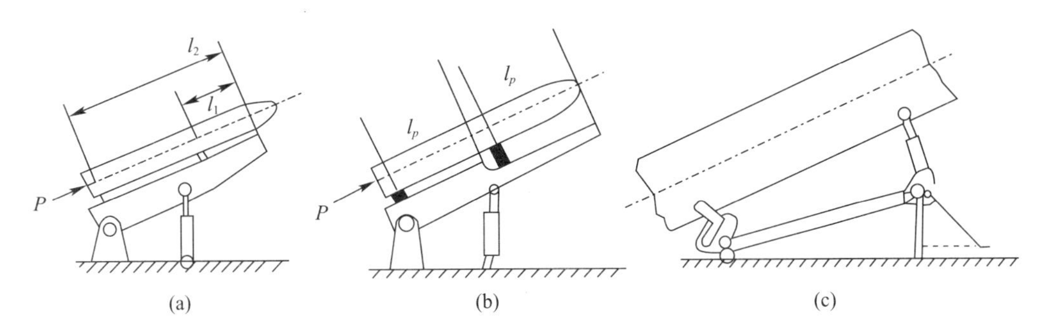

图 4－1　导弹滑离方式

(a)不同时滑离；(b)同时滑离；(c)瞬时滑离。

2）同时滑离

导弹的前后定向件同时从定向器导轨上脱离，如图 4－1(b)所示。这种方式的优点是导弹滑离时不出现头部下沉，可减少初始扰动。但是，在设计同时滑离定向器时需要注意：

(1) 为保证导弹有足够的滑离速度，同时滑离的定向器一般较长，导弹滑离后要在定向器上方飞行一段时间，出现整体下沉现象，致使导弹与定向器有可能相碰。在设计时必须留有足够的让开距离，或设计专门的让开机构，以免两者发生撞击。

(2) 对箱式定向器，分析导弹的初始扰动时，应当考虑导弹已滑离但仍在箱内飞行时，不对称气流对扰动的影响。

3）瞬时滑离

发动机的推力刚刚等于闭锁力及导弹重量分力时，导弹即从定向器上脱离，如图 4－1(c)所示。导弹在这种方式下的滑离长度为零，故又称这种定向器为零长式定向器。这种方式的优点是发射装置结构简单、重量轻、外廓小。主要用于允许较大散布的弹—架系统或发射制导性能好的导弹。在分析计算导弹初始扰动时，应当考虑发动机的推力及闭锁器的闭锁力等参数散布度的影响，即应当分析这些参数的变化特征。由于导弹滑离后的速度很小，倾斜发射时的下沉量大，瞬时滑离增大了导弹和发射装置相碰的概率。

2. 导弹发射阶段

导弹的发射过程一般要经历四个阶段。

1）闭锁阶段

导弹与发射装置之间无相对运动，用闭锁挡弹器来限制导弹的运动。

这个阶段描述的是发动机点火到导弹开始移动前弹—架系统的状态。这里有两种情况：一种是系统静止，这时系统的初始条件为零；另一种是系统运动，例如在运动载体上发射，或发射时考虑风的作用等，这时的初始条件不为零。闭锁挡弹器在这个阶段有特殊作用，应当根据实际结构描述它对发射的影响。

2）导向阶段

导弹在推力作用下相对发射装置运动，但运动方向受定向器的约束，称为约束期。

3）滑离阶段

导弹从定向器上脱离的过程。对不同时滑离的定向器，弹的前定向件先脱离约束，后定向件仍在其上运动，有头部下沉现象出现，称为半约束期。对同时滑离的定向器，则无此阶段，导向阶段一结束即进入无控飞行阶段。

4）无控飞行阶段

导弹在空中自由飞行，一直到某一特征位置为止。这一特征位置，对导弹而言，是控制系统的起控点。

对箱式定向器，导弹滑离后到飞出发射箱前，虽然不受定向器的约束，但它受箱中不对称气流的作用，和在箱外飞行的情况不一样，应当专门考虑。所以可把这一段归入过渡段，由机械约束过渡到空气约束，称为准半约束期。

按现代系统设计观点，把上述四个阶段统称为发射阶段，把导弹在这个阶段的运动轨迹称为发射弹道，在进行发射精度的研究时，不但把弹—架系统作为一个整体来研究，而且把导弹在发射过程四个阶段的运动特性作为整体来研究。

二、发射精度

1. 发射精度概念

导弹发射时，其实际飞行弹道不可避免地将要偏离理想弹道。这是由于发射时作用在四个阶段的系统扰动与随机扰动引起的散布造成的。发射精度指的就是导弹在特征位置偏离理想弹道的程度和偏离性质。理想弹道是导弹无干扰时的弹道，是理论值，它将穿过特征平面上的某一点，这个点是理论上的交点，如图 4 - 2 所示。由于各种因素的干扰，导弹并不沿此理想弹道飞行，到达特征平面时将偏离理论上的交点，即产生偏差。在同样条件下，对同一目标发射一组导弹，每发导弹的实际弹道也不重复，不可避免地有弹道散布。实际弹道在特征平面上的交点，分布在散布中心的周围。一组弹道的平均值叫平均弹道，平均弹道与特征平面的交点就是散布中心。散布中心相对理想交点的偏差是系统误差所引起的。发射条件不变，只有系统误差时，每发导弹将沿平均弹道运动，在特征平面的交点与散布中心重合。可用修正的办法减少这个值。而散布则是由随机扰动误差所引起的，偏差的大小和方向事先并不知道，但可以控制在一定范围内。发射精度用导弹在特征平面上散布规律的数字特征进行评价，即用散布中心的偏移量和相对散布中心的散布来衡量。

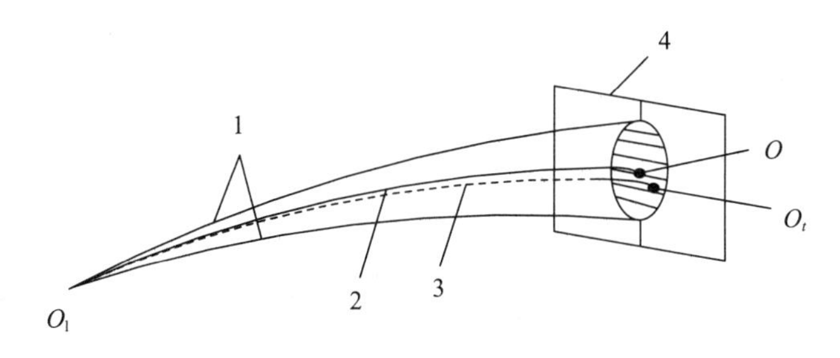

图 4 - 2　导弹散布概念

O—散布中心；O_t—理想落点；O_1—发射点；1—实际弹道；2—平均弹道；3—理论弹道；4—特征平面。

导弹通过特征平面之后还要继续飞行，所以在研究发射精度时除对弹道偏移量和散布有一定要求之外，还对弹道飞行角有一定的要求。

对导弹而言，特征平面选在导弹起控点，即控制系统开始控制导弹处。进入起控处的精度并不是直接决定击中目标的关键因素，因为导弹能否击中目标还取决于控制系统的工作情况。虽然如此，大多数导弹仍然对初始偏差有一定的要求，这是因为：

（1）如果导弹滑离时的初始偏差过大，可能影响正常飞行，导弹未进入控制飞行即告失败。

（2）如果导弹在起控处的偏差过大，制导系统不能截获导弹而失控。即使能截获到导弹，由于偏差过大，不管什么样的控制系统都将导致难于纠正的不理想的结果。

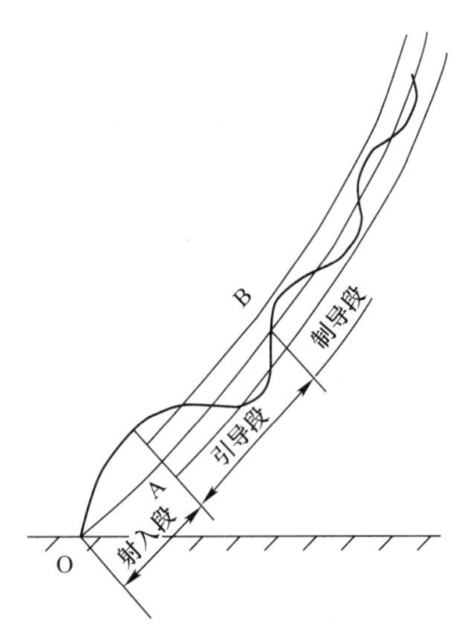

图4-3　无线电指令导引情况

当然，不同的制导系统对初始偏差的要求是不同的。如图4-3所示雷达跟踪无线电指令制导的系统，整个弹道分成射入段、引导段、制导段。射入段是导弹发射后作自主飞行的一段弹道，导弹在这一段达到一定的飞行速度，以便能进行有效地控制。导弹进入射入段终点A处，可能偏离理想弹道，因而要求有一引导段消除起始误差，直到偏差量小于允许值才能进入控制。显然，导弹发射时，如果初始偏差过大，进入射入段后的瞬态变化大，要经过较长时间才能减小，稳定地过渡到引导段。如果进入引导段的偏差过大，制导雷达需要一定时间截获导弹，随后还要经过较长的引导段才能过渡到制导段，才有可能杀伤目标。因而限制了导弹杀伤区的近界，减小了杀伤区的远界。

又如有些红外跟踪的导弹，制导用的红外线测角仪装在发射装置上或活动载体上，系统的振动影响测角仪基准的稳定性，使输出的控制信号不稳定，因而也影响导弹的发射精度。

2. 发射精度的影响因素

导弹在发射阶段的精度受两部分因素的影响，即初始扰动与飞行扰动。导弹从定向器上安全脱离时的弹道偏差称为初始扰动。导弹在自主飞行中的弹道偏差称为飞行扰动。

引起扰动的因素有两大类：一类是确定性的，它们的规律和数值事先可以预测；另一类是随机性的，它们只有统计学中的数字特征。因此，导弹总的扰动等于确定性扰动与随机性扰动之和。

要得到确定性扰动并不难，只要选取计算模型，确定作用在结构上的确定性的载荷，建立并解算运动方程即可。然而要确定随机扰动则很复杂。因为发射时作用在弹—架系统上的大多数随机载荷的概率特性都不知道。此外，弹—架系统的结构参数也有随机散布，它在导弹扰动的散布中也起很大作用。

导弹确定性的扰动因素引起弹道的系统偏差，随机性的扰动因素引起弹道的散布。如果这两类扰动不加控制，都可能使弹道在特征平面处的偏差和散布增大，使发射精度降低。发射动力学的研究，很长一个时期，是为了预测系统偏差，以便进行瞄准修正。同时分析随机散布，以便减少它的影响。但是，后来转向利用初始扰动，以补偿飞行扰动的研究。不再认为初始扰动总是有害的，不再认为初始扰动越小越好。这是发射动力学研究工作的新进展，是一项很有吸引力的研究工作。

3. 影响初始扰动的因素

由于各种因素的影响，导弹在定向器上的运动姿态会受到扰动。影响初始扰动的因素有以下几个方面。

1）初始瞄准误差的影响

初始瞄准误差是指导弹实际瞄准线与理想瞄准线之间的偏差。瞄准角的变化（角转动）可以延伸成重要的弹道偏差，引起初始瞄准误差的影响因素很多，主要有：

（1）目标跟踪雷达、指挥仪和发射装置的标定误差，以及雷达和发射装置的调平误差；

（2）指挥仪的计算误差及随动系统的动态误差；

（3）定向器导轨各导向面的平直度和平行性，导弹定向件与导轨导向面间的配合间隙；

（4）瞄准机的空回量；

（5）作用于发射装置上的载荷不平衡造成瞄准线的变化。

2）弹—架系统发射过程振动的影响

弹—架系统的振动将使导弹产生非零的横向角度和角速度，是造成导弹散布的重要原因。许多学者曾用不同的动力学模型和分析方法对系统进行了大量的研究，有效地揭示了影响振动的各种因素，这些因素对振动影响的基本规律是相同的。当然对不同的分析对象和条件具体数据是不同的。这些因素是：

（1）发射间隔和次序的影响。在多联装发射装置中，改变导弹连续发射的间隔和次序，可以把散布控制在一定范围之内。合理的发射间隔与弹—架系统的固有频率有关，应避开出现共振的区间，即要考虑发射间隔与弹—架系统固有周期的相容性。

（2）结构参数随机散布的影响。结构的刚度、惯性和地面的刚度等的散布都影响系统的振动，造成初始振动的变化。几乎所有的分析都指出，适当增加刚度可以减少初始扰动。但是这样往往要使结构的质量增加，这一点在结构设计时是要注意的，即要考虑结构刚度与结构质量指标的相容性，要优化结构参数。

（3）激励因素随机散布的影响。导弹发射时，作用在弹—架系统上的激励因素有风载、推力大小的散布、推力偏心的方向与数量的散布、燃气流的作用、自旋导弹质量分布不均匀的不平衡力、闭锁力等。这些载荷的作用点、方向及大小均是时间的函数，且有随机波动，所以引起系统的随机振动。特别是燃气流的作用，引起发射装置的振动，增大初始扰动，在多联发射装置中它是非常重要的影响散布的因素。此外，在箱式定向器中，不对称的燃气流作用在导弹上也给予附加扰动。发射动力学在这方面也投入了很大的力量进行研究。

（4）弹在定向器上运动时跳动的影响。导弹发射时，如果在定向器上出现跳动现象，系统的振动就要加大，初始扰动也要增大。出现跳动的可能性与系统的刚度、导轨导向面的不平直度、闭锁器切断时闭锁力的大小有关。

3）定向器结构形式的影响

导弹从不同时滑离的定向器上发射时，将出现头部下沉现象，使导弹产生一个横向角度和角速度。而从同时滑离的定向器上发射时则无此现象。

定向器的滑离长度的影响：当要尽量减小初始扰动角速度时，滑离长度可作为重要参数来考虑。可选择适当的长度，以达到较高的精度。试验表明，滑离长度的增长，将使初始扰动角速度增加。但增大到一定长度后，扰动角速度开始减小，或变化缓慢。在不同的滑离长度下，一组导弹中的每一发弹的散布范围是不同的，有一散布最小的滑离长度存在。

导轨导向面的不平直的影响：导轨导向面的不平直使导弹在上面运动时产生横向运动和转动，并引起弹—架系统的振动，增大初始扰动。

4）运动载体的影响

在运动中的载体（舰艇、飞机、火车）上发射导弹时，导弹的滑离速度和方向将要改变，也会影响导弹的散布。

载体受海浪、大气或路面的影响，其运动是随机的，而载体的刚度一般是非线性的，而且也有散布，所以它们所引起的初始扰动也有散布。

4. 影响飞行扰动的因素

导弹在滑离后的自主飞行段中，造成散布的主要原因有：

（1）发动机推力偏心及总冲的不重复性。

（2）自旋导弹的质量分布不均匀。

（3）导弹的弹性变形。长细比大的导弹，当约束在发射装置上时，弹体内贮存有弯曲变形的能量，在飞行中的某个时间，尤其是在燃料燃烧期间，如果能量开始释放出来，将引起导弹的震动，这将影响弹道的散布。

（4）横风、尾翼偏置等。

三、弹—架系统的载荷及计算状态

发射装置设计时必须进行载荷分析，确定结构所受载荷的大小、方向、作用点、分布规律及与时间的关系，以此作为设备的可靠性及发射精度研究的依据。要先分清载荷的性质，随后选用相应的计算方法。

1. 弹—架系统的载荷

1）静载荷与动载荷

作用在发射装置上的载荷就其对时间的变化特性而言，可以分为静载荷与动载荷。

静载荷对结构作用的大小、方向及作用位置均不随时间而变化，或变化很缓慢。在其作用下结构各质点无须考虑惯性力。属于这一类的载荷有结构自重、导弹重力、缓慢移动或改变的荷载等。结构自重是一种恒定的分布载荷，根据结构的具体形状，常常把它简化成集中载荷、均布载荷或直线变化的载荷等。有时根据计算载荷值的目的来简化载荷值的分布规律。例如，为了计算支反力，一般将重力简化为集中力，作用在结构的质心处；为了研究结构的强度和刚度，则把它简化为分布载荷。

动载荷对结构作用的大小、方向或作用点是随时间而变化的。在其作用下结构质点的加速度不能忽视，刚体会因不稳定运动而产生惯性力，弹性系统则将产生振动。属于这一类的载荷有：

（1）旋转物体的不平衡载荷。例如，瞄准机转动部件有质量偏心时对支座作用的惯性力、自旋导弹质量不均匀的惯性力与力矩。

(2) 撞击载荷。例如,设备吊装过程中的跌落或机构工作时的碰撞力等。

(3) 突加(卸)载荷。例如,瞄准机的制动力、突然解脱的闭锁力、多联发射装置连续发射时由于导弹滑离而使其突然减少一发弹质量等。

(4) 迅速移动的载荷。例如,导弹在定向器上快速运动时的作用。

(5) 流体动力载荷。例如,燃气气动载荷、风载荷、核爆炸的冲击波、水下爆炸的压力波等。

(6) 运载体或基础的运动使结构产生的载荷。例如,舰艇的摇摆与升沉运动、载机飞行和着陆运动、车辆在不平路面上的运动、核爆炸的地震波等因素引起的惯性力。

(7) 火箭发动机的不稳定推力。

动载荷与静载荷并无绝对的界限,区别在于结构在其作用下产生的加速度能否忽略。解决实际问题时,主要是看与该加速度相对应的惯性力同其他外力相比是否可以忽略不计。进行数学运算时,动载荷用时间 t 的函数 $F(t)$ 来描述,静载荷用与时间无关的常数来描述。用动力学的方法研究动载荷对结构的作用,用静力学的方法研究静载荷对结构的作用。

2) 过载系数与动力系数

惯性载荷是由于结构加速运动而引起的,其大小等于结构质量乘以运动加速度,方向与加速度方向相反。发射装置都有惯性载荷的作用,通常结合结构的重力来考虑惯性力,即用过载系数或简称过载来表征总的惯性力。

过载系数是一矢量,等于作用于结构上除重力之外所有外力的总和与其自重之比,其方向与外力之和相反,即

$$\boldsymbol{n} = -\frac{\sum \boldsymbol{F}_i}{W} \tag{4-1}$$

式中:$\boldsymbol{n}$ 为过载系数,为矢量;$\sum \boldsymbol{F}_i$ 为作用在结构上除自重外所有外力矢量之和;W 为结构自重。

由结构的惯性中心运动方程知

$$\frac{W}{g}\boldsymbol{a} = \sum \boldsymbol{F}_i + \boldsymbol{W} \tag{4-2}$$

即

$$\sum \boldsymbol{F}_i = \frac{W}{g}\boldsymbol{a} - \boldsymbol{W} \tag{4-3}$$

故过载系数又可表示成

$$\boldsymbol{n} = -\frac{\sum \boldsymbol{F}_i}{W} = -\left(\frac{\boldsymbol{a}}{g} - \frac{\boldsymbol{g}}{g}\right) \tag{4-4}$$

式中:$\boldsymbol{a}$ 为结构惯性中心的运动加速度;$\boldsymbol{g}$ 为重力加速度;g 为其模。

如果已知物体的运动规律,即知道它的加速度后,就可由式(4-4)求过载系数。在实际计算中,利用它在直角坐标系中的投影较为方便,即

$$\begin{cases} n_x = -\dfrac{a_x}{g} + n_{gx} \\ n_y = -\dfrac{a_y}{g} + n_{gy} \\ n_z = -\dfrac{a_z}{g} + n_{gz} \end{cases} \tag{4-5}$$

式中：n_x、n_y 和 n_z 为沿 x、y、z 轴方向的过载系数；a_x、a_y 和 a_z 为物体沿 x、y、z 轴方向的加速度；n_{gx}、n_{gy}和 n_{gz}为沿 x、y、z 轴向的重力加速度的过载系数，即 $\boldsymbol{g}/g$ 在 x、y、z 轴上的投影。

实际结构是有弹性的，弹性系统在动载荷作用下要产生振动，因而，结构的实际变形与同样大小的静载荷作用下的变形不同，各截面上的实际内力与静力计算所得的内力不同。相邻部件之间（例如，导弹的定向钮、定向器的耳轴、高低机主齿轮等处）的约束反力也应考虑结构振动引起的附加动力分量，即振动惯性力。在工程机构中往往引入动力系数来表征考虑振动惯性力之后总的载荷。

动力系数的定义并不统一，这里采用其中的一种。即把结构在动载荷作用下的最大变形（y_d）与在静载荷（其数值等于动载荷的最大值）作用下产生的变形（y_s）之比称为动力系数，即

$$\mu = \frac{y_d}{y_s} \tag{4-6}$$

式中：μ 为大于 1 的系数，用它乘以静载荷就得到了总的动载荷。

2. 载荷的计算状态

根据弹—架系统工作过程中结构的工作条件，可以将结构的承载情况分成若干特征状态。在每一特定的状态下，结构均受到完全确定的外力和环境条件的联合作用。当然，系统要在多种情况下工作，而每一结构元件的较大内力只出现在一种状态之中，这一内力就决定了元件的强度和变形。对该元件来说，这种特征状态就称作载荷计算状态。弹—架系统载荷计算状态可分成三类，应根据具体零件的强度和变形要求，分别在不同状态下作载荷分析。

1）运输状态

运输状态指的是系统在运输和转载过程中结构承受载荷情况，它与所用载体和转载工具有关，有车载（轮式或履带车辆、火车）、舰载（水面或水下）、机载（飞机或直升机）；有吊装、叉车或专用设备转载。要根据战术技术条件允许的路面、海情、飞行条件来计算动载荷。研究这种状态的目的主要是解决导弹运输时的减振问题，及运载体、牵引杆、行军固定器、机载发射装置的吊环等部件的设计问题。

2）发射准备状态

发射准备状态指放列、撤收、瞄准或起竖、加注及其他勤务操作过程中结构所受的载荷情况，也包括导弹处于待发射状态的环境条件中结构所受的载荷情况。

瞄准状态包括调转运动和跟踪运动，它们的运动规律及瞄准参数是不同的，应分别分析。研究这种状态的目的主要是为保证发射准备过程导弹的安全，以及为瞄准机等相关部

件的设计提供载荷数据。

3）发射状态

发射状态指导弹发动机点火到滑离这一过程中结构承受的载荷情况，它与导弹结构、发射装置结构及发射条件有关，是发射精度、发射可靠性、发射时的安全防护等要考虑的设计状态。在这种状态下，不但有力的作用，还有高温烧蚀作用。

运输和发射准备时的载荷情况，与一般机械传动及运输工具相似，但发射时则因系统的动态特性、激励因素及研究目的的不同，而有自己的特点，是发射动力学的研究重点内容。

四、弹—架系统常用坐标系

在进行发射装置的载荷、瞄准参数、振动特性及导弹的滑离参数的分析计算时，要研究弹—架系统的运动学与动力学规律。在这些研究中，往往假设弹—架系统是由有限个刚体组成的，刚体之间用刚性接头连接，或用弹性接头（即弹簧、阻尼器）连接。进行发射装置运动分析时常用如下坐标系。

1. 地面坐标系（$O_g\xi\eta\zeta$）

该坐标系固定于分析瞬间的当地地面（水平面），可以确定导弹重心的坐标。

O_g——坐标原点。一般取在与运载体质心相重合的点上。

$O_g\xi$ 轴——纵轴。过原点 O_g 一般指向预定目标（或发射方向）的水平方向。

$O_g\eta$ 轴——垂直轴。过 O_g 点垂直于水平面，向上为正。

$O_g\zeta$ 轴——横轴。过 O_g 点位于水平面内，按右手法则取为正。

2. 弹体坐标系（$O_Rx_1y_1z_1$）

该坐标系固联于导弹上，如图 4 –4 所示。

O_R——坐标原点。通常取在导弹质心上。

O_Rx_1 轴——纵轴。重合于弹体结构纵轴，指向弹头为正。

O_Ry_1 轴——竖轴。过 O_R 点垂直于 O_Rx_1 轴，位于导弹纵向对称面内，向上为正。

O_Rz_1 轴——横轴。过 O_R 点垂直于 $O_Rx_1y_1$ 平面，从弹体后沿指向右翼为正。

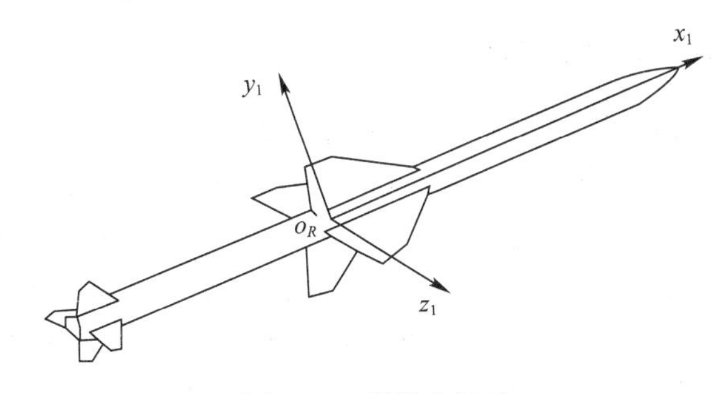

图 4 –4　弹体坐标系

3. 发射装置坐标系（$O_{RO}xyz$）

该坐标系固联于发射装置的起落部分上，如图 4 –5 所示。

O_{RO}——坐标原点。位于发射装置某一不动点上，根据发射装置结构形式的不同和分析问题出发点不同而取法不同，通常取在导弹运动前的质心上。

$O_{RO}x$ 轴——纵轴。过 O_{RO}点沿发射方向,指向弹头为正(两轴瞄准时)。

$O_{RO}y$ 轴——竖轴。过 O_{RO}点在起落部分的纵向对称面内,垂直于 $O_{RO}x$ 轴,向上为正。

$O_{RO}xy$ 平面为发射装置起落部分纵向对称面。

$O_{RO}z$ 轴——横轴。过 O_{RO}点垂直于起落部分纵向对称面,按右手法则取为正。

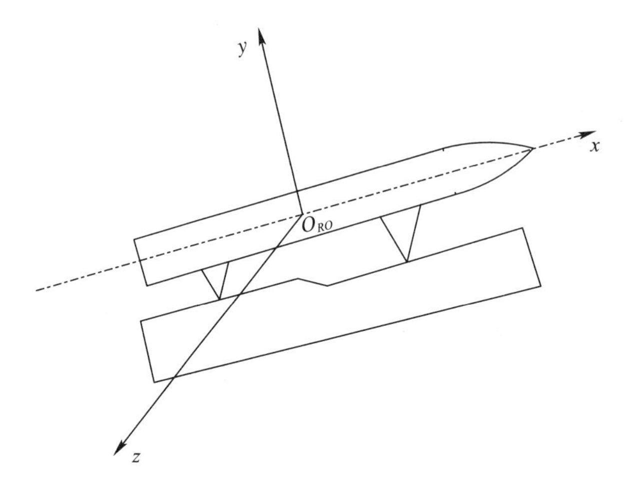

图 4-5 发射装置坐标系

第三节 倾斜发射导弹滑离技术

导弹的成功发射,是指导弹离架时具有满足要求的飞行初始条件(即导弹滑离参数),不同的导弹要求的初始条件不同,即不同导弹要求具有不同的滑离速度、初始偏差角和角速度,以保证导弹按制导系统所允许的弹道进入控制飞行。

倾斜发射广泛采用导轨式定向器的滑离方式,就是因为它能较好地满足上述要求。对发射时导弹滑离参数的分析与计算,是导弹滑离技术所要研究的重要内容。

一、导弹作用在发射装置上的载荷

导弹发射前,相对定向器是静止的,此时作用在发射装置上的载荷有弹重、运载体运动和瞄准运动引起的惯性力、风作用在导弹上的力等。发射时,导弹在定向器上运动,此时作用的载荷除了前面已提到的之外,还有导弹相对运动引起的惯性载荷、自旋导弹的不平衡载荷、发动机的推力分力、燃气冲击力、摩擦力、闭锁器的解脱力及系统振动惯性力等。本小节仅分析导弹发射时由相对运动、牵连运动和哥氏加速度引起的惯性载荷。

导弹发射时,发动机点火后,导弹在导轨上运动,而发射装置的定向器、回转装置仍处于瞄准跟踪状态,称为瞄准发射。这时导弹做复杂的空间运动,导弹质心的加速度有相对加速度、牵连加速度和哥氏加速度。

1. 相对加速度及其过载系数

相对加速度是由于导弹在不平的导轨上运动产生的。导轨的不平直度是机械加工的波纹度以及装配时导轨受力不均匀产生的。相对加速度可以用下式表示:

$$\boldsymbol{a}_r = \frac{2\pi^2 h}{\lambda^2}\boldsymbol{v}_l^2 \tag{4-7}$$

式中:h 为导轨弯曲的波高;λ 为导轨弯曲的波长;v_l 为导弹离轨时的速度。

过载系数为

$$\boldsymbol{n}_r = \frac{\boldsymbol{a}_r}{g} \approx \frac{2h}{\lambda^2}\boldsymbol{v}_l^2 \tag{4-8}$$

2. 牵连加速度及其过载系数

牵连运动是由于运载体运动及瞄准部分瞄准运动而引起的,是动坐标系相对固定坐标系的运动。牵连加速度有切向加速度及法向加速度,法向加速度一般较切向加速度要小,可以忽略。其切向加速度为

$$\boldsymbol{a}_e = R\boldsymbol{\varepsilon} \tag{4-9}$$

式中:R 为导弹质心(离轨瞬间)至耳轴(回转中心轴)的距离;ε 为导弹离轨时,瞄准的加速度。

过载系数为

$$\boldsymbol{n}_e = \frac{\boldsymbol{a}_e}{g} \tag{4-10}$$

3. 哥氏加速度及其过载系数

当导弹在转动的定向器上运动时,将产生哥氏加速度。哥氏加速度的表示式为

$$\boldsymbol{a}_k = 2\boldsymbol{\omega}_c x \boldsymbol{v}_l \tag{4-11}$$

在计算定向器的哥氏加速度时,导弹运动速度方向 $\boldsymbol{v}_x$ 与转轴相垂直,因此哥氏加速度为

$$\boldsymbol{a}_k = 2\boldsymbol{\omega}_c \boldsymbol{v}_l \tag{4-12}$$

式中:$\boldsymbol{\omega}_c$ 为发射时定向器瞄准速度;$\boldsymbol{v}_l$ 为导弹运动速度。将 $\boldsymbol{v}_l$ 顺 $\boldsymbol{\omega}_c$ 转 90°,就是 $\boldsymbol{a}_k$ 的方向。

在计算回转装置的哥氏加速度时,$\boldsymbol{v}_l$ 与转轴存在夹角 $\boldsymbol{\theta}$,则哥氏加速度的表示式为

$$\boldsymbol{a}_k = 2\boldsymbol{\omega}_0 \boldsymbol{v}_l \sin\theta \tag{4-13}$$

式中:ω_0 为发射装置方位回转角速度。

由于哥氏加速度产生哥氏惯性力,其过载系数为

$$\boldsymbol{n}_k = \frac{\boldsymbol{a}_k}{g} \tag{4-14}$$

二、同时滑离时导弹滑离参数计算

同时滑离时导弹的滑离参数,主要包括导弹的滑离速度 v_l、导轨的滑离长度 s_l 以及导弹的滑离时间 t_l。

下面研究运载体运动中,从同时滑离的定向器上发射导弹的情况。

导弹在定向器上运动时所受的外力和支反力如图 4-6 所示。这些作用力是:发动机推力 P;导弹重量 W_R;前、后定向件的垂直反力 N_1、N_2 和侧向反力 T_1、T_2;摩擦力 $\mu(N_1+T_1)$ 和

$\mu(N_2+T_2)$。由于导弹运动速度尚小,略去空气阻力的影响。

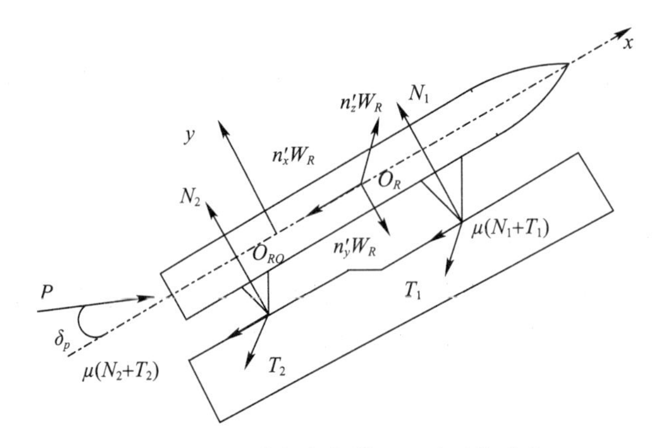

图 4-6　导弹在定向器上运动时的受力

由于在这里研究的是导弹相对定向器的运动,根据理论力学研究相对运动的有关知识,还应加上牵连惯性力和哥氏惯性力。将三个质量力(重量、哥氏力、牵连惯性力)合成,合成后它们沿 x、y、z 轴方向的过载系数为

$$\begin{cases}n_x' = n_{ex} + n_{gx}\\ n_y' = n_{ey} + n_{ky} + n_{gy}\\ n_z' = n_{ez} + n_{kz} + n_{gz}\end{cases} \tag{4-15}$$

式中:n_{ex}、n_{ey}、n_{ez}为牵连运动引起的过载系数在 x、y、z 轴的投影;n_{ky}、n_{kz}为哥氏加速度的过载系数在 y、z 轴的投影;n_{gx}、n_{gy}、n_{gz}为重力加速度的过载系数在 x、y、z 轴的投影,是 g 与各轴所成夹角的余弦。因 g 与 y 轴平行,方向相反,因此 η 轴的负方向与 x、y、z 轴的夹角余弦就是 n_{gx}、n_{gy}、n_{gz}。

在导弹滑离之前,弹体坐标系与发射装置坐标系重合。对于地面二轴瞄准的发射装置,导弹滑离时 $\bar{n}_g$ 在各轴上的投影 n_{gx}、n_{gy}、n_{gz}与图 4-6 所示各力方向一致,故取正号,即

$$\begin{cases}n_{gx} = \sin\varphi\\ n_{gy} = \cos\varphi\\ n_{gz} = 0\end{cases}$$

式中:φ 为发射装置相对地面的高低角。

取固定在发射装置上的坐标系 $O_{RO}xyz$,坐标原点 O_{RO} 是导弹开始运动时质心的位置,$O_{RO}x$ 平行发射方向。在此坐标系中建立导弹运动方程式:

$$\begin{cases}m_R\ddot{x}_R = P\cos\delta_P - n_x'W_R - \mu(N_1 + N_2 + T_1 + T_2)\\ m_R\ddot{y}_R = -P\sin\delta_P - n_y'W_R + N_1 + N_2\\ m_R\ddot{z}_R = T_1 + T_2 - n_z'W_R\end{cases} \tag{4-16}$$

式中:m_R 为导弹质量,$m_R = W_R/g$;x_R、y_R、z_R 为导弹质心相对定向器运动的位移;δ_p 为发动机

推力偏心角。

由于导轨微弯曲所引起的导弹纵轴的转角 θ_ω 很小，因此建立运动方程时，认为导弹的纵轴仍平行于发射方向。

δ_p 的方向是任意的，分析时选择最不利的状态，但不会在几个方向同时出现偏心。在此处假设偏心出现在 $xO_{RO}y$ 平面内。由于 δ_p 值很小，取 $\cos\delta_p\approx 1$，$\sin\delta_p\approx\delta_p$。

$m_R\ddot{y}_R$ 及 $m_R\ddot{z}_R$ 是由导轨不平直所引起的，可用过载系数 n_{ry} 及 n_{rz} 来表示。它们是时间和位移的函数，但一般可根据经验选取一个平均值。

由式(4－16)中的后两式，有

$$N_1+N_2=P\delta_p+(n_y'+n_{ry})W_R$$

$$T_1+T_2=(n_z'+n_{rz})W_R$$

所以

$$m_R\ddot{x}_R=P(1-\mu\delta_p)-\mu(n_y'+n_z'+n_{ry}+n_{rz})W_R-n_x'W_R$$

因为 μ、δ_p 值较小，$\mu\delta_p\leqslant 1$，所以略去。并令

$$n_x=n_x'+\mu(n_y'+n_z'+n_{ry}+n_{rz})$$

于是，导弹运动方程可写成

$$m_R\ddot{x}_R=P-n_xW_R \tag{4-17}$$

发动机推力曲线一般是已知的；n_x 可通过有关公式进行计算得到；知道发动机的秒流量后，导弹重量的变化规律也可求得，所以利用式(4－17)就能计算导弹的滑离速度。为了简化计算，一般假设：推力—时间曲线如图4－7所示；导弹重量是常数，例如取导弹运动开始时的重量值，或取滑离前的平均值；n_x 取某一平均值，或取其最大值，据此来解方程(4－17)。

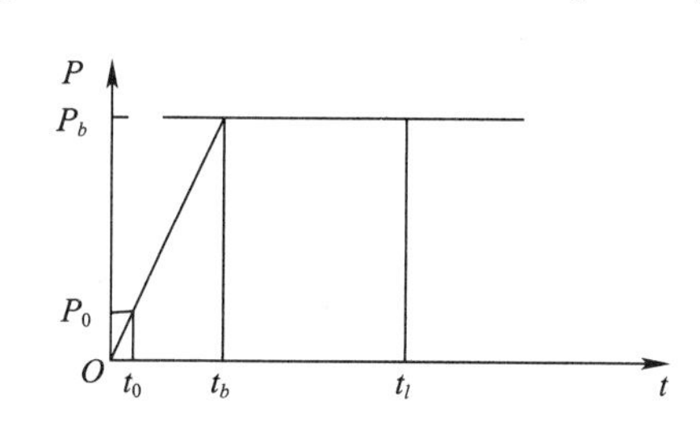

图4－7　发动机推力—时间曲线

P_b—平衡推力；t_b—达到 P_b 的时间；P_0—启动阻力；t_0—启动时间；t_l—导弹滑离时间。

当推力等于启动阻力时，有

$$P=P_0=n_xW_R$$

导弹开始运动，对应的时间为

$$t_0=\frac{P_0}{P_b}t_b$$

若有闭锁挡弹器，导弹开始运动的时间还要考虑闭锁的影响，即 P_0 中要增加闭锁力。

如果在发动机推力增长时间 t_b 以后导弹才滑离，则式(4－17)可分为两段时间积分：

$$t_0\leqslant t\leqslant t_b;\quad P(t)=\frac{P_b}{t_b}t$$

$$t_b\leqslant t\leqslant t_l;\quad P(t)=P_b=\text{常数}$$

当 $t_0 \leqslant t \leqslant t_b$ 时，运动方程如下：

$$m_R \ddot{x}_R = \frac{P_b}{t_b} t - n_x W_R$$

因为 $t = t_0$ 时，$\dot{x}_R = 0, x_R = 0$，用此初始条件对上式积分，则得

$$\dot{x}_R = \frac{P_b}{2m_R t_b}(t^2 - t_0^2) - n_x g(t - t_0)$$

$$x_R = \frac{P_b}{6m_R t_b}(t^3 - 3t_0^2 t + 2t_0^3) - \frac{1}{2} n_x g\ (t - t_0)^2$$

将 $t = t_b$ 代入上式，可求得第一段结束时的速度和行程，即

$$v_b = \dot{x}_{Rb} = \frac{P_b}{2m_R t_b}(t_b^2 - t_0^2) - n_x g(t_b - t_0) \tag{4-18}$$

$$s_b = x_{Rb} = \frac{P_b}{6m_R t_b}(t_b^3 - 3t_0^2 t_b + 2t_0^3) - \frac{1}{2} n_x g\ (t_b - t_0)^2 \tag{4-19}$$

这就是第二段时间导弹运动的起始条件。

当 $t_b \leqslant t \leqslant t_l$ 时，运动方程如下：

$$m_R \ddot{x}_R = p_b - n_x W_R$$

对上式积分，则得

$$v = \dot{x}_R = v_b + \frac{1}{m_R}(P_b - n_x W_R)(t - t_b)$$

$$s = x_R = s_b + v_b(t - t_b) + \frac{1}{2m_R}(P_b - n_x W_R)(t - t_b)^2$$

导弹滑离时，$t = t_l, v = v_l, s = s_l$，则

$$v_l = v_b + \frac{1}{m_R}(P_b - n_x W_R)(t_l - t_b) \tag{4-20}$$

$$s_l = s_b + v_b(t_l - t_b) + \frac{1}{2m_R}(P_b - n_x W_R)(t_l - t_b)^2$$

经过变换后，可以得到从定向器上滑离时间的计算式：

$$t_l = t_b + \frac{m_R}{P_b - n_x W_R}\left[\sqrt{v_b^2 - \frac{2}{m_R}(P_b - n_x W_R)(s_l - s_b)} - v_b\right] \tag{4-21}$$

式中：v_l 为导弹从定向器上滑离时质心的速度，即滑离速度；s_l 为导弹从定向器上滑离时质心的行程，即导轨的滑离长度；t_l 为导弹的滑离时间。

这里应指出，由式(4-21)所求得的时间，是以发动机点火为零点。

如果在地面定角发射时，公式中应去掉牵连加速度和哥氏加速度的惯性力，仅包括重量和导轨不平直所引起的相对惯性力。若是地面跟踪发射，由于牵连加速度和哥氏加速度较小，$\bar{n}_e$ 和 $\bar{n}_k$ 也可忽略。若导弹的滑离速度不大，导轨不平直的相对惯性力对导弹的运动影响较小，也可略去此力。

三、发射时的最小安全让开距离

导弹在定向器上运动时，由于有定向件的支承，使它与定向器的各部位保持有足够的距离，不致妨碍弹的运动。但是，当弹从定向器上滑离后，在重力及其他外力作用下会产生整体下沉和转动。同时发射装置的振动和跟踪运动，运载体（舰艇、车辆）的牵连运动，使定向器有个向上的位移。因而弹在定向器上方飞行期间，有可能发生弹与定向器相撞，妨碍导弹的正常发射，这种情况是绝对不允许的。因此，设计时要作最小安全让开距离分析，从结构上保证不会发生碰撞。

1. 导弹下沉量

导弹从定向器上滑离后将下落一个距离，从解决导弹与发射装置相碰问题的需要出发，把导弹垂直定向器上表面的相对位移叫下沉量。把垂直定向器侧表面的相对位移叫侧偏量。这两个值是相对定向器来说的，如果要解决导弹与其他部位的碰撞问题，可选其他基准。

导弹下沉量的产生，一般是由于重力、推力偏心和牵连运动作用的结果。从地面发射导弹时，重力是产生下沉量的主要因素，约占总下沉量的80%~90%以上。由于工艺水平的提高，一般推力偏心（或质量偏心）引起的下沉量较小。牵连运动的影响与发射基础（载体）的运动有关，也与发射装置跟踪运动有关。地面发射装置不在行进间发射时，只有跟踪运动的影响。这个值在发射瞬间一般不大，引起的下沉量较小。在初步计算时可以忽略推力偏心和牵连运动的影响，而取一个适当的系数予以考虑。发射装置振动使定向器的某些部位产生较大的位移，在计算下沉量时一般都应考虑它的影响。

2. 弹—架间的安全距离

为了使导弹下沉后不发生相撞，应根据可能碰撞的危险部位和下沉量来确定所需要的让开量，然后从结构上来保证这个值。危险碰撞部位可能是导弹的尾端、后定向件或尾翼，根据实际结构分析确定。显然，定向器的让开量要大于导弹的下沉量，并要保持必要的安全距离，即

$$h_y > nh_{fA} \tag{4-22}$$

式中：y_{fA}为导弹A处的下沉量；h_y为定向器的让开量；n为安全系数，由下沉量和让开量计算的精确程度来选取，一般取1.2~2.0。

弹—架间的安全距离（图4-8）为

$$\delta_i = h_{yi} - y_{fi} \quad (i = 1,2,\cdots,n;v\text{ 为危险部位}) \tag{4-23}$$

如果所有的作用力是确定性的，则安全距离也是确定性的值。如果作用力是随机的，则安全距离由系统值（δ_{is}）与随机值（$\Delta\delta_i$）组成，即

$$\delta_i = \delta_{is} + \Delta\delta_i$$

为了保证不碰撞，这时候的最小安全距离$\min\delta_i(t)$的可能域应当满足：

$$\min\delta_i(t) = \delta_{is}(t) - \max|\Delta\delta_i(t)| > 0 \quad (0 \leqslant t \leqslant t_{ki}) \tag{4-24}$$

式中：t_{ki}为i点在定向器上方飞行的时间。

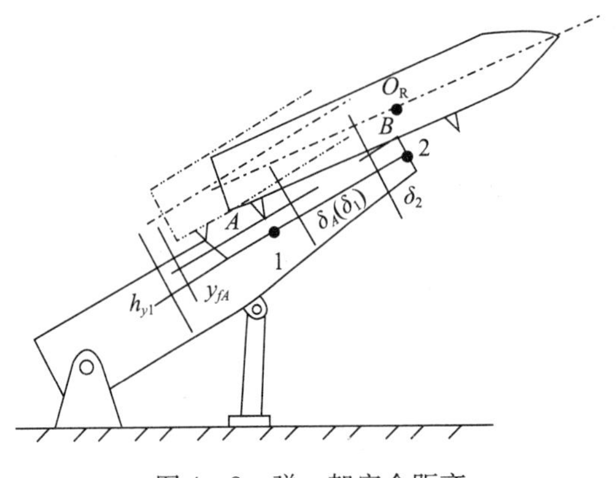

图 4-8　弹—架安全距离

下沉量是时间 t_k 的函数，设计的安全距离也必须保证导弹飞过定向器上时，每一瞬间都能满足式(4-22)或式(4-24)规定的要求。

第四节　倾斜发射导弹初始瞄准技术

倾斜变角发射技术能提高导弹发射精度，改善导弹攻击条件，扩大导弹杀伤区域，因此这种发射技术被地空导弹武器系统广泛采用。

倾斜变角发射的实质就是倾斜发射系统具有初始瞄准功能，即在导弹发射前，通过倾斜发射装置实现必要的初始瞄准。所谓瞄准就是按射击弹道的要求，发射装置的起落部分和回转部分以必需的瞄准速度和加速度从战斗准备状态回转到规定的空间发射角度，即赋予导弹必要的发射方向。

现代地空导弹发射装置广泛采用瞄准机来实现导弹的初始瞄准。对初始瞄准规律的研究及初始瞄准参数的分析与计算，是倾斜发射导弹初始瞄准技术所要研究的重要内容。

一、跟踪瞄准运动规律

1. 高低角和方位角变化范围的确定

倾斜变角发射的方位角变化范围一般为0°~360°，以满足对来袭目标进行全方位攻击的要求。

高低角变化范围是在发射区对应的最大发射角和最小发射角基础上加以必要的修正来确定的。杀伤区高近界对应的发射角是确定最大高低角的基础，杀伤区低远界对应的发射角是确定最小高低角的基础。

发射时刻发射架转动角速度一般不为零，发射后发射架仍需转过一定的角度，直至发射架转速下降到零。考虑到这一因素的发射架高低角变化范围的修正称为缓冲角修正。

当发射架与制导站基线距离较远且考虑拦截的近界点时，由发射架和制导站对目标(或预置瞄准点)的视差是不容忽视的。考虑到这一因素对发射架高低角变化范围的修正称为基线修正。

导弹发射后的无控飞行段有重力下沉，对于拦截低远界目标，如射角过小，则重力下沉更大,容易使导弹触地。因此,在确定高低角变化范围时应进行重力修正。

此外,从武器系统性能出发也需对高低角变化范围提出特殊要求。

2. 跟踪瞄准过程分析

以高低瞄准为例,简要分析瞄准过程。如图4-9所示,起落部分从装填角位置(φ_0)开始进行瞄准,先以调转加速度 ε_{tr} 上升,速度达到调转速度 ω_{tr} 后(此时起落部分处于角度 φ_1),开始等速调转。当起落部分处于角度 φ_2 时,瞄准运动则以 ε'_{tr} 减速直到起落部分开始跟踪目标(此时起落部分的角度为 φ_3,速度为 ω_1),上述过程称为瞄准机的调转过程。如果在调转过程中捕捉不到预定的目标,或原跟踪的目标丢失,则需实行火力转移捕捉另一个目标。火力转移也需实施调转过程。

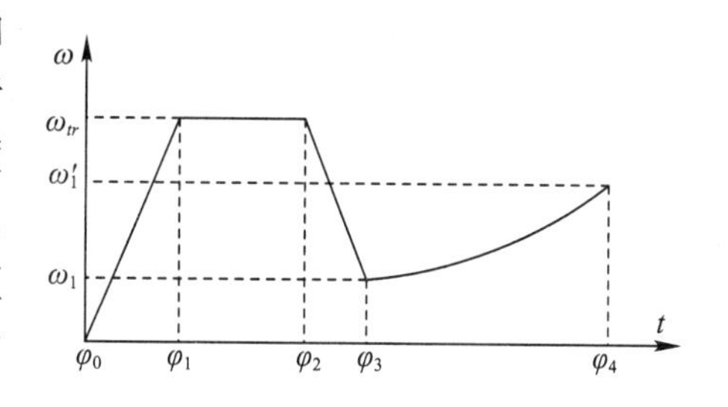

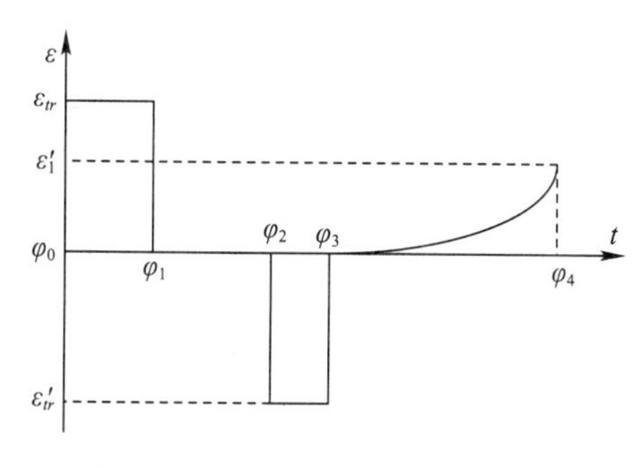

图4-9 跟踪瞄准过程分析图

起落部分开始跟踪目标后,跟踪过程开始。起落部分跟踪的速度和加速度取决于目标的运动规律,可以等速度或以变速度跟踪目标。当起落部分到了允许发射角 φ_4 时(此时,加速度增至 ε'_1,ε'_1 的最大值不能大于跟踪的最大加速度 ε_t;跟踪速度 ω'_1 的最大值不能大于跟踪的最大速度 ω_t),就可发射导弹。发射后,起落部分以调转规律返回装填角 φ_0 位置。起落部分从开始跟踪至发射的过程称为跟踪过程。

从上述瞄准过程的简单分析中,可以看出:

调转过程的目的是使起落部分快速追上目标,追上目标后则进入跟踪过程。

跟踪过程是重要的过程,在跟踪过程中,跟得上目标就是抓住目标和抓住战机。如果当起落部分的速度已经达到跟踪的最大速度 ω_t 或最大加速度 ε_t,并以 ω_t 或 ε_t 跟踪,但仍没有跟上目标,这就可能延长捕捉目标的时间,或丢失目标失去战机。

如何保证跟得上(抓住)目标呢?这就决定于瞄准速度、加速度。其中跟踪速度、加速度尤为重要,是很关键的参数。

3. 跟踪速度和加速度的确定

决定发射装置跟踪速度和加速度之前,必须获得所对付目标的某种运动规律。一般情况下,目标的运动规律是变化的,即其速度、高度和航向是可以改变的。但是,这样的规律对决定跟踪速度带来很大的困难。因此,在决定跟踪速度时,只选定目标运动的某种有代表性的较简单的规律来研究。例如,对空中目标来说,可以假设目标作等速、等高、直线飞行。这是实际作战中最常遇到的空中目标的运动规律,尤其在飞机超声速飞行时,难以在剧烈的机动飞行中进行作战攻击,因而这个假设是可取的。另外,假设目标做等速、等高、直线飞行来研究也有一定理论研究的准确性。因此,决定地空导弹发射装置的跟踪速度和加速度时,就以此运动规律作依据。

下面以上述规律推导跟踪速度、加速度的计算公式。

对运动目标的跟踪速度实际上就是起落部分高低角和方向角的变化率。取地面参数直角坐标系 $O_g\xi\eta\zeta$，坐标原点 O_g 为制导站或发射点，$O_g\xi$ 在通过 O_g 的水平面内，其指向与目标速度矢量的水平投影平行、反向，$O_g\eta$ 垂直于水平面，指向上方为正。因 O_g 与发射点 P 重合，因此可得出瞄准计算简图如图 4－10 所示，图中 P 为发射点；M 为目标；V 为目标速度；H 为目标高度；$\rho(PD)$ 为航路捷径；β 为跟踪方向角；φ 为跟踪高低角。

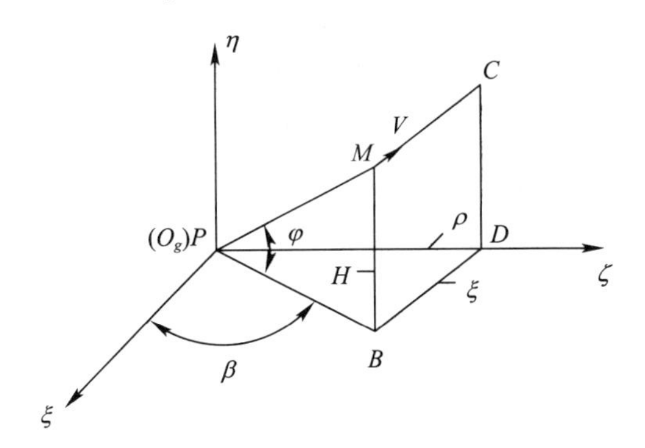

图 4－10　瞄准计算简图

1）方向跟踪速度和加速度

从图 4－10 中，根据几何关系得

$$\cot\beta = \frac{\xi}{\rho} \quad 或 \quad \beta = \operatorname{arccot}^{-1}\frac{\xi}{\rho}$$

将上式对时间 t 取一阶导数，得方向跟踪速度 ω_β：

$$\omega_\beta = \dot{\beta} = -\frac{\dot{\xi}}{\rho}\sin^2\beta$$

因为 $\dot{\xi} = -V$，代入上式得

$$\omega_\beta = \dot{\beta} = \frac{V}{\rho}\sin^2\beta = \frac{V}{\rho} \cdot \frac{\rho^2}{\rho^2 + \xi^2} \tag{4-25}$$

对上式作如下讨论：

当目标位于无限远时，即 $\beta = 0°$ 时，则

$$\omega_\beta = \dot{\beta} = 0$$

即方向跟踪速度最小。

当目标水平距离等于航路捷径时，即 $\beta = 90°$ 时，则

$$\omega_{\beta\max} = \dot{\beta}_{\max} = \frac{V}{\rho} \tag{4-26}$$

即方向跟踪速度达最大值。

将式(4－26)代入式(4－25)可得方向跟踪速度的另一表示式：

$$\omega_\beta = \dot{\beta} = \dot{\beta}_{\max}\frac{\rho^2}{\rho^2 + \xi^2} \tag{4-27}$$

以 $\xi = -Vt$ 代入得

$$\omega_\beta = \dot{\beta} = \dot{\beta}_{\max}\frac{\rho^2}{\rho^2 + V^2t^2}$$

利用上式可作出方向跟踪速度曲线如图 4－11 所示。

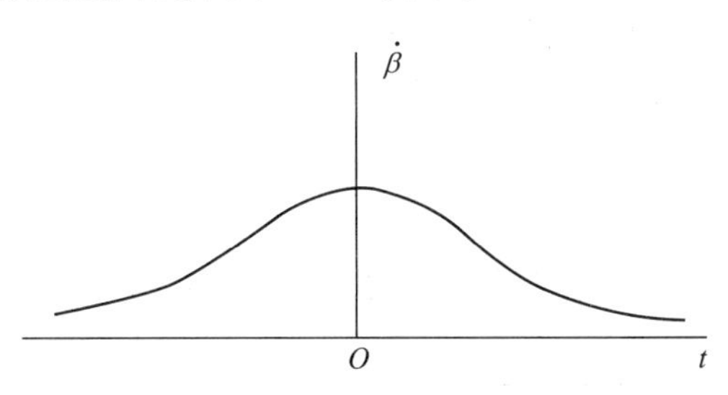

图 4－11　方向跟踪速度曲线

将式(4－25)对时间 t 取一次导数,得方向跟踪加速度:

$$\varepsilon_\beta = \ddot{\beta} = \frac{V}{\rho}\dot{\beta}\sin 2\beta = \frac{V^2}{\rho^2}\sin 2\beta\sin^2\beta \tag{4-28}$$

对式(4－28)作如下讨论:

当目标位于无限远时,即 $\beta = 0°$时,则

$$\varepsilon_\beta = \ddot{\beta} = 0$$

当目标距离为航路捷径时,即 $\beta = 90°$时,则

$$\varepsilon_\beta = \ddot{\beta} = 0$$

因此,方向跟踪加速度 ε_β 的最大值在 0°与90°之间的某一方向角上,故对式(4－28)求极值,可知 $\beta = 60°$时,ε_β 有最大值,即

$$\ddot{\beta}_{\max} = 0.65\frac{V^2}{\rho^2} = 0.65\dot{\beta}^2_{\max} \tag{4-29}$$

由以上分析可看出:方向跟踪速度最大值和方向跟踪加速度的最大值不出现在同一方向角上,而分别出现在90°和60°的方向角上。

2）高低跟踪速度和加速度

从图 4－10 中,根据几何关系得

$$\cot\varphi = \frac{\sqrt{\xi^2 + \rho^2}}{H} \quad \text{或} \quad \varphi = \operatorname{arccot}\frac{\sqrt{\xi^2 + \rho^2}}{H}$$

将上式对时间 t 取一阶导数,得高低角跟踪速度 ω_φ:

$$\omega_\varphi = \dot{\varphi} = \frac{V}{H}\sin^2\varphi\cos\beta \tag{4-30}$$

对式(4－30)作如下讨论:

当方向角 $\beta = 0°$时,即当目标航向通过发射装置时($\rho = 0$),因 $\cos\beta = 1$,这时高低跟踪运动处在最困难的情况下,这种情况称为自卫射击。如果仅研究自卫射击情况下的高低跟踪

运动,那么可得出高低跟踪速度的计算公式:

$$\omega_{\varphi}=\dot{\varphi}=\frac{V}{H}\sin^{2}\varphi \tag{4-31}$$

式(4-31)与式(4-25)相比较,可以看出高低跟踪速度与方向跟踪速度具有相似的形式。因而可用同样的方法导出高低跟踪运动的以下表示式:

当高低角 $\varphi=90°$时,高低跟踪速度具有最大值,即

$$\dot{\varphi}_{\max}=\frac{V}{H} \tag{4-32}$$

将式(4-32)代入式(4-31),得高低跟踪速度的另一表示式:

$$\omega_{\varphi}=\dot{\varphi}=\dot{\varphi}_{\max}\sin^{2}\varphi=\dot{\varphi}_{\max}\frac{H^{2}}{H^{2}+\xi^{2}} \tag{4-33}$$

高低跟踪加速度 ε_{φ} 为

$$\varepsilon_{\varphi}=\ddot{\varphi}=\frac{V}{H}\dot{\varphi}\sin2\varphi=\frac{V^{2}}{H^{2}}\sin2\varphi\ \sin^{2}\varphi \tag{4-34}$$

当 $\varphi=60°$时,高低跟踪加速度得最大值:

$$\ddot{\varphi}_{\max}=0.65\frac{V^{2}}{H^{2}}=0.65\dot{\varphi}_{\max}^{2} \tag{4-35}$$

如果 $\rho\neq0$ 时,要计算高低跟踪加速度可将式(4-30)取导数,并将式(4-25)代入,得

$$\varepsilon_{\varphi}=\ddot{\varphi}=\frac{V}{H}\left[\dot{\varphi}\sin2\varphi\cos\beta-\frac{V}{\rho}\sin^{2}\varphi\ \sin^{3}\beta\right] \tag{4-36}$$

3)跟踪速度和加速度限制域

综上结果可知,最大方向跟踪速度和最大高低跟踪速度都正比于目标的运动速度,反比于航路捷径和目标的高度;最大跟踪加速度也有类似的规律,但为平方关系。

现在提出一个问题:当目标速度一定时,航路捷径和目标高度减小,则所要求的跟踪速度增加,但由于瞄准机功率的限制,跟踪速度不能无限增加,因而,对于某最大跟踪速度,相应地存在着能跟踪的最小航路捷径和最小目标高度,也就是说存在着瞄准死区。

根据式(4-26)、式(4-29)和式(4-32)、式(4-35)可得最小航路捷径 ρ_0、ρ_{01} 和最小目标高度 H_0、H_{01} 的表示式如下:

$$\rho_0=\frac{V}{[\dot{\beta}_{\max}]}\quad 和\quad \rho_{01}=\frac{\sqrt{0.65}V}{\sqrt{[\ddot{\beta}_{\max}]}}$$

$$H_0=\frac{V}{[\dot{\varphi}_{\max}]}\quad 和\quad H_{01}=\frac{\sqrt{0.65}V}{\sqrt{[\ddot{\varphi}_{\max}]}}$$

式中:$[\dot{\beta}_{\max}]$、$[\ddot{\beta}_{\max}]$、$[\dot{\varphi}_{\max}]$、$[\ddot{\varphi}_{\max}]$为瞄准机许可的最大速度和最大加速度。

当 $\rho<\rho_0$、$\rho<\rho_{01}$ 或 $H<H_0$、$H<H_{01}$ 时,发射装置由于受到瞄准机功率的限制,不能对目标进行跟踪。受到最大跟踪速度限制而不能跟踪的区域称为跟踪速度限制域;受到最大跟

踪加速度限制而不能跟踪的区域称为跟踪加速度限制域。对于每一发射装置,都存在着一个不能跟踪的区域。

下面以方向跟踪为例,进一步研究跟踪速度限制域的图形(高低跟踪速度限制域具有相同的图形)。

因达到许可的最大速度的边界为

$$\dot{\beta}=[\dot{\beta}_{\max}]=\frac{V}{\rho_0}$$

代入式(4-25)中,则得

$$\frac{1}{\rho_0}=\frac{\rho}{\rho^2+\xi^2}\quad 或\quad \xi^2+\left(\rho-\frac{\rho_0}{2}\right)^2=\left(\frac{\rho_0}{2}\right)^2$$

上式为半径等于 $\rho_0/2$ 的圆,位于 ξ 轴两旁,左右各一个,如图 4-12 所示。

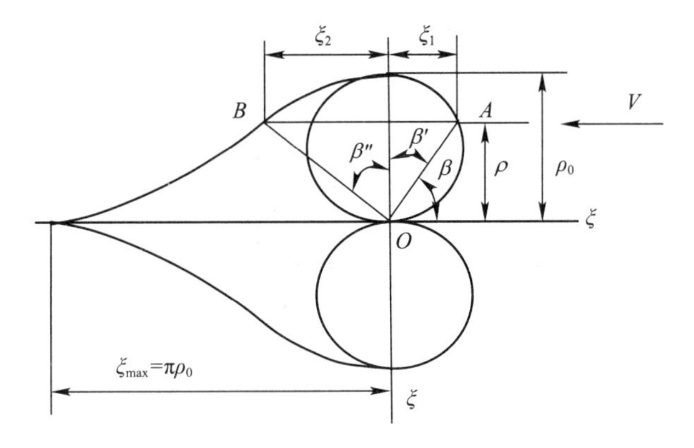

图 4-12　方向跟踪速度限制域

以 $\rho_0(H_0)$ 为直径的圆是跟踪速度限制域。当目标进入限制域后,瞄准机以最大跟踪速度跟踪,起落部分的指向依然落后于目标,只有当目标飞出限制域 B 点时,起落部分才能跟踪上目标。这时起落部分已转过 $\beta'+\beta''$ 角,所以实际限制域还要扩大。

根据运动学关系可决定任一 B 点的位置。

设起落部分以最大速度移过 $\beta'+\beta''$ 角所需的时间为 t_0,则有

$$t_0=\frac{\beta'+\beta''}{[\dot{\beta}_{\max}]}=\frac{\rho_0}{V}(\beta'+\beta'')$$

在同一时间内目标也移过了 $\overline{AB}$ 距离,所以又有

$$t_0=\frac{\rho}{V}(\mathrm{tg}\beta'+\mathrm{tg}\beta'')$$

因此得

$$\frac{\rho}{\rho_0}(\mathrm{tg}\beta'+\mathrm{tg}\beta'')=\beta'+\beta''$$

因为

$$\frac{\rho}{\rho_0} = \sin^2\beta = \cos^2\beta'$$

从以上两式可求得 β''。B 点位置 ξ_2 的值就可用下式决定：

$$\xi_2 = \rho \mathrm{tg}\beta''$$

当 $\rho=0$，ξ_2 达最大值，这时起落部分为赶上目标，方向跟踪角需转过180°，所需时间为

$$t_{0\max} = \frac{\pi}{[\dot{\beta}_{\max}]} = \frac{\pi\rho_0}{V}$$

在这时间内目标运动的距离为

$$\xi_2 = Vt_{0\max} = \pi\rho_0$$

利用上式分析得的结论，可全部作出图 4-12 的图形，该图就是方向跟踪速度限制域。按类似方法可以求得跟踪加速度限制域如图 4-13 所示。

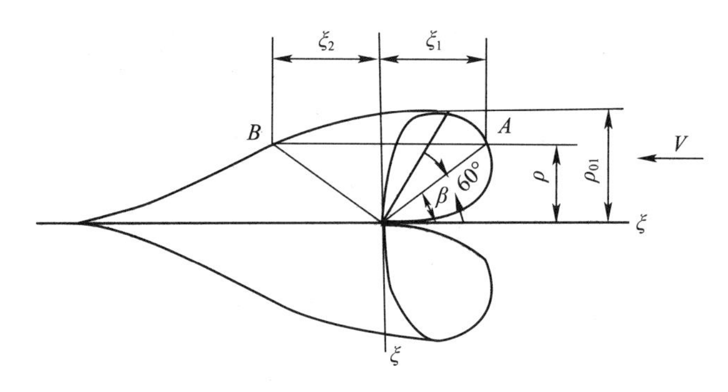

图 4-13 方向跟踪加速度限制域

上述分析是在理想情况下进行的，实际上跟踪过程是相当复杂的，影响的因素较多（例如发射装置运动的不稳定性影响），要精确计算速度、加速度限制域是较困难的。

此外，上述的分析都是建立在对活动目标直接跟踪的基础上的，但实际上直接对准目标跟踪的是雷达，而发射装置的起落部分仅瞄准发射区的某特定位置；同时，在发射阵地布置上，雷达和发射装置相隔一段距离，所以算出的结果并不真正是发射装置的瞄准参数。虽然如此，由于发射时雷达测出目标的参数传给指挥仪，经指挥仪计算后再传给发射装置，因而雷达与发射装置是同步的。因此，不管发射装置指向目标与否，只要了解了对发射装置瞄准方向的要求，那么依据上述类似的方法，也就容易求出它的瞄准运动规律。

二、调转运动的规律

调转运动的规律直接影响发射装置的火力机动性，所以也要合理选取。一般根据给定调转角度 φ_{tr} 和调转时间 T，合理决定调转速度图形。合理的图形应符合：调转角度 φ_{tr}、调转时间 T 及附加惯性力小的要求。当前多采用梯形的运动图，如图 4-14 所示。

根据图 4-14 可以决定调转速度 ω_{tr} 和调转加速度 ε_{tr}。

设发射装置调转角度为 φ_{tr}，则有

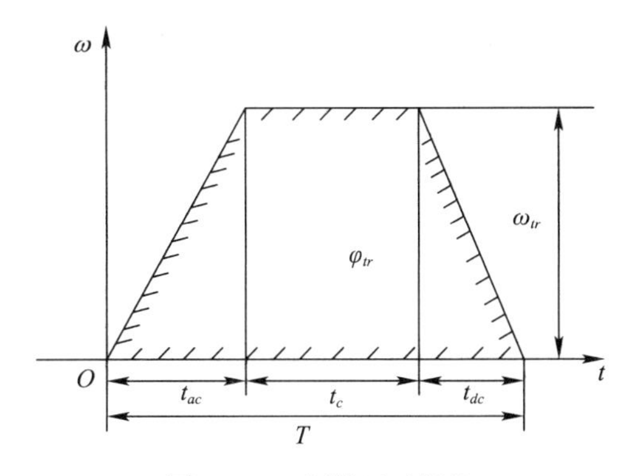

图 4－14　调转运动规律

$$\varphi_{tr} = \int_0^T \omega \mathrm{d}t = \omega_{tr} T - \frac{1}{2}\omega_{tr}(T - t_c)$$

式中：φ_{tr}为发射装置的最大调转速度（简称调转速度）；T 为调转时间；t_c 为等速调转的时间，可取 $t_c \approx \frac{1}{3}T$。

将 $t_c \approx \frac{1}{3}T$ 代入上式得

$$\varphi_{tr} = \frac{2}{3}\omega_{tr} T \quad 或 \quad \omega_{tr} = \frac{3}{2}\frac{\varphi_{tr}}{T} \tag{4-37}$$

增速时间 $t_{ac} = T - t_c - t_{dc} = \frac{2}{3}T - t_{dc}$，如假设增速时间 t_{ac}与减速时间 t_{dc}之比为 1.5～2，便得

$$t_{ac} = (0.4 \sim 0.44)T$$

所以

$$\varepsilon_{trac} = \frac{\omega_{tr}}{(0.4 \sim 0.44)T} \tag{4-38}$$

已知调转速度 ω_{tr}、加速度 ε_{trac}以后，便可计算出起落部分调转至任一开始跟踪角这过程的时间 t_{tr}。

计算时假设：

（1）连续跟踪目标的速度为常量，即传信仪的速度 ω_0 不变；

（2）是稳定调转，即稳定的时间为零；

（3）调转时的加速度 ε_{trac}和减加速度 ε_{trdc}的变化率为常量（即等加速、等减速调转）。

调转过程的运动图如图 4－15 所示。图中 φ_0 为传信仪的输出角；φ 为起落部分转动的角度；ω_0 为传信仪速度，即保证连续跟踪目标的速度；ω 为跟踪期间起落部分的速度；t_0 为发射装置停止转动的时间；t_{ac}为等加速调转的时间；t_c 为等速调转的时间；t_{dc}为等减速调转的时间；t_{tr}为调转至开始跟踪角的时间。

为赶上目标，必须消除传信仪与发射装置起落部分之间的误差角，即得

$$\omega_0 t_0 + \frac{1}{2}\omega_0 t_1 = \frac{1}{2}(\omega_{tr} - \omega_0)t_2 + (\omega_{tr} - \omega_0)t_c + \frac{1}{2}(\omega_{tr} - \omega_0)t_{dc} \tag{4-39}$$

式中

$$t_1 = \frac{\omega_0}{\omega_{tr}} t_{ac}$$

等加速调转和等减速调转的时间分别为

$$t_{ac} = \frac{\omega_{tr}}{\varepsilon_{trac}}$$

$$t_{dc} = \frac{\omega_{tr} - \omega_0}{\varepsilon_{trdc}}$$

式中：ε_{trac}、ε_{trdc}分别为调转的加速度、调转的减加速度；仍假设 $\varepsilon_{trdc} \approx (1.5 \sim 2)\varepsilon_{trac}$。

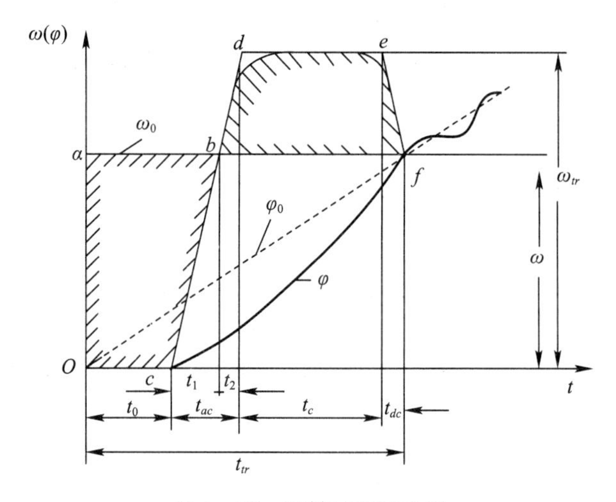

图 4－15　调转过程运动图

为赶上目标，其调转的时间为

$$t_{tr} = t_0 + t_{ac} + t_c + t_{dc}$$

如取 $\varepsilon_{trdc} = 2\varepsilon_{trac}$，并将上式代入式(4－39)，整理后得

$$t_{tr} = \frac{K}{K-1} t_0 + \frac{\omega_0}{4\varepsilon_{trac}(K-1)}(3K^2 - 2K + 1)$$

式中 $K = \frac{\omega_{tr}}{\omega_0}$。

t_{tr}即为发射装置与传信仪间产生误差角而赶上目标的运动时间，也即调转至任一跟踪角的时间。

思　考　题

1. 倾斜发射的特点有哪些？

2. 倾斜发射导弹滑离方式及其特点是什么?
3. 发射精度的概念是什么,哪些因素会影响发射精度?
4. 倾斜发射导弹滑离参数有哪些?
5. 试分析倾斜发射跟踪瞄准运动的规律。

第五章　地空导弹弹射技术

发射技术中利用导弹以外动力源将导弹发射出去的技术称为弹射技术，采用弹射技术发射导弹的装置称为弹射发射装置。由于采用的发射动力不同，导致了自力发射与弹射发射这两种发射装置在结构上、原理上有很多的不同。其最根本的区别在于：自力发射装置没有提供发射动力的任务，因而不需要发射动力系统；弹射发射装置则因需要提供起飞动力而增设了弹射动力系统，由此带来了一系列结构上的变化。本章主要介绍弹射技术的发展及特点、典型弹射器及一般组成、活塞式弹射器的结构及原理、火药燃烧基础、弹射内弹道模型及其求解问题。

第一节　概　　述

一、弹射技术的发展

早期的导弹就采用弹射发射方式，如第二次世界大战期间德国的 V－1 飞航式导弹首先采用了弹射发射方式，如图 5－1 所示。因为当时 V－1 导弹采用的是零速不能启动的脉冲式空气喷气发动机，不得不采用外力发射（弹射），其弹射发射装置以 100m/s 的滑离速度将导弹弹射出去，然后空气喷气发动机再工作以维持导弹的巡航飞行。由于条件和技术的限制，当时和后来的一段时间研制出的弹射发射装置庞大而笨重，不能满足实战的需要，而使弹射技术在导弹发射方面的应用基本上处于停顿状态，导弹的发射方式均为自力发射。

图 5－1　德国 V－1 飞航式导弹

从20世纪50年代末期开始，为了满足不断发展的战术技术需要，弹射发射方式才又重新得到重视。随着固体火箭发动机技术的成熟，先后出现了以压缩空气、燃气、燃气蒸汽等为工质的弹射发射装置，弹射技术得到广泛的应用。

目前，战术导弹中倾斜发射的反坦克导弹、垂直发射的地空和舰空导弹以及从飞机上发射的空空导弹、空地导弹，战略导弹中的地下井发射、陆基机动发射，水下发射的中、远程弹道式导弹及水下发射的飞航式导弹等多种型号均采用了弹射发射方式。

由于不同类型导弹弹射中弹射力形成的原理不同，弹射发射装置也有不同的类型。这些不同类型的弹射发射装置各有自身的形成过程，它们大多是在借鉴、继承与其相近发射技术的基础上发展起来的，因而在结构上各有自身的特点，甚至可以说有很大的差异。归纳起来，大致受到三个方面的影响，或者说，有三个方面的来源。

(1) 小型战术导弹(如反坦克导弹、近程地空导弹)的作战对象接近火炮，其弹射器的弹射原理、结构组成等受火炮的影响比较明显，甚至直接利用了火炮的现成技术。如无后坐弹射器的高低压发射原理是从高低压火炮移植过来的，其无后坐装置也与无后坐炮相同；而炮式弹射器则将导弹装入炮膛，直接由火炮的高压燃气发射出去。

(2) 初期的潜载弹道式导弹的发射引用了鱼雷发射的压缩空气弹射技术，以后又演变到燃气及燃气蒸汽弹射。某些中远程弹道式导弹的陆基机动弹射方式又是从潜载弹道式导弹的弹射移植过来的，潜载飞航式导弹则直接利用鱼雷发射管进行弹射。

(3) 机载空空导弹的弹射器虽有其自身的特点，但也与飞机弹射座椅等弹射技术的发展是分不开的。

综上所述，不同类型的弹射发射装置尽管各有其自身的形成过程及结构特点，但在发展过程中它们之间必然也存在着相互渗透、互相借鉴的一面。随着导弹武器的发展，弹射技术也将日臻完善，新的弹射方式将不断出现，如自力发射与弹射相结合的复合发射、电磁弹射等。

由于过去对于不同类型导弹的弹射，在习惯上形成不同的名称，造成弹射的名称术语不统一。例如：远程地地弹道式导弹及反导弹的地下井弹射称为“冷”发射，“冷”字的含意是指弹上发动机没有工作，弹是“冷”的(与之相对应的自力发射称为“热”发射)；潜载弹道式导弹的弹射称为(外)动力发射(自力发射则称为静力发射)；而反坦克导弹的弹射又称作高低压发射；等等。本章统一采用弹射这个术语。

二、弹射技术的特点

弹射发射技术在地空导弹、舰空导弹、空空导弹、空地导弹、地地弹道式导弹等多种类型导弹的发射中均已得到应用，弹射技术的特点主要包括以下四个方面：

1. 提高导弹的滑离速度

某些攻击活动目标的小型战术导弹(如反坦克导弹、近程地空导弹)采用弹射的主要目的是提高导弹的滑离速度。

地下井发射战略导弹如采用了弹射发射方式也可获得高的滑离速度，从而有利于导弹出筒口时的稳定性和可操纵性。

潜载导弹出筒后有一段水中弹道及出水弹道，提高滑离速度有利于克服海流、海浪产生的干扰，增加水中飞行及出水时的稳定性。例如美国“北极星”潜地导弹，潜航深度为30m的情况下，离筒速度需45m/s。

2. 提高快速反应能力

快速反应能力是现代战争对导弹武器系统提出的重要要求之一，地空导弹、陆基机动发射战略导弹、反导弹（反弹道导弹）都有提高快速反应能力的要求。因为对于低空或超低空飞行的飞机，搜索雷达不易做到早期预警，发射装置在接到发射指令后必须在极短的时间内将地空导弹发射出去，以利于导弹在很短的时间内接近目标，否则将会贻误战机。这就要求地空导弹具有极大的加速度，除了空中飞行时应保证大的加速度外，还要求发射装置在极短的时间将导弹发射出去而获得大的发射加速度。采用弹射发射技术就可使地空导弹获得大的发射加速度，有利于缩短反应时间和导弹的飞行时间。

3. 有效解决发动机的燃气排焰问题

为了提高弹道式导弹的生存能力和机动能力，广泛采用加固地下井发射、陆地机动发射核潜艇水下发射等发射方式，这些陆基、海基弹道式导弹的发射大都采用弹射。防空战术导弹（地、舰空导弹）由传统的倾斜发射转变为垂直发射，并扩大弹射的应用范围，其基本原因之一就是为了解决发动机的燃气排焰问题。弹射时，弹上发动机在导弹飞离发射装置一定距离后才点火工作，尾喷燃气流对发射场、设备和人员等作用较小，不需要导流、排焰等处理措施。

4. 增加导弹射程

据分析，某些战略导弹如采用自力发射，使导弹获得150～300m/s的速度所消耗的推进剂约为起飞质量的20%～30%。采用弹射后，可使导弹第一级发动机节省10%以上的燃料，从而得到增加射程或提高运载能力的效果。潜载导弹在出发射筒后，经水中弹道而后出水面，在水中飞行时阻力比空中大得多，采用弹射可为导弹第一级发动机节省更多的推进剂。地下井发射时利用原有自力发射井可弹射更大尺寸的新导弹，也可达到增加射程的目的。

地空导弹采用弹射后，在导弹发动机燃料不变的情况下，也等于增加了可以反复使用的“0级”发动机而使射程增加（即远界增加）。

以上分析了各类导弹采用弹射的原因。可知，如果单从发射系统来考虑问题，则弹射发射装置的结构组成要比自力发射装置复杂，且要解决以下共性的问题：

（1）导弹第一级发动机在空中点火必须准确可靠，否则会因为点火不成功而发生导弹坠落，造成伤害人员、地面设备、阵地等问题；

（2）活塞、活动底座或尾罩等隔热装置的筒口缓冲止动问题或这些隔热装置出筒口后的安全坠落问题；

（3）内弹道的理论与实践问题。

在设计某种新型导弹武器系统时，对于究竟是否应采用弹射的问题需在总体方案论证中作统一的考虑，即从整个武器系统的观点出发，而不是仅从发射系统的观点出发来分析利弊。某些时候，发射系统虽然复杂了些，但武器系统的性能优良，那么这种发射方式就仍是可取的。具体说，应考虑采用何种发射方式才能既满足整个武器系统性能指标，又同时满足各分系统相互间的要求，特别是制导系统与发射系统之间的相互要求及影响。在此基础上，选择使武器系统效果成本关系最佳、研制周期最短的方案作为选定的发射方式,而后再具体设计发射装置及其余各部分,使所确定的发射方式得以实现。

第二节 典型弹射器及其一般组成

弹射器指的是弹射发射装置中产生弹射动力并将导弹发射出去的部分,由于采用的发射动力不同,导致了自力发射与弹射发射这两种发射装置在结构上有很大的差别。本节简要介绍典型弹射器的结构、一般组成和工作过程。

一、典型弹射器

根据不同的准则可对弹射器进行不同的分类,按照做功工质的不同可将弹射器分为四大类:燃气式弹射器、压缩空气式弹射器、液压式弹射器、电磁式弹射器。

1. 燃气式弹射器

燃气式弹射器是将火药的化学能转化为推动导弹运动的动能,其提供的能量大,但体积并不大,设备也不复杂,燃气发生器本质上是固体火箭发动机,可直接装在发射筒内。燃气式弹射器又包括六种形式:无后坐式、横弹式、活塞式、燃气蒸汽式、自弹式和炮式弹射器,这六种形式中的前四种(无后坐式、横弹式、活塞式、燃气蒸汽式)具有共同的特点,即都具有一个固定在弹射器上的燃气发生器(高压室),所以也可称为固定高压室式弹射器;自弹式则不同,它的高压室不是固定在弹射器上,而是随弹一起运动,所以称为运动高压室。运动高压室可以是在弹后附加一个小燃烧室,也可以直接由第一级发动机兼任。自弹式本质上是自力发射与弹射的结合,因弹射力为其发射动力的主要成分,故也归为弹射的一种。炮式弹射是用装备的制式火炮发射导弹,也是弹射发射导弹的一种形式,目前主要用来发射反坦克战术导弹。

以下主要对燃气蒸汽式、无后座式弹射器进行简要介绍,活塞式弹射器在新型地空导弹发射系统中广泛应用,我们在第三节专门介绍。

1)燃气—蒸汽式弹射器

燃气—蒸汽式弹射器所采用的技术是目前最为成熟的,在工作过程中高温高压燃气不直接流入低压室,而是流入冷却器。其具体工作过程为:燃烧室产生的高温燃气从一级喷管喷入导流管后分为两路:一路经过二级喷管降压增速后进入输水管;另一路通过分流管进入水箱上方。由于喷水管内外存在压差,冷却水通过喷水管壁小孔挤入管内,与高温燃气混合,形成低温水蒸气,经过弯管推动导弹运动。图5-2为燃气—蒸汽式弹射装置,图5-3为燃气—蒸汽式弹射装置中的冷却器。

燃气—蒸汽式弹射器在水下发射或陆基机动发射大型导弹中广泛采用,图5-4为美国“和平保卫者”导弹地下井弹射过程。燃气—蒸汽式弹射器能量可以充分利用,并且可调,压力变化平稳,内弹道参数较理想,对导弹烧蚀轻、防热简单,但是动力系统结构复杂,体积增大,成本增加。

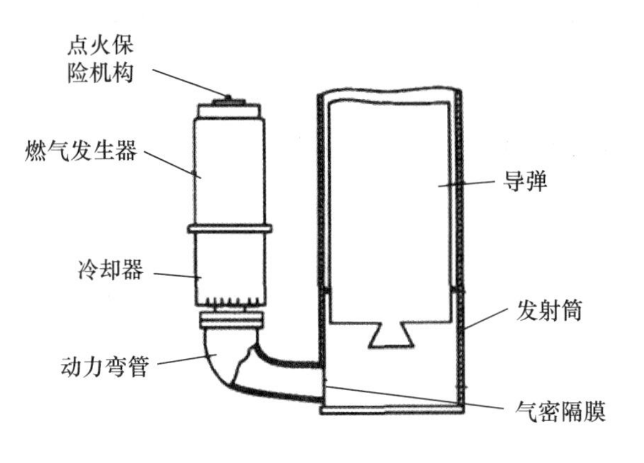

图5－2　燃气蒸汽式弹射装置

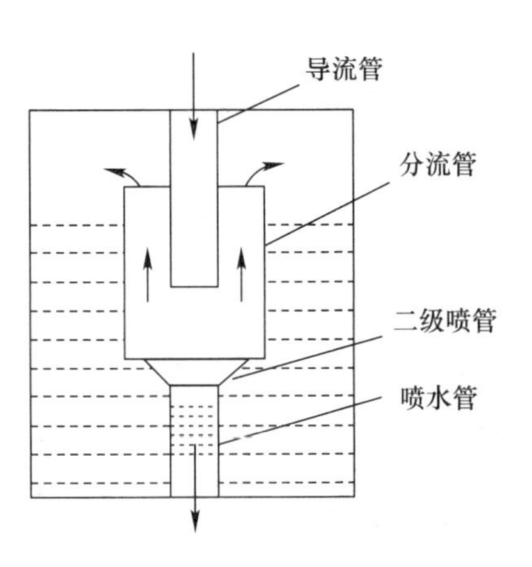

图5－3　弹射装置冷却器

图5－4　“和平保卫者”导弹弹射过程

2）无后坐式弹射器

无后坐弹射器主要包括串联式和并联式两种类型。串联式无后坐弹射器的发射筒尾喷管与高压燃烧室相连，一部分燃气通过前喷口流向低压室，降压后推动导弹运动，另一部分直接由尾喷管流出，平衡后坐力。并联式无后坐弹射器的尾喷管与低压室相连，高压燃烧室放置于低压室内，实现低压后喷、低压推弹。图5－5、图5－6分别为串联式无后坐弹射器和并联式无后坐弹射器的结构。

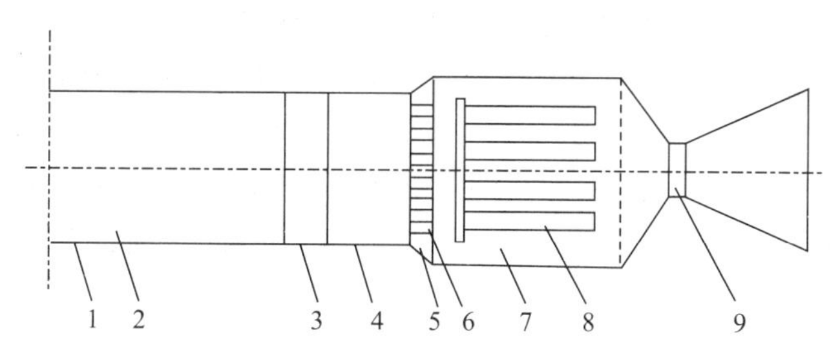

图 5－5　串联无后坐式弹射器的结构

1—发射筒；2—导弹；3—活塞；4—低压室；5—前隔板；6—前喷口；7—高压室；8—火药；9—尾喷口。

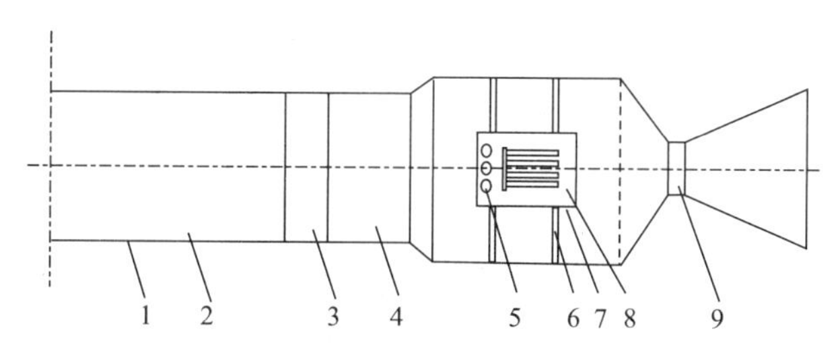

图 5－6　并联无后坐式弹射器的结构

1—发射筒；2—导弹；3—活塞；4—低压室；5—高压室前喷口；
6—高压室支腿；7—高压室；8—火药；9—尾喷口。

串联式的尾喷管小且发射筒平衡性能差，并联式的正好相反。图 5－7 是美国“龙”式反坦克导弹的弹射发射装置，图 5－8 是法、德共同研制的“米兰”式反坦克导弹的弹射发射装置，两种型号均采用并联式结构。

图 5－7　“龙”式反坦克导弹

图 5－8　“米兰”式反坦克导弹

无后坐式弹射器属于具有固定燃气发生器的热燃气弹射系统，并有反后坐装置。倾斜发射的小型战术导弹弹射发射装置常采用此类形式。它的特点是：质量轻，便于单兵携带；进入和撤出战斗状态的时间短，具有连续发射能力。其缺点是：在射击时弹射器尾部有一个火焰喷射区，增加了射击勤务困难，易于暴露阵地位置；火药消耗量大；容易出现未燃完的碎药由尾喷管喷出而造成导弹初速的散布。

2. 压缩空气式弹射器

压缩空气式弹射器利用高压气体作为动力源，能将导弹高速弹出，但是需要布置设备庞大、笨重的发射装置，大容量的高压气瓶工艺制作上也比较困难。在美国研制潜地弹道导弹弹射器的初期，曾成功地运用压缩气体作为发射工质，对潜地弹道导弹进行了发射。压缩空气式弹射器主要包括高压气瓶、发射阀、电磁阀和爆炸阀，高压气瓶用于储存高压气体，发射阀用于控制气体的流量并降低高压气体的压力，电磁阀和爆炸阀则用于控制发射阀的工作。当发射导弹时，启动爆炸阀，电磁阀电路接通，开启发射阀，高压气瓶内的气体工质经发射阀降压并按一定流量进入发射筒，在发射筒内建立压力形成弹射力，将导弹弹射出发射筒。尽管压缩空气弹射的压强、温度变化都比较平稳，但工质质量需求太大，导致整个发射设备的体积太大，不便于运输及机动发射。

3. 液压式弹射器

液压式弹射器通过高压液压油驱动液压执行元件使弹射对象在短时间内加速并实现弹射，液压式弹射器快速性好、功率大、功效高，但设备精密、复杂、故障率高，维修困难。美国F－22A 机腹武器舱采用的伸缩挂架如图 5－9 所示，其大部分采用铝合金材料，总重仅约52kg，由导弹载具和两组折叠伸展臂构成，折叠伸展臂的驱动装置是一个液压作动筒，伸展动作可以在短短 0.1s 内完成，伸展行程仅约为 0.23m，能够产生最大 40g 的峰值加速度，导弹能够以约 8.23m/s 的初始弹射速度弹出，可以保证安全通过临界空气流动层，顺利地离开飞机。

图 5－9　美国 F－22 战机上的弹射装置

4. 电磁式弹射器

电磁式弹射器用电磁力作为弹射力，是一种最新发展起来、尚处于实验室研究阶段的特殊弹射方式。美国海军从 1982 年开始进行电磁弹射系统的技术研究，直到 2004 年电磁弹射器进入成品测试阶段，美国通用原子能公司的电磁弹射系统采用线性电磁加速电动机，已经完成了测试。图 5－10 为正在进行测试的电磁弹射器。

导弹电磁弹射技术是在线圈型电磁弹射原理的基础上发展起来的。由于导弹上的电子仪器设备既无法适应电磁弹射过程中产生的大过载，又极容易因电磁弹射过程中强磁场带来的电磁干扰而无法正常工作。借鉴航空母舰舰载机电磁弹射技术，使用直线电机作为导弹发射的加速执行机构，可以通过精确控制通入直线电机的绕组电流来实现对导弹整个加速过程的精确控制，降低发射过程中弹上设备承受的大过载。与此同时，由于导弹不再处于发射管内部，而是“骑”在驱动器之上，可以解决强磁场对导弹的电磁干扰问题。

导弹电磁弹射器的组成如图 5－11 所示，主要由直线电机、高功率脉冲电源以及电磁弹射控制器等组成。

图5-10　测试中的电磁弹射器

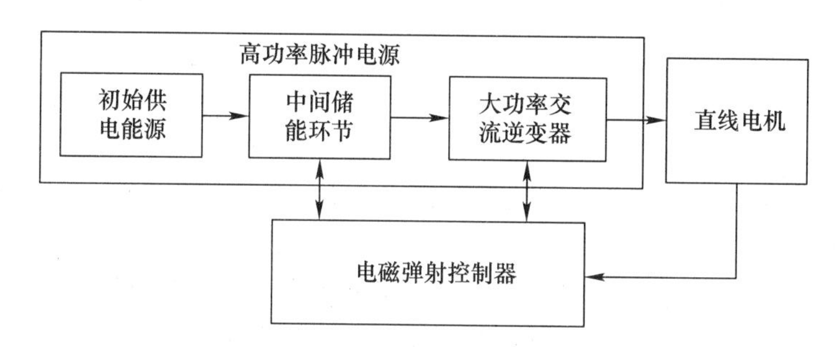

图5-11　导弹电磁弹射器的组成

1）直线电机

直线电机是导弹电磁弹射器的执行机构，直接与被弹射导弹发生作用，将导弹在很短的时间内加速到发射速度。由于次级动子行程长，速度高，动子不宜安装线圈，导弹电磁弹射用直线电机通常选用双边长初级定子和短次级动子的结构。

2）高功率脉冲电源

导弹电磁弹射器需要在非常短的加速距离内将一定质量的负载加速到极高的速度，因此对供电电源的要求非常高，常规的电源很难满足其应用需求。高功率脉冲电源由初级供电能源、储能或脉冲发电系统、脉冲成形或能量时间压缩系统三部分组成。体积小、重量轻、可重复使用，且制造成本尽可能低的脉冲功率电源的开发，是电磁弹射技术研究最为关键的部分。

3）电磁弹射控制器

根据系统指令，电磁弹射控制器控制高功率脉冲电源的充、放电过程，为直线电机提供相应的变频变压电源，驱动直线电机次级动子按照预设的加速和减速曲线完成导弹的电磁弹射过程。

导弹电磁弹射技术是一种在速度、射程、杀伤力、反应能力等诸多方面都具有革命性的先进发射技术，在实现远程精确打击、快速突防、防空反导、通用发射等方面具有广泛的应用前景。

二、一般组成

除电磁式弹射器外,其余几类弹射器的结构形式尽管各不相同,但仍可从中概括出它们共同具有的一般组成。这些组成包括发射筒、高压室、低压室、冷却装置或隔热装置、密封装置、定心支承装置、反后坐装置、筒口止动装置等部分。应当指出,并不是每一种弹射器都具有以上每一个部分。

1. 发射筒

发射筒对导弹起定向、支承作用,底部是封闭或半封闭的圆筒。由于发射筒易于密封气体,形成所需要的弹射力且便于安装弹射器的设备,因此采用弹射发射方式的发射装置多为筒式,高压室、低压室、隔热装置、止动装置等一般置于筒内。

2. 高压室

弹射器中的火药必须在高压下才能正常燃烧,而导弹在发射过程中,为了保护弹上仪器,其所受发射加速度不允许过大。为了解决导弹纵向加速度与火药正常燃烧的矛盾,以压缩空气及燃气为工质的弹射器通常具有两个工作室,即高压室与低压室。

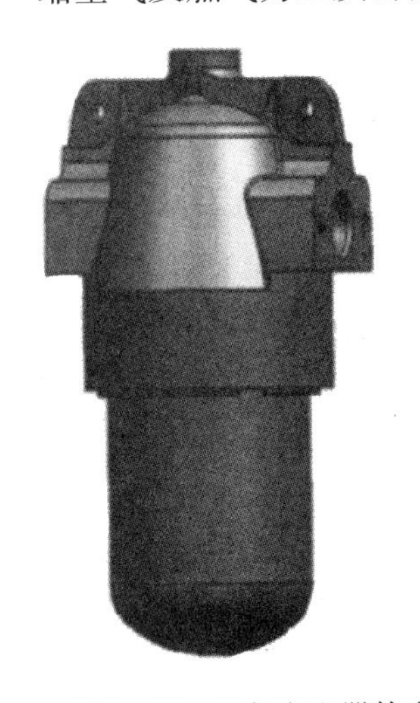

图 5-12　燃气发生器外形

高压室是形成弹射动力源的空间。以压缩空气为工质时,高压室即贮气罐;以燃气为工质时,高压室即半密闭的火药燃烧室,又称作燃气发生器。其作用是保证火药得到正常燃烧所必需的压力环境,并通过不同形式的喷管或管道将高压燃气排送到低压室中去。高压室可以固定在发射筒中,也可在弹后随弹一起运动。狭义的高压室只指高压室壳体,广义的理解还包括其中的点火装置、火药、挡药装置、固药装置、喷口膜片等。图 5-12 为典型的燃气发生器外形。

3. 低压室

低压室是形成弹射力的密闭或半密闭空间,一般是指发射筒内的导弹后部空间或活塞作动筒。高压室流出的燃气或压缩空气在这里建立起弹射导弹所需要的低压室压力,作用在导弹承压面上后便形成了弹射力。低压室的压力远低于高压室压力,一般为每平方厘米十几至几十千克,随着导弹在发射筒中的运动,低压室容积不断扩大。

4. 冷却装置和隔热装置

为了防止高温燃气损伤导弹,在固定燃气发生器式弹射器中需采用隔热装置或燃气冷却装置。

隔热装置有活塞式和尾罩式。活塞式直接或通过联动机构间接地与导弹连接,其作用为隔离燃气的高温,通过外圆上的密封圈密封燃气,使之不致漏泄到前面烧损导弹,承受弹射力并将弹射力传递给导弹;尾罩式多用于战略导弹的弹射,尾罩固定在导弹的尾部,其作用主要是承受弹射力及隔离燃气的高温。某些垂直装填的导弹,还可利用尾罩在装填过程中起导向作用,装填到位后,利用尾罩上的凸块支承在支承环上,故还有支承作用。

弹射过程中,活塞随导弹运动至发射筒口,而后由筒口缓冲止动装置使之止动于筒口或随弹飞出筒外后自行向一边坠落,而尾罩则随弹出筒后与弹分离,然后向下坠落。为了避免坠落后对人员、阵地或载体造成危害,需有使活塞、尾罩按要求地点坠落的专门装置。图5-13和图5-14分别为利用尾罩式隔热装置进行隔热的导弹弹射过程和尾罩坠落过程。

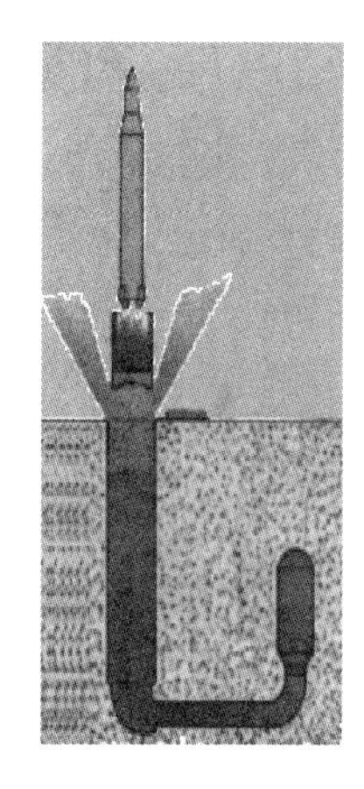

图5-13　尾罩式隔热装置

图5-14　尾罩坠落过程

战略导弹的活动底座质量很大,无论止动于筒口或坠落地面,其动能都相当大,吸收掉这部分动能不是一件容易解决的问题。但当战略导弹采用燃气冷却降温的办法使燃气温度降到足够低时,就可以不要尾罩或活动底座了。常用的冷却剂是水,燃气通过水室后温度大大降低并与所产生的蒸气混合在一起共同作为弹射工质。

5. 密封装置

密封装置通常分为筒口密封装置、筒弹之间的密封装置。

筒口密封装置:在发射兼作包装筒的情况下,为了长期贮存导弹,发射筒中充以惰性气体,并有一定的压力、温度、湿度要求,因此在发射筒两端除有减振用的端盖外,还有密封盖、换气门(呼吸膜)等密封调压装置。

筒与弹间密封装置:其作用是防止低压室的燃气或压缩空气漏泄造成能量损失或烧蚀导弹,同时还是导弹在发射筒内的定位支承件,在水平运输或贮存时起支承减振作用。

6. 反后坐装置

反后坐装置用来抵消后坐力以改善发射支架的受力状况,保持瞄准精度。倾斜发射的小型战术导弹弹射器常具有反后坐装置。对于这类弹射器要求运动机动性好,无论地面或车载使用,均希望重量小;且其跟踪瞄准装置常与发射筒安装在一起,发射筒的后坐力将影响瞄准精度。

水下垂直弹射的战略导弹或地下井弹射的战略导弹可以不设反后坐装置,因为后坐力对于几千吨重的潜艇不会产生很大影响。

反后坐装置有尾喷管式、制动小火箭式。尾喷管式是在发射筒后部连接一个拉瓦尔喷管,或仅有扩张段的简单喷管。制动小火箭式是在发射筒上安装小火箭,利用燃气尾喷所产生的向前推力抵消后坐力。

7. 筒口止动装置

筒口止动装置用以缓冲止动随弹一起运动的活塞于发射筒口,其原理一般都是利用材料的弹性或塑性变形来吸收活塞的运动动能,止动材料一般都是利用压延性大的金属材料(如铅、铝制成的锥面件或楔形条),或非金属材料(如橡胶或蝶形弹簧)。图 5-15 是金属材料的塑性变形过程。

图 5-15 金属材料的塑性变形

第三节 活塞式弹射器

活塞式弹射器也称为气缸式弹射器或提拉杆式弹射器,属于热燃气系统,某些导弹垂直发射采用此种弹射方式。活塞式弹射器可以分为固定高压室双提拉杆式弹射器和运动高压室单提拉杆式弹射器。

一、双提拉杆式弹射器

1. 组成

双提拉杆式弹射器由发射筒、后梁、燃气发生器(高压室)、两个作动筒(低压室)、制动锥及导管等组成,如图 5-16 所示。

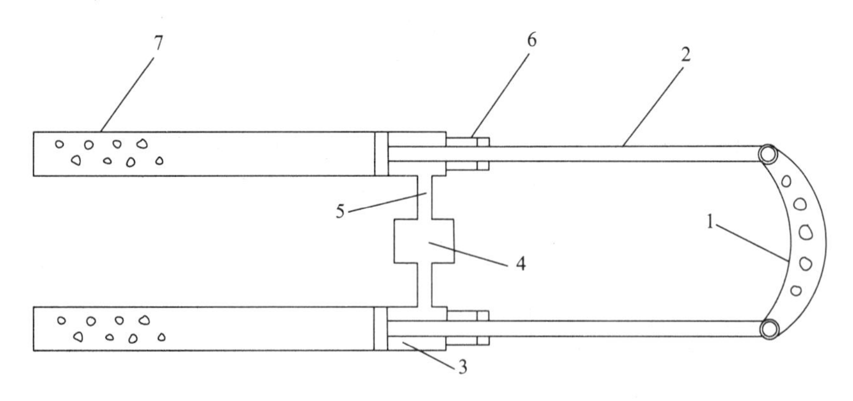

图 5-16 双提拉杆式弹射器

1—后梁; 2—活塞杆; 3—作动筒; 4—燃气发生器; 5—导管; 6—制动锥; 7—泄压孔。

(1) 发射筒:用于安装弹射器,对导弹进行支承定向。

(2) 后梁:用于将弹射力传递给导弹。导弹后部发动机喷管的喇叭口支承在后梁上,并在其上开有许多孔,使后梁具有好的弹性。

(3) 燃气发生器:弹射器的高压室,用于产生高压燃气,由壳体、电爆管、点火药和固体燃料等组成。燃气发生器安装在发射筒的内壁上,通过导管与作动筒的工作室连通。

(4) 作动筒:弹射器低压室,用于产生弹射力,由气缸、活塞、活塞杆等组成。作动筒通过支架固定在发射筒筒体内壁上,其前端缸壁上开有若干个径向排气小孔。活塞杆一端与活塞连接,另一端与后梁铰接。

(5) 制动锥:用于导弹弹射出筒口时制动缓冲弹射器的活动部分,以消耗其动能。

图 5 - 17 为俄罗斯 C - 300 地空导弹双提拉杆式弹射器。

图 5 - 17　C - 300 地空导弹双提拉杆弹射器

2. 弹射过程

当导弹接到发射指令时,弹上电池的直流电使燃气发生器工作,它产生的燃气烧毁导弹固定机构中的镁带,使导弹固定机构开锁,同时燃气充满整个发射筒后冲破易碎前盖,并使其外壳上的压力信号器工作,接通了弹射器的燃气发生器的工作电路。这时弹射器开始工作,弹上电池直流电使燃气发生器内的电爆管起爆,点燃点火药,使固体装药燃烧,燃气发生器产生高压燃气经过导管排送到作动筒工作室内,当燃气压力达到某一值,推动活塞加速运动。这时每个作动筒产生弹力,并通过活塞、活塞杆、后梁,带动导弹加速运动。当活塞杆行程结束时,作动筒气缸(低压室)内的燃气从其前部的排气孔排出,气缸内燃气压力降低;同时后梁挤压制动锥,使弹射器的活动部分制动,导弹被弹射出筒。由于采用垂直发射,弹射时发射筒与地面接触,依靠大地吸收后坐力,因此不需要反后坐装置。

地空导弹垂直弹射过程如图 5 - 18 所示。

3. 特点

(1) 高、低压室与导弹平行放置,可以缩短贮运发射筒长度,有利于改善武器系统机动性。

(2) 高、低压室与导弹分开,即使活塞等处发生燃气泄漏,燃气也不会冲刷到导弹,避免燃气意外烧损导弹。

(3) 活塞式弹射器只有两个附加活塞筒,活塞筒容积比弹后空间小得多,可以减少装药用量。

图 5 - 18　地空导弹垂直弹射过程

（4）发射筒只用来贮存、运输导弹，而不作为低压室，不再是受内压的变容容器，因此在壁厚、重量等方面要求降低。

二、单提拉杆式弹射器

单提拉杆式弹射器将燃气发生器和活塞做成一体，实际上是运动高压室。由于省去了一个作动筒和燃气发生器的安装空间，单提拉杆式弹射器与双提拉杆式弹射器相比，可以大大减小发射筒的直径，提高导弹联装数。图 5 - 19 为单提拉杆式弹射器结构。

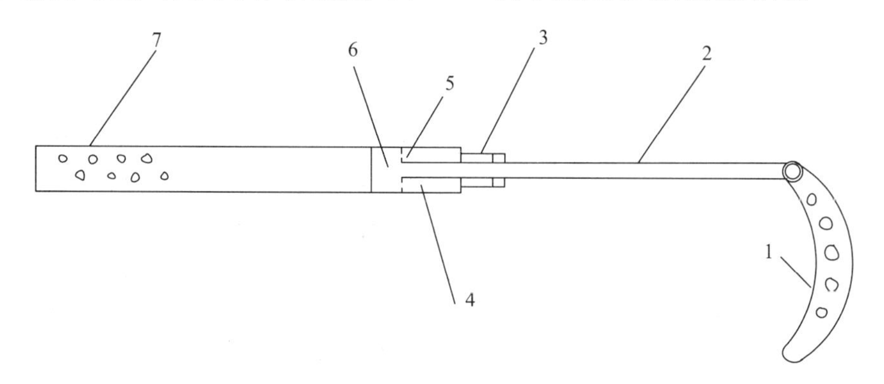

图 5 - 19　单提拉杆式弹射器结构

1—后梁；2—活塞杆；3—制动锥；4—作动筒；5—高压室喷口；6—高压室（活塞）；7—泄压孔。

单提拉杆式弹射器的工作过程为：燃气发生器内的电爆管起爆，点燃点火药，使固体装药燃烧，燃气发生器产生高压燃气通过后喷管进入作动筒工作室内，当燃气压力达到某一值，推动活塞加速运动，装药在运动高压室内燃烧，作动筒产生弹力，并通过活塞、活塞杆、后梁，带动导弹加速运动。当活塞杆行程结束时，作动筒的气缸内燃气从其前部的排气孔排出，气缸内燃气压力降低，同时活塞杆底部挤压制动锥，对弹射器进行制动，导弹被弹射出筒。

图 5 - 20 为俄罗斯"道尔"防空导弹单提拉杆式弹射器，单提拉杆式弹射器主要应用于小型战术导弹。

图 5-20 俄罗斯“道尔”防空导弹安装的单提拉杆式弹射器

第四节 火药燃烧基础

目前,除压缩空气式弹射器、液压式弹射器以及电磁式弹射器外,凡以燃气为动力源的弹射器均以火药作为其能源。

火药是通过化学或物理的方法,将氧化剂和燃烧剂结合在一起的固体含能材料,它在一定激发能量作用下,能在没有外界助燃剂(如氧)参与下,以迅速而规律的燃烧形式进行爆发变化,生成大量高温气体。

一、火药分类

按照火药结构以及基本能量成分进行分类,可分为均质火药、异质火药两大类。

1. 均质火药

均质火药的基本成分是硝化纤维素,纤维素经脱脂后,用浓硝酸和浓硫酸组成的混酸处理,经过硝化作用后,变成硝化纤维素,一般都是采用棉纤维作原料,习惯上都称为硝化棉。硝化棉溶解于某些溶剂后,可以形成可塑体,再经过压实、成型等一系列加工过程,制成均质火药。现代均质火药主要分以下三类。

(1) 单基火药:主要成分为硝化棉,使用乙醇乙醚作溶剂,易挥发,能量小,在弹射器中很少使用。

(2) 双基火药:主要成分为硝化棉和硝化甘油,硝化甘油是一种难挥发的液态爆炸性物质,它在双基药中既是主溶剂又是主要能量成分,不易挥发,能量低,燃速范围窄,在弹射器燃烧室中广泛使用。

(3) 三基火药:主要成分为硝化棉、硝化甘油和含能有机化合物(如硝基胍),硝基胍含氮和氢比较多,含氧少,温度低,烧蚀小,常称硝基胍火药为冷火药,用于火炮发射药。

2. 异质火药

异质火药主要包括高分子复合火药、改性双基药复合火药和黑火药。

1）高分子复合火药

高分子复合火药以高分子聚合物黏合剂为弹性基体和燃料，将固体氧化剂和金属粉等黏结在一起的多相混合物，各组分之间有明显界限，微观结构不均匀。

2）改性双基药复合火药

双基药能量较低，用挤压法难以制造大型药柱。为了改进双基药的性能，在双基药中加入提高能量的固体组分如高氯酸铵和铝粉，制成改性双基药，呈现多相复合物的性质。

3）黑火药

黑火药是最简单的复合药，成分为 75% 的硝酸钾（作为氧化剂）、15% 的木炭（作为燃料）和 10% 的硫磺（作为黏合剂和燃料），燃速低、固体残渣多、着火速度快，可用作弹射器高压室点火药。

二、火药的药型

火药都具有一定的形状和尺寸。火药燃烧时气体的生成速率与火药的表面面积有关，而火药表面积的大小以及它们在燃烧过程中的变化是由火药的尺寸及形状决定的。通过对火药形状和尺寸的设计来控制弹射过程中燃气生成的规律从而控制弹射器高、低压室的压力变化规律，以保证导弹获得所需要的离筒速度。

现有的火药形状十分多样，有管状、带状、片状、圆环状、粒状、球状等简单形状以及内孔有七孔、十四孔等多孔管状，还有内孔为星形、车轮形、树枝形等复杂形状。

火药的形状不同，标记方法也不同。对于火药的基本尺寸，以下用带状火药和管状火药说明所涉及的符号，如图 5 – 21 所示。

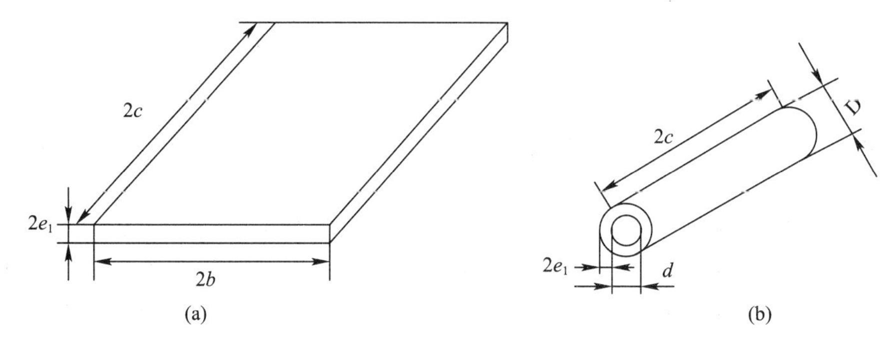

图 5 – 21　典型火药形状

（a）带状（或片状）；（b）单孔管状。

$2e_1$ 表示火药的厚度，称为肉厚（或弧厚）。肉厚指的是火药最薄、最先燃完部分的尺寸。火药燃烧只需考虑厚度，厚度部分烧完了，长宽也就不存在了。在管状药中，肉厚即半径之差。$2b$ 表示火药的宽度；$2c$ 表示火药的长度；D 表示管状药的外径；d 表示管状药的内孔直径。

三、火药的能量特征量

火药在高压室燃烧室时，一方面产生大量的高压气体，另一方面释放出大量热能，这些热能使火药气体获得很高的温度，温度越高，气体做功的能力就越大。高温气体流入低压室后膨胀做功，热能转化为导弹的动能，在极短的时间内将导弹加速到所要求的离筒速度。由此可见，火药燃烧后放出的热量、生成燃气的多少和燃气的温度是三种能够表示火药做功能力大小的能量特征量。

1. 爆热

爆热的定义为：在 298K（或其他标准温度）下 1kg 火药经爆发反应（燃烧）变成相同温度的爆发产物所放出的能量。根据爆发过程进行的条件（定压还是定容），可将爆热分为定容爆热 Q_v 及定压爆热 Q_p，单位 kJ/kg。

2. 爆温

火药在绝热定容条件下燃烧时所能达到的最高温度称为定容爆温，习惯上也称作定容燃烧温度，以 T_v 表示；火药在绝热定压条件下燃烧时所能达到的最高温度称为定压爆温，习惯上也称作定压燃烧温度，以 T_0 表示，定容爆温和定压爆温的单位均为 K。若要笼统地给爆温下一个定义，则可定义为：火药在绝热条件下燃烧所能达到的最高温度。

由于火药的爆温很高，可达到 2500 ~ 3500K，且燃烧时间又很短，因此直接测量爆温困难较大，通常是用计算的方法来确定爆温。根据定容比热的概念：定容条件下，单位质量工质温度升高 1K 所需的热量，爆热的表达式表示为

$$Q_v = \int_{25}^{t} c_v \mathrm{d}t \approx \int_{0}^{t} c_v \mathrm{d}t$$

火药气体为混合气体，其中每种气体成分的定容比热 c_{v_i} 和 c_v 有如下关系：

$$c_v = \sum_{i=1}^{k} n_i c_{v_i} = \sum_{i=1}^{k} n_i (a_i + b_i t)$$

式中：n_i、c_{v_i} 为第 i 种成分气体的质量百分比及其定容比热；a_i、b_i 为经验常数，不同气体有不同的值。

经推导可得爆温表达式为

$$T = \frac{-\sum n_i a_i + \sqrt{(n_i a)^2 + 2\sum n_i b_i Q_v}}{\sum n_i b_i} + 273 \tag{5-1}$$

火药的燃烧温度越高，做功的能力也越大。不同的火药，即使有相同的爆热，但由于 n_i、c_{v_i} 不同，实际的燃烧温度也不同。也就是说，火药的燃烧温度不仅与爆热有关，还与火药气体的成分有关。因此爆温是一个独立的能量特征量，不能由爆热包含。

3. 标准状态下火药气体的比容

1kg 火药燃烧后所产生的气体在标准状态（温度为 273K，压力为 1.01325×10^5 Pa）下所占的体积（其中水为气态）称为标准状态下火药气体的比容 v_1。

通常是在量热计中测量爆热后，将气体引入气量计中，在 1 个标准大气压和 15℃ 时测量出气体的体积，然后换算到标准状态时的体积，即标准状态下的比容 v_1，单位 dm^3/kg。

显然，气体的比容越大，则在同样条件下，做功的能力也越大。

四、火药的弹道特征量

火药的弹道特征量即对弹道有重要影响的火药特征量，包括余容 α 与火药力 f。

1. 余容

实际气体只有在高温低压下才近似地服从理想气体状态方程。在弹射器的高压室中，工作压力的取值范围为20～50MPa，一般说，燃气具有高温高压的性质，应按实际气体的状态方程来表达压力 p，温度 T 和比容 v 之间的关系。低压室的情况则为高温低压，可以按理想气体来处理。但有时为了简化计算，或在高压室的工作压力不很高的情况下，也近似地采用理想气体的状态方程。

实际气体的状态方程即范德瓦尔斯方程为

$$\left(p+\frac{a}{v^2}\right)(v-\alpha)=RT \tag{5-2}$$

式中：a/v^2 为考虑了分子间作用力所作的修正，对于火药气体来说，由于其温度很高，因此即使其密度很大，分子间的引力也相对很小，此项可以忽略不计；α 为考虑气体分子本身所占体积的影响而作的修正，其值不等于每千克气体分子本身的体积，而是分子本身体积的4倍。高压室中火药气体具有高压的性质，在高压下气体分子体积的4倍对容器的容积占有不可忽略的分量，因此 α 项不可忽略。在内弹道学中，α 称为余容。其单位为 dm^3/kg。

计算火药气体的余容，最常用的是塞劳近似式 $\alpha\approx10^{-3}v_1$，范德瓦尔斯方程简化成：

$$p(v-a)=RT \tag{5-3}$$

式中：v 为火药气体的比容，即1kg 火药气体所占的体积，单位是 dm^3/kg。

2. 火药力

火药力分为定容火药力 f_v 与定压火药力 f_0，其定义为

$$f_v=RT_v \tag{5-4}$$

$$f_0=RT_0 \tag{5-5}$$

下面分析火药力的物理意义：

火药力中 R 为火药气体的气体常数。它与火药气体的状态无关，只与火药气体的性质有关。正因为在不同状态时 R 都为常数，就可取标准状态时的情况来计算 R 的数值。

在标准状态下，$p=p_a$，$T=273K$，$v=v_1$。又由于 α 仅为 v_1 的千分之一，因而在计算 R 时仍可用理想气体的状态方程，即

$$R=\frac{p_a v_1}{273} \tag{5-6}$$

首先通过式(5-6)分析气体常数 R 的物理意义。由热力学知道，1/273是气体的膨胀系数（对一切气体都相等），即在压强不变的条件下，当温度升高1℃时，一定质量气体体积的增量等于它在0℃时体积的1/273（盖·吕萨克定律）。根据 v_1 的定义知道，1kg 火药气体在一个大气压力下温度升高1℃时气体体积的增量应等于 $v_1/273$，那么，p_a 与 $v_1/273$ 的乘积便是1kg 火药气体在1个大气压下，温度升高1℃对外膨胀所做的功，这就是气体常数 R 的物理意义。在国际单位制中，气体常数的单位为 kJ/(kg·K)。

现在可以建立火药力的概念，即1kg 火药燃烧后的气体生成物在1个大气压力下，当温度由0℃升高到 T_vK（或 T_0K）时膨胀所做的功称为定容火药力（或定压火药力）。因此，火药力表示每千克火药做功的能力，单位是 kJ/(kg·K)。

$$f = RT_v = \frac{p_a v_1}{273} T_v \tag{5-7}$$

由式(5－7)可知，改变火药的性质，使 v_1 或 T_v 增加，火药力就增加。当 v_1 及 T_v 都大时，火药燃烧既放出大量的热又生成大量的气体，火药力就具有较高的数值，火药就具有较大的做功能力。

五、火药的燃烧

1. 火药燃烧过程

从内弹道学的观点看，高压室内装药的燃烧过程可分为三个阶段，即点火、引燃和燃烧。

（1）点火：由于外界能源的作用，一部分火药表面的温度升高到发火点以上而发生着火的现象称为点火。

（2）引燃：点火后，火焰沿火药表面传播的过程称为引燃。

（3）燃烧：火药表面引燃后，火焰向火药内层传播的过程称为燃烧。

引燃和燃烧并没有化学物理本质上的差异，因此有时也将燃烧过程看作只有点火和燃烧两个阶段。

1）装药的点火

装药点火是否可靠，直接影响装药的正常燃烧，因此控制点火过程是保证高压室正常工作的关键之一。

火药的点火过程很复杂。高压室点火一般采用电点火方式，即由发火管点燃点火药而后点燃装药。发火管内有由金属丝制成的电桥，其周围黏结着对热很敏感的引火药。当给金属丝通以电流时，金属丝灼热而使引火药着火产生火焰。当引火药与点火药之间有一段距离或引火药产生的火焰能量不足时，还需采用扩焰药，在扩焰药（或引火药）火焰的作用下，点火药迅速被点燃，产生一定温度、一定压力的点火药燃烧产物——点火药气体与固体微粒。这些固体与气体的生成物在一定的压力下便以一定的速度沿装药表面流动，并将能量（主要是热能）传递给装药表面，在能量的激发下，局部装药表面温度达到发火点而开始燃烧。

2）装药的引燃

由于点火药燃烧产物对整个装药表面的包围是一个过程，且总是不均匀的，因此总有一部分装药表面先被点燃，而后火焰再传播至整个表面，火焰扩展的过程即称为引燃。实际的过程往往是靠近点火药附近的装药表面先被点燃，被引燃的装药分解、气化后的产物继续进行化学反应，直至生成最后的燃烧产物并释放出热能，热能加热燃烧产物后使之成为高温燃气，它与点火药高温燃气一起使高压室内压力升高并沿装药表面流动，使其余装药表面温度升高，达燃点而着火燃烧，于是火药全面点燃。

3）装药的燃烧

装药表面点燃后，燃烧反应放出的热量就向内层传递，对未燃火药进行加热，形成加热层，其传热方式主要是热传导，由于火药是热的不良导体，因此加热层仅是很薄的一层。如果在单位时间内，加热层吸收的热量大于散出的热量，则该层的温度升高，火药连续不断地分解，内层也开始燃烧，火焰向内层传播，所产生的热量又加热下一层，整个燃烧过程就这样依靠其本身的作用逐层稳定地进行下去,直至全部装药燃尽为止。

根据燃烧速度是否随时间变化,燃烧过程可分为稳态燃烧过程及非稳态燃烧过程。当外界条件(压力、初温)一定时,燃烧速度不随时间变化的燃烧称为稳态燃烧;反之,称为非稳态燃烧。燃烧过程完全的稳态燃烧称为正常燃烧;反之,称为不正常燃烧。

通常所说的正常点火,指的是火药全面点燃及燃烧的最初阶段能正常进行。

在高压下引燃速度显著地超过燃烧速度。一般地,在压力 4 ~ 5MPa 时就可以认为引燃是瞬时的。所以在内弹道学中,为了处理问题方便,往往不专门研究点火过程,而是假设装药瞬时、全面点燃,这是内弹道学中的重要假定。

2. 溶塑火药稳态燃烧机理

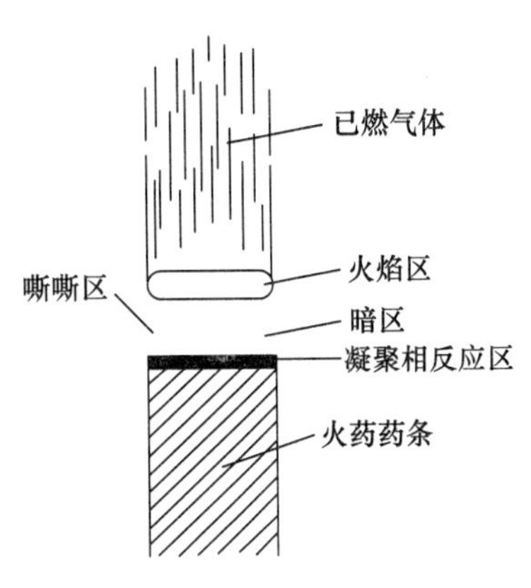

图 5 - 22　溶塑火药燃烧区结构

溶塑火药是微观结构较均一的火药,硝化棉及爆炸性溶剂的分子中都同时含有可燃元素和氧化元素,所以燃烧时形成的是预混火焰,燃烧过程主要取决于化学反应速度,溶塑火药燃烧区结构如图 5 - 22 所示。

(1) 固相加热区:由于燃气向火药的传热(对流、传导和辐射)和凝聚相反应区的放热,使药体受到预热,与亚表面交界处的温度可达 363K。这时药体变软,低熔点物熔化,但基本上不发生化学变化。

(2) 凝聚相反应区:由气相传来的热及本区的反应放热使表面温度升高达 573K。药体一方面继续发生物理变化(软化、蒸发、分馏),另一方面发生化学变化,包括各组分的热分解和分解产物间的相互反应。本区放出的热量约占火药总热值的 10% 。

(3) 嘶嘶区:本区的气相弥漫着许多固体和液体微粒,一方面继续发生并最终完成软化、熔化、蒸发等物理过程;另一方面同时发生氧化还原反应,主要是 NO_2 与醛类反应变成 NO,并生成 CO、H_2O、H_2 等产物。这些反应既可在气相组分间发生,也可在气相(NO_2)与凝聚相间发生,放出的热量约占 40% ,温度可达 1000 ~ 1270K。

(4) 暗区:本区反应速度慢,不发光,NO 的还原反应还不具备,妨碍了火焰区向火焰表面的热传递,最终温度可达 1270 ~ 1770K,暗区厚度随压力增大迅速减薄,放热占 50% 。

(5) 火焰区:主要是 NO 和醛、烷及其他 CO、H_2 的作用,变成 N_2、CO、CO_2、H_2O 等产物,最高温度可达 2770K 以上。

由上可知,溶塑火药的燃烧是一个多阶段连续的物理化学过程。根据条件的不同,燃烧可以经历全部 5 个阶段,也可能在任何一个阶段结束。为了保证燃烧的完全性,需要一个必要的最低压力,即完全燃烧的临界压力。对弹射器常用的双基火药这一压力为 4 ~ 6MPa。

六、几何燃烧定律

1880 年,硝化棉火药的发明者,法国学者维也里在对简单药形火药燃烧的观察中发现,从火炮的炮膛里抛出来的带状药残药,只是从各边烧去了某一厚度,但仍保持了其原来的形状。同时,在密闭爆发器的实验中,他还发现两种性质相同、形状相同,只是燃烧层厚度不同的火药,以相同的装填密度在密闭爆发器(内弹道试验用的定容密闭容器)中燃烧时,其燃烧结束时间与装药肉厚成正比。图 5-23 为火药燃烧前后的形状比较。

(a)

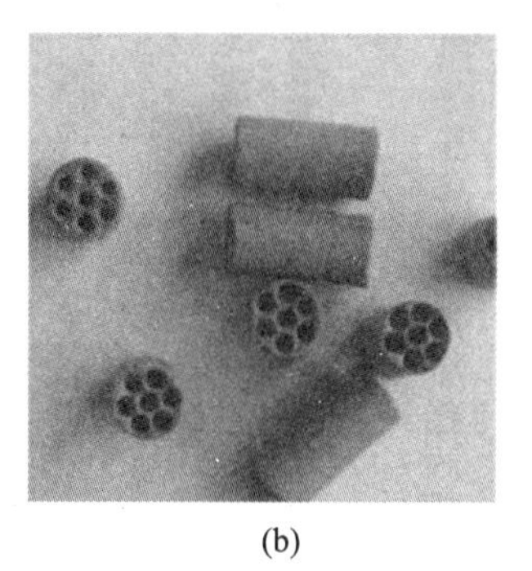
(b)

图 5-23　火药燃烧前后比较
(a)火药燃烧前；(b)火药燃烧后。

这两种现象表明，火药是按照平行层或同心层规律逐层进行燃烧的。火药按照平行层进行燃烧的规律称为几何燃烧定律。显然，火药遵从几何燃烧定律进行燃烧的必要前提是：

(1) 所有火药各点的化学性质、物理性质相同。各火药单体的形状和尺寸也都严格一致。

(2) 点火时，所有火药单体的表面同时点燃，并在相同的条件下燃烧。

(3) 火药的燃烧是从各个方向深入火药单体的内部并以相同的线速度进行。

根据几何燃烧定律，就可以用对某个火药单体燃烧规律的研究来代替对所有火药单体燃烧规律的研究，因而使问题得到简化。

几何燃烧定律既是从实践中总结出来的规律，又是把实际燃烧过程理想化和简化了的规律。上述三个前提在实际火药和实际燃烧过程中是不能得到严格遵守的，特别是对复杂药形就更是如此，所以几何燃烧定律只是近似地概括了火药的实际燃烧情况。它基本上反映了火药燃烧的规律性，又不完全反映火药实际的燃烧情况。对于火药在有气体流出的高压室中的燃烧情况，当发生侵蚀燃烧的现象时就会影响到燃烧的均一性，使几何燃烧定律发生偏差。如果采用复杂药形的火药，则同时全面点燃将更难实现。

尽管如此，由于几何燃烧定律是一种很方便的近似方法，根据它可以由纯几何的关系求得燃烧表面的理论变化规律，能方便地计算火药形状和尺寸对气体生成的影响，从而控制火药气体压力增长规律。因此，几何燃烧定律一直是内弹道学中的一个基本规律，而对于它所带来的误差则用修正系数的办法来予以消除。

七、燃烧速度

火药的燃烧速度指的是固相火药分解成气相产物的速度，也就是固相消失的速度。将燃烧速度定义为：单位时间内装药的固相表面沿其法线方向移动的距离。这样定义的燃速也称为直线燃速，其表达式为

$$u = \frac{\mathrm{d}e}{\mathrm{d}t} \tag{5-8}$$

式中：u 为燃烧速度；$\mathrm{d}e$ 为在 $\mathrm{d}t$ 时间内火药沿法向烧去的厚度。

火药燃速主要与火药的成分、密度、燃烧室压力、初温、火药气体的流速等因素有关,这些因素都影响气相对固相的传热。

1. 火药性质的影响

火药性质主要指的是火药的化学成分和火药的密度,这是影响燃速的内在因素。

火药成分的变化可改变燃烧速度的大小,同时也改变火药能量的大小。一般说来,火药能量越大,燃速也越大。对硝化棉火药,含氮量越高者燃速越大;对硝化甘油火药,硝化甘油含量越高者燃速越大。除这些基本成分的影响以外,其他附加成分对燃速也有程度不同的影响。近年来,在火药中加入金属丝以提高火药内部的传热速度,也可明显提高燃烧速度。

一般情况下,火药密度越大,燃速越小。这是因为密度增加,火药气体渗透到药粒内部的可能性减小,以致使传热作用降低的缘故。

2. 燃气压力的影响

实验表明,对一定性质的火药而言,燃烧面上的燃气压力是影响燃速最大的因素。高压时,燃烧5个阶段的中间阶段(区域)压缩得很薄,火焰区距离火焰表面很近,传热快,燃烧正常;压力较低时,火焰区距离火焰表面较远,反应速度降低,燃烧时间增长,出现了不完全燃烧;压力继续降低,没有火焰区,暗区放出的热量不多,燃烧表面由嘶嘶区供给热量,嘶嘶区燃烧起主导作用,燃烧在暗区结束,可能反复;压力更低时,嘶嘶区反应速度也很小,凝聚相反应起主导,固相分解所需热量靠本区放热反应,火药燃烧在嘶嘶区结束。

人们作了大量实验,寻求压力与燃速的关系式,并把从实验结果整理出来的燃速 u 随压力 p 变化的经验关系式 $u=f(p)$ 称为燃烧速度定律,而其他因素如初温等的影响则用系数的形式体现在燃速定律中,常用的实验公式如下。

正比式:$u=u_1p$

指数式:$u=ap^n$(其中 $n<1$)

二项式:$u=a+bp$

式中的 u_1、a、b 等都是与火药的性质、初温、实验压力范围有关的常量,称为燃速系数;指数 n 称为燃速的压力指数,它不仅与火药成分、初温有关,主要与燃烧时的压力有关,n 是标志压力对燃速影响程度的一个主要的量。双基药的 n 值一般在0.7左右,它随压力范围不同而有具体值,其变化范围为0.5~1。一般说来,当压力较低时采用二项式或指数式比较准确;压力增高时,二项式值 a 虽也有所增加,但与 bp 相比,可以忽略不计,二项式转变为正比式。同样,压力增高时,指数式的 n 值增大并接近于1,当 $n=1$ 时,指数式也变为正比式,故在高压的情况下采用正比式比较准确。

3. 火药初温的影响

火药初温对燃速影响很大,初温高就是火药起始温度高。因此,在接受相同热传导的热量时,固相分解速度就提高,燃烧速度也就高。

可以采用燃速温度系数 σ_p 表示初温对燃速的影响。燃速温度系数是指在压力不变的情况下,初温变化1K时燃速的变化量(%/K),即

$$\sigma_p=\frac{1}{u}\frac{\mathrm{d}u}{\mathrm{d}t_i}=\frac{\mathrm{d}\ln u}{\mathrm{d}t_i} \tag{5-9}$$

式中:t_i 为火药初温。

燃速温度系数 σ_p 由实验方法测得。在实际应用中,常常规定 +20℃为标准温度,或称为常温, +50℃为高温, -40℃为低温。如果在给定压力下已知 t_{i1} 时的燃速 u_1 以及 σ_p,可以求出任一温度下的燃速近似值。

将式(5-9)变换得

$$\mathrm{d}\ln u=\sigma_p\mathrm{d}t_i$$

用有限量表示:

$$\Delta\ln u=\sigma_p\Delta t_i$$

差分得

$$\ln u_2-\ln u_1=\sigma_p(t_{i2}-t_{i1})$$

即

$$\ln\frac{u_2}{u_1}=\sigma_p(t_{i2}-t_{i1})$$

最后得

$$u_2=u_1\mathrm{e}^{\sigma_p(t_{i2}-t_{i1})}$$

按幂级数展开,取前两项,得 $u_2=u_1[1+\sigma_p(t_{i2}-t_{i1})]$。

4. 燃气流速的影响

弹射器高压室可以有各种不同的形式,但不论何种形式的高压室,本质上都是一个半密闭的燃烧室。当装药是侧面燃烧时,其燃烧表面不可避免地有燃气流过。图5-24为具有轴向喷管的高压室中燃气流动速度 u 沿装药表面的分布图。这种燃气流速分布规律可适用于喷孔集中在一端(一端排气式)或两端(两端排气式)的具有径向喷孔的高压室。火药燃烧后产生的燃气不断向右流动通过1-1面,再经喷管流入低压室,距装药前端面越远的断面所通过的秒流量越大,因此速度是不断增加的。

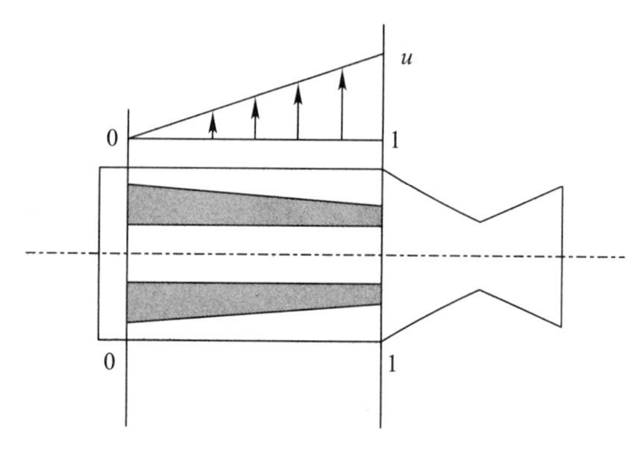

图5-24 燃气流速分布及对火药燃烧的影响

对于高压室中燃气的流动对火药燃烧的影响,人们利用使压力急剧下降的方法进行火药终止燃烧实验发现,当燃气流动速度超过一定值后,火药就不再是按平行层燃烧,所得到的火药成为如图5-24所示的形状。燃烧前的单孔管状药终止燃烧后成为锥形,且外圆和内孔的锥度方向相反。这个现象说明,沿火药长度各个断面上的燃烧速度 u 是不相同的,越接近喷管处燃速越大，所以在靠近喷管一端烧去的厚度大，而另一端则烧去的厚度小，使火药表现出不按平行层燃烧的现象。出现这种现象的原因主要是因为装药表面的排气流动。由图 5－24 可知，装药燃烧表面各点的燃烧产物都只能向右流动，经 1－1 面再从喷管流出，因而流速是逐渐增加的。终止实验的结果表明，燃气流速越大的地方（接近喷管的一端）装药的燃速也越大，这种在高速流动的燃气作用下火药燃烧速度增大的现象称为侵蚀燃烧。侵蚀燃烧在气流速度达到一定值时才发生，开始出现侵蚀现象的气流速度称为侵蚀界限速度。实验资料表明，对双基药来说，当燃气速度在 200m/s 以下时，侵蚀现象不显著。

产生侵蚀现象的原因是，当气流速度较低时，靠近燃烧表面处为层流区，热量传递方式主要为热传导，而气流的导热系数较低，所以对火药的燃速不发生影响。当燃气流速增加到大于某一值后，就产生了紊流附面层，附面层内燃气的流动有紊乱的旋涡，将气相反应区的高温燃气搅动起来，使气流向各个方向运动，热量传递的方式主要为对流传热，因而提高了对固相火药的传热率，使固相火药分解速度加快，燃速提高。

侵蚀燃烧破坏了几何燃烧定律，改变了压强—时间方案，使内弹道性能达不到设计要求，需要经验参数修正。另外，侵蚀燃烧容易造成初始压力峰，使得高压室壁厚必须增加，增大了高压室的消极质量。

八、燃气生成速率

为了在低压室获得所希望的压力曲线，必须控制高压室向低压室的排气量，即高压室的气体流出量。高压室的气体流出情况与高压室压力有着密切的关系，高压室压力大小又与火药燃烧过程（气体生成过程）有关。因此为了掌握每瞬间高压室中的压力大小，就必须研究燃气的生成速率。

燃气生成速率是指单位时间内的燃气生成量，或称每秒燃气生成量，它等于单位时间内燃去的火药重量。写作$\frac{\mathrm{d}\omega_{\mathrm{YR}}}{\mathrm{d}t}$或 $\omega\frac{\mathrm{d}\psi}{\mathrm{d}t}$，其中 ω_{YR}表示某瞬时 t 装药已燃部分质量，ω 表示火药质量，ψ 代表火药燃去部分与全部火药重量之比。根据几何燃烧定律：

$$\psi=\frac{\omega_{\mathrm{YR}}}{\omega}=\frac{n\gamma\Lambda}{n\gamma\Lambda_1}=\frac{\Lambda}{\Lambda_1} \qquad (5-10)$$

式中：Λ 为火药单体的已燃体积；Λ_1 为火药单体的原有体积；n 为装药中火药单体的数目；γ 为火药密度。

ψ 也可认为是火药单体燃去部分之体积与火药体积之比，简称火药燃去百分比。式(5－10)对时间 t 求导，得

$$\frac{\mathrm{d}\psi}{\mathrm{d}t}=\frac{1}{\Lambda_1}\frac{\mathrm{d}\Lambda}{\mathrm{d}t}$$

经过时间 dt 以后，火药单体按平行层或同心层燃烧规律燃去厚度 de 相应的体积 dΛ 为

$$\mathrm{d}\Lambda=s\mathrm{d}e$$

式中：s 为火药燃烧至某瞬时 t（火药同时全面点燃的瞬时为时间 t 的起点）的燃烧表面积。

火药已燃体积的变化率为

$$\frac{\mathrm{d}\Lambda}{\mathrm{d}t}=s\,\frac{\mathrm{d}e}{\mathrm{d}t}$$

单位时间火药燃气比例为

$$\frac{\mathrm{d}\psi}{\mathrm{d}t}=\frac{s}{\Lambda_1}\frac{\mathrm{d}e}{\mathrm{d}t}$$

单位时间火药燃气生成量为

$$\omega\,\frac{\mathrm{d}\psi}{\mathrm{d}t}=\omega\,\frac{s}{\Lambda_1}\frac{\mathrm{d}e}{\mathrm{d}t}=\gamma s\,\frac{\mathrm{d}e}{\mathrm{d}t}$$

令$\frac{\mathrm{d}e}{\mathrm{d}t}=u$,称为火药燃烧的线速度,即单位时间内沿垂直火药表面方向的燃烧层厚度变化。所以:

$$\omega\,\frac{\mathrm{d}\psi}{\mathrm{d}t}=\gamma su \tag{5-11}$$

由式(5-11)可知,燃气生成速率与火药密度、燃烧表面积和燃烧速度有关,可以通过燃烧面和燃烧速度的变化来控制气体生成速率,以达到控制压力变化规律的目的。

对于两端包覆的增面燃烧管状火药,设火药长为 L,当前内径为 r,如图 5-25 所示。当前火药燃面为 $s_1=2\pi rL$,Δt 时间后火药燃去厚度为 $\mathrm{d}e$,火药燃面变为 $s_2=2\pi(r+\mathrm{d}e)L$。因此,$\mathrm{d}s/\mathrm{d}t=2\pi L\mathrm{d}e/\mathrm{d}t$。对于恒面燃烧火药,火药燃面不随时间变化,$\mathrm{d}s/\mathrm{d}t=0$。

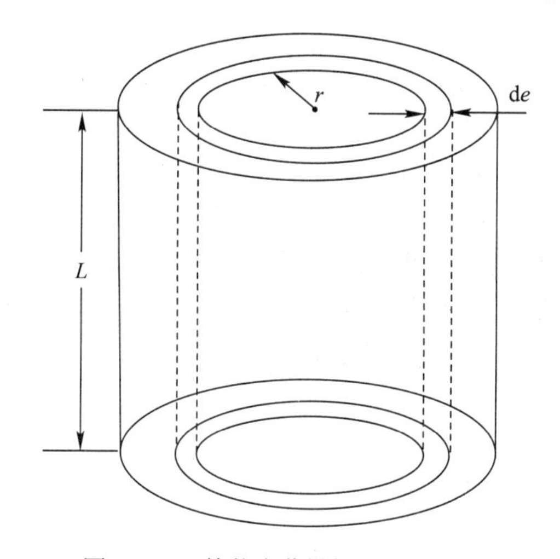

图 5-25　管状火药燃烧过程示意图

第五节　高压室弹射内弹道问题

本节针对活塞式燃气弹射器,介绍高压室弹射内弹道基本问题,即在已知装填条件及构造诸元的条件下,建立高压室燃气压力变化规律所需要的数学模型。装填条件指的是有关装药的物理、几何参量,如装药量、装药几何形状及尺寸、火药力、比热比等;构造诸元包括高压室结构尺寸、喷口结构尺寸、装药结构等。

高压室燃气的压力变化规律在弹射内弹道中占有重要地位,因为它不仅影响装药的燃速和燃烧时间,而且直接影响高压室燃气流向低压室的单位时间流出量,从而影响低压室的燃气压力变化规律。高压室压力的大小还是装药强度设计的依据,是保证装药正常燃烧、将所含化学能充分转化为热能的必要前提。

一、基本假设

由于弹射现象的复杂性,以及认识上的局限性或数学处理上的困难,并非所有的弹射物理现象都能准确地用内弹道方程表达出来。为此,必须做适当的假设来描述主要的物理现象,忽略掉次要的现象,从而使高压室内弹道数学模型保持一定的准确性,同时使计算过程得到简化。

以下为建立高压室内弹道数学模型的相关假设:

(1) 在一定点火压力下,装药被瞬时、全面点燃,装药的燃烧服从几何燃烧定律。

(2) 由于高压室内气流流动速度远小于喷管中气流流动速度,故可以认为燃气在高压室内无流动,各处的压力、密度、温度等是均一的。

(3) 高压室内燃气按理想气体处理。一般地,当压力小于 20MPa,温度大于 1400K 时,可认为是理想气体。高压室燃气温度一般为 2500 ~ 3500K,压力为 15 ~ 30MPa,故可认为符合理想气体性质。但对高压的情况,应按实际气体考虑才是合理的,有时为了简化计算,也近似地按理想气体处理。

(4) 认为燃气的成分、物理化学性质是固定不变的,爆温 T_0、比热 C_p、绝热指数 k 等按常量处理。

(5) 在高压室内,火药燃烧过程是绝热的,与室壁没有热交换。实际上,室壁并不是完全绝热的,其热损失用小于 1 的修正系数 χ_1 予以修正。也可以用降低火药力的方法来对热损失进行考虑,即修正后的定压火药力为 $\chi_1 RT_0$。

(6) 在装药燃烧阶段,高压室燃气温度变化不大,可以认为高压室燃气温度 T_1 是常量,其大小等于散热修正后的定压燃烧温度,即 $T_1 = \chi_1 T_0$。

二、气体状态方程

对于高压室某一瞬间 t 的气体状态方程,由于高压室按理想气体予以处理,因此:

$$p_1 v = \chi_1 RT_0 \tag{5-12}$$

式中:p_1 为高压室内某瞬时压力;χ_1 为高压室的温度修正系数;R 为火药气体常数;T_0 为火药定压爆温;v 为某瞬时高压室火药气体的比容。

令 ω 为高压室内装药质量,ψ 为已经燃去的火药所占的百分比,在某瞬时 t,生成气体质量等于已经燃烧火药的质量 $\omega_{YR} = \omega\psi$,故该瞬时实际存在于高压室的气体质量:

$$\omega_{YR} - Y_1 = \omega\psi - Y_1 \tag{5-13}$$

式中:Y_1 为当前火药气体的流出总质量。

高压室中未燃火药的质量为 $\omega(1-\psi)$,故生成气体占有的容积:

$$W_{\psi} = W_{10} - \frac{\omega}{\gamma}(1 - \psi) \tag{5-14}$$

式中：W_{10}为高压室初始容积；γ 为火药的比重。

按照火药气体比容的定义：

$$v = \frac{W_{10} - \frac{\omega}{\gamma}(1 - \psi)}{\omega\psi - Y_1} \tag{5-15}$$

将式(5－15)代入式(5－12)得高压室的压强表达形式：

$$p_1 = \frac{\chi_1 R T_0 (\omega\psi - Y_1)}{W_{10} - \frac{\omega}{\gamma}(1 - \psi)} \tag{5-16}$$

三、高压室流量方程

1. 流速的计算

燃气在喷管中要进行热能和动能之间的转换，因此满足热力学第一定律，即稳定流动能量方程式：

$$q = \Delta h + \frac{1}{2}\Delta c^2$$

这里假定燃气不对外做功，喷管长度很短，进出口的位能变化忽略不计，并且是绝热的稳定流动，即

$$\Delta h + \frac{1}{2}\Delta c^2 = 0 \tag{5-17}$$

式(5－17)表明，燃气在喷管中的稳定流动过程，任一截面上的焓和动能之和保持定值，或总焓守恒。气体速度增大时，焓值减小；气体速度降低时，焓值增大。

根据能量方程式有

$$\frac{1}{2}(c_2^2 - c_1^2) = h_1 - h_2 \tag{5-18}$$

式中：c_1、c_2 分别为喷管进、出口截面上燃气的速度；h_1、h_2 分别为喷管进、出口截面上燃气的焓，通常 c_1 比 c_2 小很多，c_1 可以忽略不计，故有

$$c_2 = \sqrt{2(h_1 - h_2)} \tag{5-19}$$

2. 流速与状态参数的关系

通过已知的 p_1、v_1 和 p_2，得到 h_1、h_2（或 T_1、T_2），建立起 p_1，v_1 和 p_2 与喷管出口速度 c_2 之间的直接关系。如果燃气看作是理想气体、比热为定值、过程可逆，那么式(5－19)推导如下：

$$c_2 = \sqrt{2(h_1 - h_2)} = \sqrt{2c_p(T_1 - T_2)}$$

$$= \sqrt{2\,\frac{kR}{k-1}(T_1 - T_2)}$$

$$= \sqrt{2\,\frac{kRT_1}{k-1}\left(1 - \frac{T_2}{T_1}\right)}$$

$$= \sqrt{2\,\frac{kRT_1}{k-1}\left[1 - \left(\frac{p_2}{p_1}\right)^{\frac{k-1}{k}}\right]} \tag{5-20}$$

式中:k 为燃气的绝热指数。

3. 临界流速和临界压力比

在喷管最小截面处,即临界截面处,流速为 c_{cr},压力为 p_{cr},代入式(5-20)得

$$c_{cr} = \sqrt{\frac{2k}{k-1}p_1 v_1\left[1 - \left(\frac{p_{cr}}{p_1}\right)^{\frac{k-1}{k}}\right]} \tag{5-21}$$

此时临界速度等于当地声速,即

$$c_{cr} = a = \sqrt{kp_{cr}v_{cr}} \tag{5-22}$$

将式(5-23)代入式(5-22),得

$$kp_{cr}v_{cr} = \frac{2k}{k-1}p_1 v_1\left[1 - \left(\frac{p_{cr}}{p_1}\right)^{\frac{k-1}{k}}\right] \tag{5-23}$$

由于是可逆绝热过程,有

$$v_{cr} = v_1\left(\frac{p_1}{p_{cr}}\right)^{\frac{1}{k}} \tag{5-24}$$

将式(5-25)代入式(5-24),得

$$p_{cr} = \left(\frac{2}{k+1}\right)^{\frac{k}{k-1}} p_1 \tag{5-25}$$

从式(5-25)可见,临界压力比 p_{cr}/p_1 仅与燃气的性质有关。已知高压室压力 p_1,就可以算得临界压力 p_{cr}。在喷管中气流的可逆绝热膨胀过程,从 p_1 降压到 p_{cr}的过程是气流从初始速度加速到声速的过程,属于亚声速范围;如果从 p_{cr}可以继续实现可逆的绝热膨胀过程,气流的速度就在声速的基础上继续被加速而进入超声速的范围。

4. 流量方程

燃气的质量流量表达式为

$$\frac{dY_1}{dt} = sc/v \tag{5-26}$$

式中:dY_1/dt 为燃气的质量流量;v 为出口截面上气流的比容;c 为截面处的燃气速度。

绝热过程初、终态基本状态参数间的关系式:

$$\frac{p_2}{p_1} = \left(\frac{v_1}{v_2}\right)^k \tag{5-27}$$

式中：p_2 为出口截面的瞬时压力。

出口截面的流量方程推导如下：

$$
\begin{aligned}
\frac{\mathrm{d}Y_1}{\mathrm{d}t} &= \varphi_{21}\frac{S_{kp1}c_2}{v_2} \\
&= \varphi_{21}S_{kp1}c_2\,\frac{1}{v_1}\left(\frac{p_2}{p_1}\right)^{\frac{1}{k}} \\
&= \varphi_{21}S_{kp1}\sqrt{2\,\frac{kRT_1}{k-1}\left[1-\left(\frac{p_2}{p_1}\right)^{\frac{k-1}{k}}\right]}\,\frac{1}{v_1}\left(\frac{p_2}{p_1}\right)^{\frac{1}{k}} \\
&= \varphi_{21}S_{kp1}\frac{p_1}{RT_1}\sqrt{2\,\frac{kRT_1}{k-1}\left[1-\left(\frac{p_2}{p_1}\right)^{\frac{k-1}{k}}\right]}\left(\frac{p_2}{p_1}\right)^{\frac{1}{k}}
\end{aligned}
\tag{5-28}
$$

如果在喷管喉部能够维持临界状态，出口截面的流量方程为

$$
\frac{\mathrm{d}Y_1}{\mathrm{d}t} = \varphi_{21}C_D S_{kp1}p_1 \tag{5-29}
$$

式中：流量系数 $C_D = \sqrt{k}\left(\frac{2}{k+1}\right)^{\frac{k+1}{2(k-1)}} / \sqrt{RT_1}$；$\varphi_{21}$ 为流量修正系数；S_{kp1} 为高压室喷孔面积。

根据喷管理论，燃气在缩放喷管中流动，燃烧室内压力 p_1 以及背压 p_2 对气体在喷管中的流动状态发生显著影响，如图 5－26 所示。

高压室喷管内的燃气流动随着高压室压强和背压的变化有以下几种状态：

（1）当 $p_2 = p_1$ 时，喷管内没有流动，流速、流量均为 0。

（2）当背压 p_2 开始下降，降到 b 点，气流为亚声速，在喷管的渐缩部分降压、加速，在渐放部分减速、增压，出口截面处达到与 p_2 相等，这一阶段，随着背压的降低，流速不断增加。

（3）继续降低背压，喷管在喉部维持临界状态（$b-d$ 之间的状态），气流在渐放部分的前段达到超声速，然后在某个相应的截面上产生激波（如 c 状态），流速由超声速逐渐下降到亚声速，压力突然升高，在激波截面后的渐放部分扩压，亚声速气流减速、增压，出口截面处达到与背压 p_2 相等。

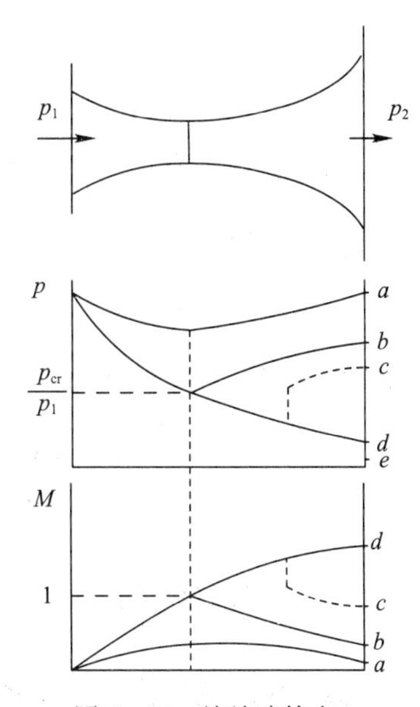

图 5－26　缩放喷管在反压下的工作情况

（4）在背压 p_2 等于设计压力（d 状态）的情况下，气流在喷管出口处压力等于背压，流速达到设计的超声速。

（5）背压 p_2 继续降低（e 状态），喷口内部流动状态不再变化，喷管出口处仍为设计工况，气流在喷管出口处膨胀不足，将在喷管外继续降低压力，直至与背压 p_2 相等。此时流量已经不再改变了。

综上所述，当背压 p_2 不大于 b 状态出口截面压力 p_b 时，高压室喷管流动维持在临界状

态，燃气流量与背压无关；当 $p_2 > p_b$ 时，高压室喷管流动不能维持在临界状态，燃气流量与背压有关。

由于高压室是薄壁容器，其喷孔大多没有扩张段，或者很短，因此 b 状态的出口截面压力值等于或者接近临界压力 p_{cr}，即 $p_b \approx p_{cr} = \left(\frac{2}{k+1}\right)^{\frac{k}{k-1}}$。将上述两种情况写成下式：

$$\begin{cases} \dfrac{dY_1}{dt} = C_D S_{kp1} p_1 & p_2 < \left(\dfrac{2}{k+1}\right)^{\frac{k}{k-1}} p_1 \\ \dfrac{dY_1}{dt} = \dfrac{\varphi_{21} S_{kp1} p_1}{\sqrt{RT_1}} \sqrt{\dfrac{2k}{k-1}\left[\left(\dfrac{p_2}{p_1}\right)^{\frac{2}{k}} - \left(\dfrac{p_2}{p_1}\right)^{\frac{k+1}{k}}\right]} & p_2 \geqslant \left(\dfrac{2}{k+1}\right)^{\frac{k}{k-1}} p_1 \end{cases} \tag{5-30}$$

实际情况下，对于高压室流量方程，可分三个阶段考虑。

（1）第一阶段：从开始燃烧到结束燃烧阶段，此时 $\frac{p_2}{p_1} < \left(\frac{2}{k+1}\right)^{\frac{k}{k-1}}$，高压室喉部的流动状态处于临界状态，流量只与 p_1 有关，高压室温度 T_1 基本保持不变，$T_1 = \chi_1 T_0$。

$$\frac{dY_1}{dt} = C_D S_{kp1} p_1$$

（2）第二阶段：从燃烧结束到高压室压力降低至 $\frac{p_2}{p_1} = \left(\frac{2}{k+1}\right)^{\frac{k}{k-1}}$ 的阶段，高压室喉部的流动状态仍处于临界状态，高压室温度 T_1 成为变量。

$$\frac{dY_1}{dt} = C_D S_{kp1} p_1$$

根据绝热过程方程：$\frac{T_k}{T_1} = \left(\frac{p_k}{p_1}\right)^{k/(k-1)}$，$T_k$ 为燃烧结束阶段的高压室温度，$T_k = \chi_1 T_0$；p_k 为燃烧结束阶段的高压室压力。

（3）第三阶段：高压室压力降低至不能满足 $\frac{p_2}{p_1} < \left(\frac{2}{k+1}\right)^{\frac{k}{k-1}}$ 的阶段，高压室喉部不能维持临界流量，高压室温度 T_1 成为变量。

$$\frac{dY_1}{dt} = \frac{\varphi_{21} S_{kp1} p_1}{\sqrt{RT_1}} \sqrt{\frac{2k}{k-1}\left[\left(\frac{p_2}{p_1}\right)^{\frac{2}{k}} - \left(\frac{p_2}{p_1}\right)^{\frac{k+1}{k}}\right]}$$

同理，根据绝热过程方程：$\frac{T_k}{T_1} = \left(\frac{p_k}{p_1}\right)^{k/(k-1)}$，$T_k = \chi_1 T_0$。

四、高压室压力对时间的变化率

通过分析高压室压力对时间的变化率 dp_1/dt，可以分析出影响压力变化规律的因素以及压力变化的趋势。

根据质量守恒原理可知，在装药燃烧阶段的某一瞬时 t，高压室中保留的燃气质量应当等于火药已经燃去部分质量减去从喷口流出的燃气质量，即

$$W_{\psi}\rho = \omega_{YR} - Y_1 \tag{5-31}$$

式中：ω_{YR}为某瞬时高压室内燃去的火药质量；Y_1 为高压室燃气流量；W_{ψ} 为某瞬时高压室的自由容积；ρ 为燃气密度。

$$\frac{\mathrm{d}(W_{\psi}\rho)}{\mathrm{d}t} = \frac{\mathrm{d}\omega_{YR}}{\mathrm{d}t} - \frac{\mathrm{d}Y_1}{\mathrm{d}t} = \omega\frac{\mathrm{d}\psi}{\mathrm{d}t} - \frac{\mathrm{d}Y_1}{\mathrm{d}t}$$

$$\begin{aligned}\frac{\mathrm{d}(W_{\psi}\rho)}{\mathrm{d}t} &= \frac{\mathrm{d}W_{\psi}}{\mathrm{d}t}\rho + W_{\psi}\frac{\mathrm{d}\rho}{\mathrm{d}t}\\ &= \frac{\mathrm{d}\left[W_{10} - \dfrac{\omega}{\gamma}(1-\psi)\right]}{\mathrm{d}t}\rho + W_{\psi}\frac{\mathrm{d}[p_1/RT_1)]}{\mathrm{d}t}\\ &= \frac{\rho\omega}{\gamma}\frac{\mathrm{d}\psi}{\mathrm{d}t} + \frac{W_{\psi}}{RT_1}\frac{\mathrm{d}p_1}{\mathrm{d}t}\end{aligned}$$

即

$$\frac{\rho\omega}{\gamma}\frac{\mathrm{d}\psi}{\mathrm{d}t} + \frac{W_{\psi}}{RT_1}\frac{\mathrm{d}p_1}{\mathrm{d}t} = \omega\frac{\mathrm{d}\psi}{\mathrm{d}t} - \frac{\mathrm{d}Y_1}{\mathrm{d}t}$$

$$\frac{\mathrm{d}P_1}{\mathrm{d}t} = \frac{RT_1}{W_{\psi}}\left(\omega\frac{\mathrm{d}\psi}{\mathrm{d}t}(1-\frac{\rho}{\gamma}) - \frac{\mathrm{d}Y_1}{\mathrm{d}t}\right)$$

由于燃气密度 ρ 远小于火药密度 γ，故

$$\frac{\mathrm{d}p_1}{\mathrm{d}t} \approx \frac{RT_1}{W_{\psi}}\left(\omega\frac{\mathrm{d}\psi}{\mathrm{d}t} - \frac{\mathrm{d}Y_1}{\mathrm{d}t}\right) \tag{5-32}$$

由式(5-34)可知，高压室压力变化决定于秒生成量、秒流出量、火药力、高压室结构等因素。

单位时间燃气生成量是压力 p_1 的幂函数，对 p_1 求导：

$$\frac{\mathrm{d}}{\mathrm{d}p_1}\left(\omega\frac{\mathrm{d}\psi}{\mathrm{d}t}\right) = \gamma sanp_1^{n-1}$$

对 p_1 求二阶导数：

$$\frac{\mathrm{d}^2}{\mathrm{d}p_1^2}\left(\omega\frac{\mathrm{d}\psi}{\mathrm{d}t}\right) = \gamma san(n-1)p_1^{n-2}$$

通常火药压力指数 n 小于 1，$\omega\dfrac{\mathrm{d}\psi}{\mathrm{d}t} - p_1$ 曲线是上凸的，如图 5-27 所示。由高压室流量方程可知，$\mathrm{d}Y_1/\mathrm{d}t$ 与压力 p_1 成正比。

当装药被点燃开始燃烧时，燃气大量生成，但高压室压力还较低，此时每秒生成量大于每秒流出量；随着高压室压力增加，每秒生成量与每秒流出量接近，当达到交点 A 处，生成等于流出，此时压力保持不变，称为平衡压力 p_{eq}。实际在非恒面燃烧的高压室工作过程中，平衡压力是达不到的，理论上的分析是当 $t\to\infty$时才能达到，但在很短的时间内压力就达到

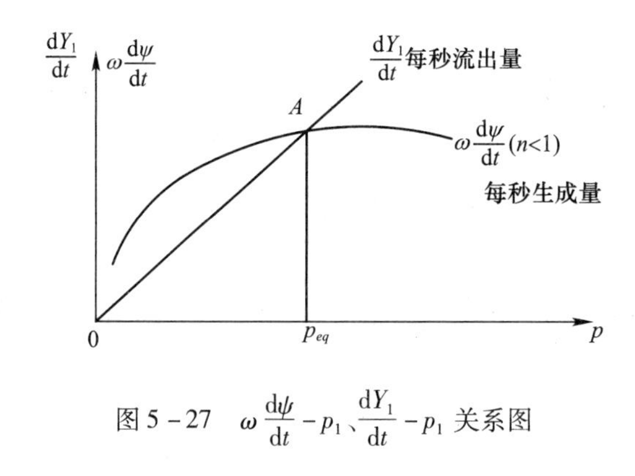

图 5-27　$\omega\dfrac{d\psi}{dt}-p_1$、$\dfrac{dY_1}{dt}-p_1$ 关系图

平衡压力的90%以上，以后平缓地趋近于平衡压力值，直至燃烧结束。这一阶段中，燃气的每秒生成量与每秒流出量相差很小，接近于相等，因而可以看成平衡态工作，即认为在这一阶段，生成等于流出，故将此段称为平衡段。

平衡段的压力曲线不一定是水平的，在增面燃烧的情况下，平衡段的压力曲线是上升的，减面燃烧时则是下降的。这是因为燃烧面的变化破坏了原有的燃气生成与流出的平衡状态，而在新的平衡条件下建立起新的平衡，故随燃烧面的变化，压力曲线可以是逐渐上升的，也可以是逐渐下降的。在恒面燃烧的情况下，理想的压力曲线平衡段是水平的。

五、平衡压力

1. 平衡压力表达式

平衡压力 p_{eq} 达到的条件是生成等于流出，即 $dp_1/dt=0$。

$$\frac{dp_1}{dt}=\frac{RT_0}{W_\psi}\left(\omega\frac{d\psi}{dt}-\frac{dY_1}{dt}\right)=0$$

$$\gamma sap_{eq}^n=C_D S_{kp1}p_{eq}$$

$$p_{eq}=\left(\frac{\gamma sa}{C_D S_{kp1}}\right)^{\frac{1}{1-n}} \tag{5-33}$$

式中：C_D 为流量系数，由高压室流量方程可知，高压室温度恒定时可认为是常数。

用 K_N 表示装药燃烧面积与高压室喷管喉部面积之比，即面喉比，$K_N=s/S_{kp1}$。平衡压力写成：

$$p_{eq}=\left(\frac{\gamma aK_N}{C_D}\right)^{\frac{1}{1-n}} \tag{5-34}$$

2. 平衡压力影响因素

影响平衡压力的因素主要有面喉比、装药初温以及装药性质。

1）平衡压力与面喉比的关系

当火药性质及初温一定时，即 γ、a、C_D、n 为常值时，平衡压力写为

$$p_{eq}=C\,(K_N)^{\frac{1}{1-n}}$$

从上式可以看出，改变 K_N 可以显著改变平衡压力的大小，在选定火药后，可以通过调整 K_N 的值来控制平衡压力的大小。上式等式两边取对数并求导：

$$\ln p_{\mathrm{eq}} = \ln C + \frac{1}{1-n}\ln K_N$$

$$\frac{\mathrm{d}p_{\mathrm{eq}}}{p_{\mathrm{eq}}} = \frac{1}{1-n}\frac{\mathrm{d}K_N}{K_N}$$

上式说明平衡压力的相对变化量是面喉比相对变化量的 $1/(1-n)$ 倍。$1/(1-n)$ 是放大系数，也称平衡压力对面喉比的敏感度。n 越小，平衡压力对面喉比变化越不敏感，这样当面喉比发生偏差时，平衡压力的变化不至于太大。

2）平衡压力与装药初温的关系

之前已经介绍过燃速温度敏感系数的概念，即在初温变化 1K 时燃速的变化量，在压力不变的情况下：

$$\sigma_p = \frac{1}{u}\frac{\mathrm{d}u}{\mathrm{d}t_i} = \frac{\mathrm{d}\ln u}{\mathrm{d}t_i} = \frac{\mathrm{d}\ln a}{\mathrm{d}t_i}$$

下面介绍压力温度敏感系数：当面喉比 K_N 一定时，装药初温变化 1K 时，平衡压力的相对变化量，用 π_k 表示：

$$\pi_k = \frac{1}{p_{\mathrm{eq}}}\left(\frac{\mathrm{d}\ln p_{\mathrm{eq}}}{\mathrm{d}t_i}\right)_{K_N} \tag{5-35}$$

将平衡压力公式(5-36)代入式(5-37)得

$$\pi_k = \frac{1}{1-n}\left(\frac{\mathrm{d}\ln\gamma}{\mathrm{d}t_i} + \frac{\mathrm{d}\ln a}{\mathrm{d}t_i} + \frac{\mathrm{d}\ln C_D}{\mathrm{d}t_i}\right)_{K_N}$$

由于装药密度 γ 和流量系数 C_D 随温度变化很小，可以忽略。π_k 变为

$$\pi_k = \frac{1}{1-n}\left(\frac{\mathrm{d}\ln a}{\mathrm{d}t_i}\right)_{K_N} = \frac{1}{1-n}\sigma_p \tag{5-36}$$

式(5-38)说明压力温度敏感系数是燃速温度敏感系数的 $1/(1-n)$ 倍。为了使高压室在不同的温度范围内的压力曲线的差别尽量小，希望装药有尽可能小的 n 及 σ_p。n 小可降低平衡压力对初温的敏感程度。

燃速对初温的敏感性对高压室的工作性能带来不利的影响。当火药初温低时，高压室压力降低，燃烧时间延长；当火药初温较高时，燃速增加，高压室压力增加，燃烧时间缩短，如图 5-28 所示。

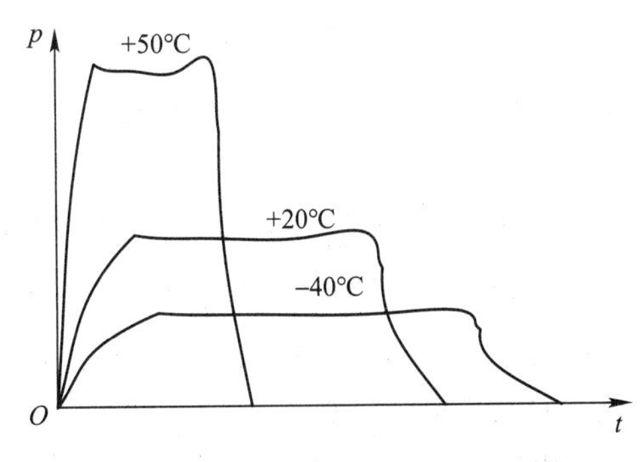

图 5-28　火药初温对高压室压力的影响

3）平衡压力与装药性质的关系

不同火药的 γ、a、C_D、n 均不相同，当面喉比相同时，燃速大、密度大、能量高的装药，平衡压力大。在实际工作中，可以通过实验测出不同火药在不同初温和不同面喉比时的平衡压力值。

3. 高压室压力的稳定性

在实际的燃烧过程中，由于工艺的原因，装药的密度可能不均匀或其燃烧表面积可能有微小的变化，如火药中有允许的麻点或小气孔存在，这样就会在某个瞬时，使燃烧面积突然增加。这些因素常是偶然出现，而又很快消失，造成燃气流出量与生成量不相等，平衡打破。所谓高压室压力的稳定性就是指当出现偶然因素干扰时，高压室压力是否具有自动恢复原来平衡状态的能力。如果能够恢复到原来的平衡状态，则高压室压力具有稳定性。

在一定条件下，高压室压力存在自动调整现象，使高压室工作过程稳定。以 $n<1$ 为例，高压室压力的自动调整过程如图 5-29 所示，当偶然因素导致燃面突然增加时，单位时间燃气生成量 $\omega\frac{d\psi}{dt}$ 也增大，$\omega\frac{d\psi}{dt}-p_1$ 由 A 点移至 B 点，此时燃气生成量大于流出量，压力 p_1 上升超过平衡压力到达 p'_{eq}（C 点）。当偶然因素很快消失，$\omega\frac{d\psi}{dt}-p_1$ 由 C 点回到实线位置 D 点，此时燃气流出量大于生成量，压力下降，又回到平衡压力点 A。这种"自动调整"现象使高压室在偶然因素干扰下仍能稳定地工作，即高压室压力有一种自动趋向于平衡压力的趋势，亦即高压室燃气压力具有稳定性。

高压室压力在 $n>1$ 时的变化情况如图 5-30 所示，当偶然因素导致燃面突然增加时，$\omega\frac{d\psi}{dt}$ 也增大，$\omega\frac{d\psi}{dt}-p_1$ 由 A 点移至 B 点，此时燃气生成量大于流出量，压力 p_1 上升超过平衡压力到达 p'_1。当偶然因素消失，$\omega\frac{d\psi}{dt}-p_1$ 由 C 点回到实线位置 D 点，仍然是燃气生成量大于流出量，压力继续增加，直至高压室爆裂。

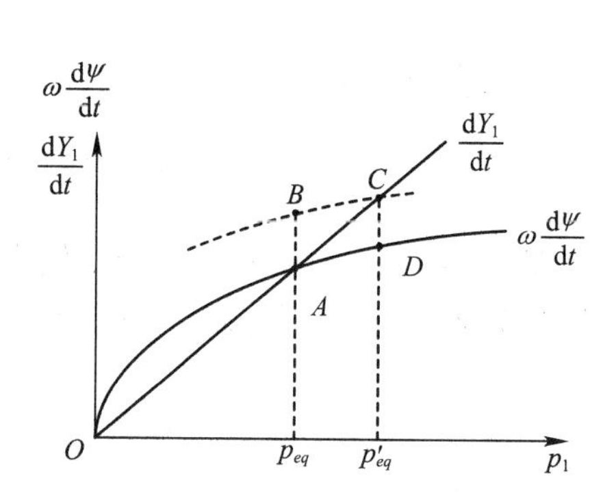

图 5-29　高压室压力在 $n<1$ 时的自动调整过程

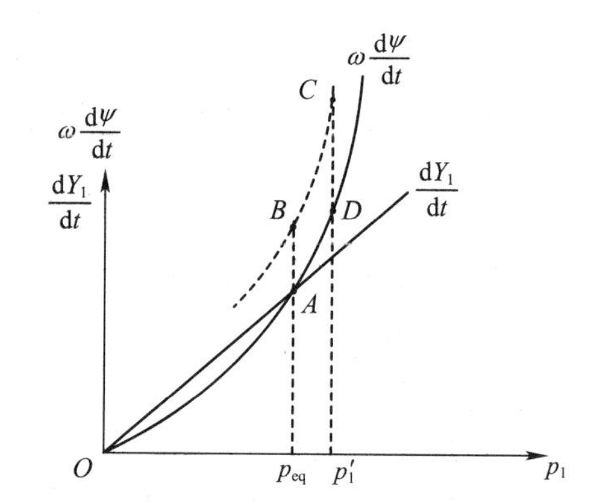

图 5-30　高压室压力在 $n>1$ 时的变化情况

当 $n=1$ 时，$\omega\frac{d\psi}{dt}-p_1$ 与 $\frac{dY_1}{dt}-p_1$ 都是过原点的直线，当二者斜率不同时，压力不可能稳定。当两条直线重合时，看上去每一点都是平衡压力，实际是压力随偶然扰动而变动，总不能稳定于一个确定的 p_{eq}，因而无法把压力控制在一定的范围内。所以在 $n=1$ 的情况下燃气压力也是不稳定的。

由此可知，高压室压力的稳定性是相对于平衡压力而言的。存在平衡压力是压力稳定的前提，$n<1$ 是高压室稳定工作的条件。

第六节　低压室弹射内弹道问题

本节针对活塞式弹射器，介绍低压室弹射内弹道基本问题，即在给定发射筒构造诸元（包括作动筒口径、作动筒截面积、低压室初始容积、活塞杆行程等）、喷口条件（主要指泄压孔面积）及装填条件（包括导弹重量、装药量、火药力、余容、火药密度等）的情况下确定出低压室内的压力变化规律和导弹速度变化规律，特别是确定出低压室内最大压力及导弹离筒速度（也可称初速）这两个重要的内弹道诸元。

弹射过程中，低压室内包含有多种运动形式，在一定的筒内结构及装填条件下，各种运动形式都不是孤立存在的，而是相互依存又相互制约的。低压室的压力变化规律及导弹速度变化规律实际上就是各种矛盾运动综合的结果。为了研究低压室的压力、速度变化规律首先必须列出能够描述低压室主要弹射现象的方程，组成内弹道方程组，这样的方程组应能够反映出各种运动过程相互依存、相互制约的关系。然后再用一定的数学方法，由方程组解出压力曲线及速度曲线，这些曲线反映了发射筒内的压力变化规律及速度变化规律。

一、基本假设

由于弹射现象的复杂性，以及数学处理上的困难，只能在某些假设的基础上用内弹道方程组表示出低压室主要的物理现象，忽略掉次要的现象。低压室内弹道模型基本假设如下：

（1）低压室内燃气按理想气体处理。一般说，当压力小于20MPa，温度大于1400K时，可认为是理想气体；

（2）认为燃气的成分、物理化学性质是固定不变的，爆温 T_0、比热 C_p、绝热指数 k 等按常量处理；

（3）不考虑低压室内压力的空间分布，而是采用瞬时平均压力；

（4）以系数 χ_2 对低压室内的总温进行修正，主要考虑低压室与外界的热交换损失。

二、低压室内弹道方程

低压室内弹道方程主要包括低压室状态方程、低压室流量方程、低压室能量方程、导弹运动方程、活塞杆缓冲运动方程。

1. 低压室状态方程

在弹射器中，由于活塞的不断运动，低压室容积不断扩大，因而属于变容积的情况。又由于低压室有燃气的流入和流出，可以建立某瞬时的状态方程。考虑到低压室的燃气状态为高温低压，故可以将其视为理想气体，不考虑余容的影响。由此，低压室变容条件下气体状态方程为

$$p_2 = \frac{(Y_1 - Y_2)RT_2}{W_{20} + S_{cy}l_{hs}} \tag{5-37}$$

式中：T_2 为低压室内温度；Y_1 为高压时燃气流出量；Y_2 为作动筒卸压流量；S_{cy} 为作动筒活塞总承压面积；l_{hs} 为活塞杆行程。式中没有考虑作动筒初始容积，也没有考虑后坐力引起的作动筒自由容积增大。

2. 低压室流量方程

弹射器低压室的燃气流入大气空间，一般认为低压室压力远大于环境压力，泄压口的流动状态处于临界状态，可得泄压孔的流量方程如下：

$$\frac{\mathrm{d}Y_2}{\mathrm{d}t}=C_D S_{kp2} p_2 \tag{5-38}$$

式中：流量系数$C_D=\varphi_{22}\sqrt{k}\left(\frac{2}{k+1}\right)^{\frac{k+1}{2(k-1)}}\Big/\sqrt{\chi_2 RT_2}$，$\varphi_{22}$为流量修正系数，$\chi_2$为作动筒的温度修正系数；$S_{kp2}$为作动筒卸压孔面积。

3. 低压室能量方程

为了建立能量方程，必须对各种能量变化情况进行分析。低压室有燃气的流入和流出，属于开口系统，根据热力学第一定律的能量方程式：

进入系统的能量 - 离开系统的能量 = 系统中存储能量的变化

一般来说，对于开口的热力系统，进入系统的能量包括从外界传入的热量、外界对物质流所做的功以及随同物质流带进系统的能量；而离开系统的能量包括向外传出的热量、对外所做的功以及随同物质流带出系统的能量。如图5-31所示，1-1为高压室出口截面，$e-e$为低压室入口截面。

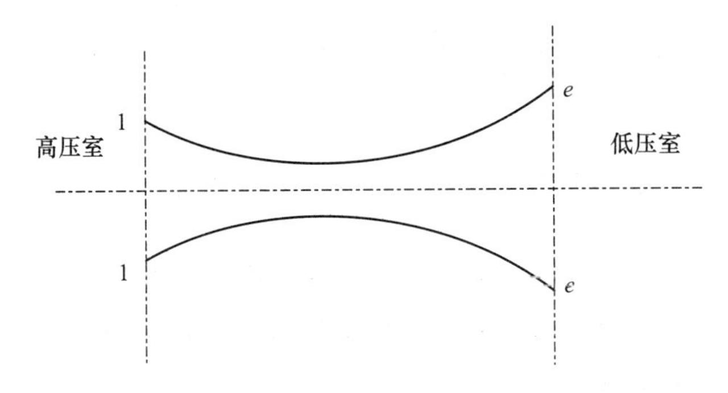

图5-31 高压室压力在$n>1$时的变化情况

1）进入系统的能量

进入系统的能量包括流入工质的宏观动能、流入工质的重力位能、系统吸收的热量以及工质带入的焓。与其他能量相比，流入工质的重力位能很小，可以忽略。另外，不考虑系统的热交换，系统吸热可以忽略。

$\mathrm{d}t$时间内工质带入的焓$\mathrm{d}H_1$可以表示为

$$\mathrm{d}H_1=\mathrm{d}Y_1(c_p|_0^{T_e})=\mathrm{d}Y_1 c_p T_e \tag{5-39}$$

式中：$\mathrm{d}Y_1$为$\mathrm{d}t$时间流入低压室的工质质量；T_e为低压室入口截面的温度。

根据一维定长等熵流动假设，高压室出口截面温度T_1与低压室入口截面温度T_e之间的关系为

$$\frac{T_1}{T_e}=1+\frac{k-1}{2}Ma_e^2 \tag{5-40}$$

式中：Ma_e 为低压室入口截面流体的马赫数。

假定：$\alpha=\left(1+\frac{k-1}{2}Ma_e^2\right)^{-1}$

$\mathrm{d}t$ 时间内工质带入的焓 $\mathrm{d}H_1$ 表示为 $\mathrm{d}H_1=\mathrm{d}Y_1(c_p|_0^{T_e})=\mathrm{d}Y_1c_p\alpha T_1$。

流入系统流体的宏观动能为$\frac{1}{2}\mathrm{d}Y_1v_e^2$。

根据式(5－22)的流速方程可知：

$$v_e=\sqrt{2\frac{kRT_1}{k-1}\left[1-\left(\frac{p_e}{p_1}\right)^{\frac{k-1}{k}}\right]} \tag{5-41}$$

由等熵假设可知：

$$\left(\frac{p_e}{p_1}\right)=\left(\frac{T_e}{T_1}\right)^{-\frac{k-1}{k}} \tag{5-42}$$

根据式(5－42)可知：

$$\frac{T_e}{T_1}=\left(1+\frac{k-1}{2}Ma_e^2\right)^{-1}=\alpha^{-1} \tag{5-43}$$

因此，流入系统流体的宏观动能可写为

$$\frac{1}{2}\mathrm{d}Y_1v_{e1}^2=\mathrm{d}Y_1\frac{k}{k-1}RT_1(1-\alpha_1)=(1-\alpha_1)\mathrm{d}Y_1c_pT_1 \tag{5-44}$$

带入系统的能量 $E_{入}$ 为工质带入的焓 $\mathrm{d}H_1$ 与流入系统的宏观动能之和：

$$E_{入}=\mathrm{d}H_1+\frac{1}{2}\mathrm{d}Y_1v_{e1}^2=\mathrm{d}Y_1c_pT_1$$

2）离开系统的能量

与进入系统能量类似，工质带出的焓与流出系统流体的宏观动能之和 $\mathrm{d}Y_2c_pT_2$。

$\mathrm{d}t$ 时间工质对导弹做功 δW 为

$$\mathrm{d}W=\mathrm{d}\left(\frac{1}{2}mv_\mathrm{m}^2\right)=mv_\mathrm{m}\mathrm{d}v_\mathrm{m} \tag{5-45}$$

式中：v_m 为导弹速度。

如不考虑热交换和重力位能，离开系统的能量 $E_{出}$ 为工质带出的焓 $\mathrm{d}H_1$、流出系统的流体宏观动能以及工质对导弹做功这三部分之和，即

$$E_{出}=\mathrm{d}Y_2c_pT_2+mv_m\mathrm{d}v_\mathrm{m} \tag{5-46}$$

3）系统中存储能量的变化量

燃气在低压室内无流动，低压室宏观动能可以忽略不计；与其他能量相比，流入工质的重力位能很小，也可以忽略。因此系统中存储能量的变化量实际上是 $\mathrm{d}t$ 时间内系统内能的变化量，即进入系统的工质引起的内能增加、离开系统的工质引起的内能减小。

$$\mathrm{d}U=\mathrm{d}Y_1(c_v|_0^{T_2})-\mathrm{d}Y_2(c_v|_0^{T_2})=\mathrm{d}Y_1c_vT_2-\mathrm{d}Y_2c_vT_2 \tag{5-47}$$

综合以上分析，能量守恒方程式可以写为

$$c_p T_1 \mathrm{d}Y_1 - c_p T_2 \mathrm{d}Y_2 - m v_\mathrm{m} \frac{\mathrm{d}v_\mathrm{m}}{\mathrm{d}t} = c_v T_2 (\mathrm{d}Y_1 - \mathrm{d}Y_2) \tag{5-48}$$

因此,低压室工质的温度 T_2 可以表示为

$$T_2 = \frac{c_p T_1 \mathrm{d}Y_1 - m v_\mathrm{m} \dfrac{\mathrm{d}v_\mathrm{m}}{\mathrm{d}t}}{c_p \mathrm{d}Y_2 + c_v (\mathrm{d}Y_1 - \mathrm{d}Y_2)} \tag{5-49}$$

4. 导弹运动方程

根据牛顿第二定律:

$$\frac{\mathrm{d}v_\mathrm{d}}{\mathrm{d}t} = \frac{F_\mathrm{ts}}{m_\mathrm{ts}} \tag{5-50}$$

$$\frac{\mathrm{d}l_\mathrm{hs}}{\mathrm{d}t} = v_\mathrm{m} \tag{5-51}$$

式中:F_ts为弹射力,$F_\mathrm{ts} = p_2 S_\mathrm{cy} - f_\mathrm{m} - m_\mathrm{ts} g$,$f_\mathrm{m}$ 为摩擦阻力,$f_\mathrm{m} = c m_\mathrm{ts} g$;$m_\mathrm{ts}$为弹射总质量;$l_\mathrm{hs}$为活塞杆的行程。

5. 活塞杆缓冲运动方程

引用缓冲器的力 – 位移关系式 $F_\mathrm{hs} = k_\mathrm{h}\ (ax + b)^{e_\mathrm{h}}$,将其表示为

$$F_\mathrm{hc} = k_\mathrm{h}\ (a l_\mathrm{hs} + b)^{e_\mathrm{h}} \tag{5-52}$$

式中:F_hc为缓冲器的缓冲力;k_h、a 为缓冲器缓冲系数;e_h 为缓冲器缓冲指数;b 为缓冲器缓冲常数。

则活塞杆在撞击缓冲器后的缓冲运动方程和速度方程为

$$\frac{\mathrm{d}v_\mathrm{hs}}{\mathrm{d}t} = \frac{F_\mathrm{hs} - F_\mathrm{hc}}{m_\mathrm{hs}} \tag{5-53}$$

$$\frac{\mathrm{d}l_\mathrm{hs}}{\mathrm{d}t} = v_\mathrm{hs} \tag{5-54}$$

式中:v_hs为活塞杆运动速度;m_hs为活塞杆及后梁的质量。

第七节　弹射内弹道问题求解设计

对于高、低压室弹射内弹道方程组,可以采用数值解法,获得高压室的压力 – 时间、温度 – 时间曲线以及低压室的压力 – 位移、速度 – 位移、压力 – 时间、速度 – 时间曲线,对高压室、低压室的内弹道问题进行深入分析。

一、基于四阶龙格 – 库塔法的弹射内弹道解法

通过前面几节分析可知,弹射内弹道问题的求解实质上是微分方程组的求解。常规解析方法求解困难很大,计算机数值积分计算是求解弹射内弹道问题最有效的方法。常用的数值积分算法是四阶龙格 – 库塔法,具有四阶精度,计算量适中。本节采用四阶龙格 – 库塔法求解增面燃烧条件下活塞式弹射器内弹道问题。

增面燃烧条件下活塞式弹射器内弹道方程组包括装药已燃比例随时间的变化率 $\mathrm{d}\psi/\mathrm{d}t$、燃面面积随时间变化率 $\mathrm{d}s/\mathrm{d}t$、高压室压力随时间的变化率 $\mathrm{d}p_1/\mathrm{d}t$、高压室燃气流出量随时间的变化率 $\mathrm{d}Y_1/\mathrm{d}t$、低压室燃气流出量随时间的变化率 $\mathrm{d}Y_2/\mathrm{d}t$、导弹速度随时间的变化率 $\mathrm{d}v_{\mathrm{m}}/\mathrm{d}t$、活塞位移随时间的变化率 $\mathrm{d}l_{\mathrm{hs}}/\mathrm{d}t$、低压室燃气压强 p_2 表达式、低压室燃气温度 T_2 表达式，如下式：

$$
\begin{cases}
\dfrac{\mathrm{d}\psi}{\mathrm{d}t} = \gamma su/\omega \\
\dfrac{\mathrm{d}s}{\mathrm{d}t} = 2\pi L\dfrac{\mathrm{d}e}{\mathrm{d}t} \\
\dfrac{\mathrm{d}p_1}{\mathrm{d}t} = \dfrac{RT_1}{W_\psi}\left(\omega\dfrac{\mathrm{d}\psi}{\mathrm{d}t} - \dfrac{\mathrm{d}Y_1}{\mathrm{d}t}\right) \\
\dfrac{\mathrm{d}Y_1}{\mathrm{d}t} = C_D S_{kp1} p_1 \\
\dfrac{\mathrm{d}Y_2}{\mathrm{d}t} = C_D S_{kp2} p_2 \\
\dfrac{\mathrm{d}v_{\mathrm{d}}}{\mathrm{d}t} = \dfrac{p_2 S_{cy} - f_{\mathrm{m}} - m_{\mathrm{ts}} g}{m_{\mathrm{ts}}} \\
\dfrac{\mathrm{d}l_{hs}}{\mathrm{d}t} = v_m \\
p_2 = \dfrac{(Y_1 - Y_2)RT_2}{W_{20} + S_{\mathrm{cy}} l_{\mathrm{hs}}} \\
T_2 = \left(kT_0\dfrac{\mathrm{d}Y_1}{\mathrm{d}t} - \dfrac{p_2 S_{\mathrm{cy}} v_{\mathrm{d}}}{c_v}\right) \Big/ \left(\dfrac{\mathrm{d}Y_1}{\mathrm{d}t} - \dfrac{\mathrm{d}Y_2}{\mathrm{d}t} + k\dfrac{\mathrm{d}Y_2}{\mathrm{d}t}\right)
\end{cases}
\tag{5-55}
$$

设变量 $y = (\psi, p_1, s, Y_1, Y_2, v_m, l_{hs})$，右函数 $f = (f_1, f_2, f_3, f_4, f_5, f_6, f_7)$，其中 $f(t, y)$ 由 7 个微分方程的右函数组成，即

$$
\begin{cases}
f_1 = \gamma su/\omega \\
f_2 = 2\pi L\dfrac{\mathrm{d}e}{\mathrm{d}t} \\
f_3 = \dfrac{RT_1}{W_\psi}\left(\omega\dfrac{\mathrm{d}\psi}{\mathrm{d}t} - \dfrac{\mathrm{d}Y_1}{\mathrm{d}t}\right) \\
f_4 = C_D S_{kp1} p_1 \\
f_5 = C_D S_{kp2} p_2 \\
f_6 = \dfrac{p_2 S_{\mathrm{cy}} - f_{\mathrm{m}} - m_{\mathrm{ts}} g}{m_{\mathrm{ts}}} \\
f_7 = v_{\mathrm{m}}
\end{cases}
$$

初始条件 $y_0=(\psi(0),p_1(0),s(0),Y_1(0),Y_2(0),v_m(0),l_{hs}(0))$，微分方程组写为标准形式：

$$\begin{cases}\dfrac{\mathrm{d}y}{\mathrm{d}t}=f(t,y)\\ y_0=(\psi(0),p_1(0),s(0),Y_1(0),Y_2(0),v_m(0),l_{hs}(0))\end{cases} \tag{5-56}$$

对于以上一阶微分方程组，利用经典四阶龙格－库塔法进行求解：

$$\begin{cases}y_{k+1}=y_k+\dfrac{h}{6}(K_1+2K_2+2K_3+K_4)\\ K_1=f(t_k,y_k)\\ K_2=f\left(t_k+\dfrac{h}{2},y_k+\dfrac{h}{2}K_1\right)\\ K_3=f\left(t_k+\dfrac{h}{2},y_k+\dfrac{h}{2}K_2\right)\\ K_4=f(t_k+h,y_k+hK_3)\end{cases} \tag{5-57}$$

式中：h 为步长。

在每次迭代过程中，利用得到的 y_{k+1}（包括 ψ、p_1、s、Y_1、Y_2、v_{m}、l_{hs}）求解低压室压力 p_2 和温度 T_2：

$$\begin{cases}p_2=\dfrac{(Y_1-Y_2)RT_2}{W_{20}+S_{\mathrm{cy}}l_{\mathrm{hs}}}\\ T_2=\left(kT_0\dfrac{\mathrm{d}Y_1}{\mathrm{d}t}-\dfrac{p_2S_{\mathrm{cy}}v_{\mathrm{m}}}{c_v}\right)\Big/\left(\dfrac{\mathrm{d}Y_1}{\mathrm{d}t}-\dfrac{\mathrm{d}Y_2}{\mathrm{d}t}+k\dfrac{\mathrm{d}Y_2}{\mathrm{d}t}\right)\end{cases} \tag{5-58}$$

二、计算步骤

以两端包覆的增面燃烧管状火药为例，给出计算机求解设计的一般步骤。

第1步：设置仿真步长 T，装药质量 ω，装药内径 d，装药外径 D，装药个数 n_1，装药燃速系数 a，压力指数 n，气体常数 R，高压室喷口面积 S_{kp1}、低压室泄压口面积 S_{kp2}，高压室初始容积 W_{10}，低压室初始容积 W_{20} 等参数。

第2步：在任意一个时刻 $t_k=kT$ 计算 K_1、K_2、K_3、K_4。具体过程为：通过右函数等式 $K_1=f(t_k,y_k)$ 计算 $K_1=(\mathrm{d}\psi^{(1)},\mathrm{d}s^{(1)},\mathrm{d}p_1^{(1)},\mathrm{d}Y_1^{(1)},\mathrm{d}Y_2^{(1)},\mathrm{d}v_m^{(1)},\mathrm{d}l_{hs}^{(1)})$，通过右函数等式 $K_2=f\left(t_k+\dfrac{h}{2},y_k+\dfrac{h}{2}K_1\right)$ 计算 $K_2=(\mathrm{d}\psi^{(2)},\mathrm{d}s^{(2)},\mathrm{d}p_1^{(2)},\mathrm{d}Y_1^{(2)},\mathrm{d}Y_2^{(2)},\mathrm{d}v_m^{(2)},\mathrm{d}l_{hs}^{(2)})$，通过右函数等式 $K_3=f\left(t_k+\dfrac{h}{2},y_k+\dfrac{h}{2}K_2\right)$ 计算 $K_3=(\mathrm{d}\psi^{(3)},\mathrm{d}s^{(3)},\mathrm{d}p_1^{(3)},\mathrm{d}Y_1^{(3)},\mathrm{d}Y_2{}^{(3)},\mathrm{d}v_m^{(3)},\mathrm{d}l_{hs}^{(3)})$，通过右函数等式 $K_4=f(t_k+h,y_k+hK_3)$ 计算 $K_4=(\mathrm{d}\psi^{(4)},\mathrm{d}s^{(4)},\mathrm{d}p_1^{(4)},\mathrm{d}Y_1^{(4)},\mathrm{d}Y_2^{(4)},\mathrm{d}v_m^{(4)},\mathrm{d}l_{hs}^{(4)})$。

第3步：利用 $y_{k+1}=y_k+\dfrac{T}{6}(K_1+2K_2+2K_3+K_4)$，计算装药已燃比例 ψ、燃面面积 s、高

压室压强 p_1、高压室燃气流出量 Y_1、低压室燃气流出量 Y_2、导弹速度 v_m、活塞位移 l_{hs}，利用式(5－60)计算低压室压力 p_2 和温度 T_2，$k=k+1$。循环执行第 2 步和第 3 步，直到弹射器活塞位移达到某一规定值时，计算停止，输出计算结果。

三、算例分析

以下为特定初始参数下，利用经典四阶龙格－库塔法对弹射内弹道问题进行求解，图 5－33是导弹 v_m-t 曲线、$l-t$ 曲线，图 5－32 为 p_1-t 曲线、p_2-t 曲线。

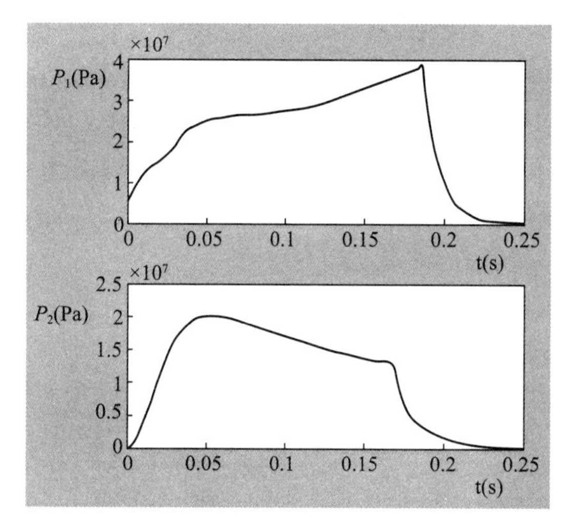

图 5－32　p_1-t、p_2-t 曲线

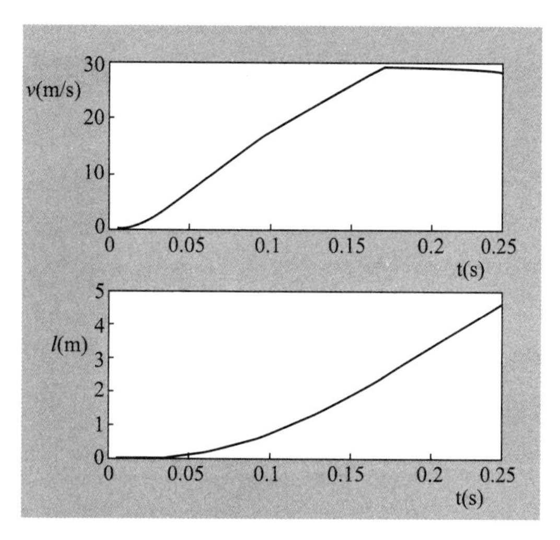

图 5－33　v_m-t、$l-t$ 曲线

说明如下：

(1) 从高压室曲线 p_1-t 中可以看出，把火药全面燃烧时的压力 4.5MPa 作为初始压力，燃烧开始阶段压力呈现平缓上升趋势；在 $t=0.18$s 时，压力达到最大值，然后压力急剧下降。这是由于火药增面燃烧引起的压力上升，压力达到最大值表示火药已经燃完，下降段即为高压室的排气段，可以看出持续时间很短。

(2) 从低压室 p_2-t 曲线中可以看出，由于高压室高温高压燃气通过喷孔流向低压室，低压室压力 p_2 不断上升，低压室最高压力达到 $p_2=2\times10^7$Pa，然后呈平缓的下降趋势。在 $t=0.16$s 左右，通过导弹行程 $l-t$ 曲线得出，此时导弹行程为 $l=2.3$m，此时压力迅速下降直到零。出现这些现象的原因是：弹射初期低压室是密闭的，对外没有燃气流出，在导弹运动的初始阶段，导弹的运动速度还不是很快，因此出现了初始压力峰。随着导弹速度的增大，低压室容积越来越大，压力开始平缓下降，在 $t=0.16$s 左右，低压室开始卸压，导致压力迅速下降为零。

(3) 从活塞速度 v_m-t 曲线可看出，导弹在筒内的速度不断增大，在出筒时刻速度限制到 $v_m=29$m/s。导弹承受的过载被限制在 25g。

综上所述，整个过程实现了高压燃烧、低压推弹。尽管高压室采用了增面燃烧火药，可以看出低压室起到了很好的缓冲作用，低压室压力变化比较平缓且呈下降趋势。低压室末段的卸压孔有利于遏止压力的不断增大，这对减小导弹承受的最大过载起到了非常重要的作用。

思　考　题

1. 简述弹射器的一般组成以及各部分的作用。

2. 简述活塞式弹射器的结构和工作过程。

3. 画图分析在压力指数小于 1 和大于 1 两种条件下,高压室平衡压力是否能够保持稳定。

4. 简述高压室喷口流量公式,给出高压室喷口流量的影响因素。

5. 请建立弹射内弹道高压室、低压室方程组,设计数值求解算法。

第六章　地空导弹垂直发射技术

地空导弹垂直发射技术是地空导弹对付饱和攻击而采用的一项技术，是20世纪70年代以来，随着高技术的发展而发展起来的一种战术导弹发射技术。本章介绍导弹垂直发射的发展概况、特点及发展趋势，以及与导弹垂直发射密切相关的捷联惯导技术、推力矢量控制技术、大攻角飞行控制技术、俯仰转弯方案设计、初始瞄准技术等关键技术。

第一节　概　　述

早在20世纪60年代，垂直发射方式已在拦击中，高空目标的"波马克"、"奈基－2"、SA－1等第一代地空导弹中应用，导弹在发射升空后没有快速转弯功能，继承了弹道导弹的垂直发射技术。因当时战术导弹垂直发射技术中，完成初始瞄准的关键技术还未得到较好的解决，而未在地空导弹中广泛应用。直到20世纪70年代末，随着微电子、数字计算机、惯导等技术的发展，以及抗击多目标饱和攻击的需要，战术导弹垂直发射技术才有了较大的突破和发展。至今，苏联、美国、西欧等国都在这一领域取得成就，并促进了地空导弹垂直发射技术的迅速发展。至20世纪80年代，垂直发射技术趋于成熟。

一、发展概况

伴随着发射方式的改变，垂直发射面临许多关键技术。就发射系统而言，主要涉及燃气处理、安全保障和导弹补给装填等技术。这些技术的解决为垂直发射技术的实现开辟了道路，而垂直发射技术的实现最终依赖于先进的导弹技术。

苏联是世界上最早发展地空导弹垂直发射技术的国家，现已在俄罗斯装备并发展了SA－10系列、SA－12、SA－15、SA－21等地空导弹武器系统，其中，SA－21可配用多达十余种型号的地空导弹，主要分为48H6E系列导弹、40H6E远程导弹、9M96系列小型化导弹等，通用性强、空域性好、速域宽，如图6－1所示。

图6－1　SA－21发射车及其导弹

苏联舰空型号均是由地空型号移植过来的，于1980年率先装备了SA－10的舰载型SA－N－6中程舰空导弹垂直发射系统，它是苏联最有效的舰空导弹，已服役在“基洛夫”级巡洋舰，如图6－2所示。此外，还装备了SA－15的舰载型SA－N－9近程舰空导弹垂直发射系统。

图6－2　SA－N－6舰载导弹垂直发射系统

美国主要发展舰空导弹的垂直发射技术。20世纪70年代初，美国海军开始对垂直发射进行探索性的工作，主要是导弹转弯技术，如推力矢量控制喷管、燃气舵、侧面推进器等。1972年开始，美国动力公司对垂直发射标准导弹，开展了垂直发射可行性、设计和制造轻型发射箱、在极大的侧风下垂直发射的能力，以及安全排除导弹发动机燃气的排导系统等试验验证工作。1973年开始，美国雷声公司对垂直发射动力进行了多项试验研究，试验采用“弹射”的方法代替热发射，试验内容包括在极强的侧风中，用气压动力垂直发射导弹；导弹发动机空中点火；用可编程序的数字式自动驾驶仪进行精确地控制；燃气舵控制导弹按程序迅速转弯；飞行中气动力控制的平稳性等。

美国海军现已装备有“标准”“海麻雀”“雷斯盾”“西埃姆”四种型号垂直发射舰空导弹系统。舰载战术导弹垂直发射系统中最典型的是美国MK41垂直发射系统，可发射7种不同作战用途的战术导弹，MK41垂直发射装置采用热发射，设有燃气排导系统，排导系统在导弹点火或发动机误点火时排导燃气，防止舰艇被损坏；且有吊装设备，不仅可在基地或锚地，而且还可在海上补给弹药，如图6－3所示。

美国在地空导弹系列中，除了第一代的“奈基－2”采用垂直发射外，第二、三代地空导弹中还没有采用垂直发射的型号。但“末段高层导弹防御系统”（THAAD）以及与以色列合作研制的“箭”式反导导弹等陆基型号均采用垂直或准垂直发射，如图6－4、图6－5所示。

西欧国家中的英国、法国、意大利等国及以色列也研制了多种采用垂直发射技术的地（舰）空导弹系统。英国自1982年以来，已着手将“海狼”舰空导弹加装助推器，使其发展为垂直发射型点防御系统，至今已服役在装有32枚导弹的23型护卫舰，如图6－6所示。以色列研制的“巴拉克”防空导弹是一种陆、海兼用的垂直发射近程防空导弹武器系统，如

图 6－3　MK41 导弹垂直发射系统

图 6－7所示。由法国、意大利、英国和欧洲其他国家共同研制的未来防空导弹(future surface to air family,FSAF)系列地(舰)空导弹系统,采用西尔瓦 A50 模块式 8 联装垂直发射装置,配备 Aster－15 或 Aster－30 导弹。由意大利、德国、美国等国家联合研制的迈兹(medium extended air defense system,MEADS)适于拦截飞机、巡航导弹和战术弹道导弹,采用准垂直发射方式,如图 6－8 所示。

图 6－4　末段高层导弹防御系统(THAAD)

图 6－5　以色列“箭”式地空导弹武器系统

图6-6　英国“海狼”舰空导弹武器系统

图6-7　以色列“巴拉克”舰空导弹武器系统

图6-8　MEADS地空导弹武器系统

二、垂直发射的特点

由于地空导弹的垂直发射,解决了导弹的初制导问题,而带来了一系列的好处,与传统的倾斜瞄准式发射系统相比,垂直发射系统具有如下特点:

1. 可实现全方位发射,无发射禁区

垂直发射系统不需要发射装置带弹瞄准即可向射程内任何方向的目标发射导弹,即发射的导弹垂直升空一定的高度后,进行转弯,再向目标攻击,实现全方位发射。

2. 系统反应时间快,发射速率高

垂直发射装置在发射导弹过程中,不需要带弹对目标瞄准和同步跟踪,省去了发射装置瞄准调转所需的时间,使得发射准备时间缩短、反应时间快。如SA-10地空导弹系统,其展开、撤收时间均为5min,展开转战斗时间小于3min,发射准备时间为15s,发射间隔为3s。

3. 载弹量大,发射火力强

载弹量的多少,是对多批次目标连续作战的决定因素,是战斗力的标志。垂直发射装置能够采用模块式多联装结构,使系统有较多的备弹量。对于地空导弹来讲,这个问题好解决,可通过增加导弹联装数量和发射装置的数量,来增加载弹量。但对舰空导弹来讲,由于舰船环境条件的限制,只有改变发射方式,才能增加载弹量。例如,美国的MK-41舰空导弹垂直发射系统,可使倾斜发射系统(MK-26)的44枚弹仓装61枚导弹,使载弹量增加1/3以上。

4. 系统通用性强,作战多功能

垂直发射系统适合于采用贮运发射箱式多功能模块结构,使系统通用性加强,可实现作战多功能。

这种多功能模块式结构特别适合于舰空导弹的舰船环境。每一个模块式结构都可以成为一个独立的导弹发射系统,它既是贮弹舱,又是发射舱。这种模块式结构也便于实现标准化、系列化,便于实现一种弹舱可在多种舰船上使用,便于一种弹舱发射几种型号的导弹。这一优点为战时后勤补给带来极大的方便,大大提高了导弹武器系统的作战能力。例如,MK-41垂直发射系统可以发射"标准"舰空导弹、"鱼叉"反舰导弹、"阿斯洛克"反潜火箭、"战斧"巡航导弹等。

5. 采购及维修费用低

由于垂直发射装置结构简单,因此设备成本低,故障率低,使用维护方便。例如,MK-41垂直发射系统的采购费用仅为MK-26倾斜发射系统的30%。

综上所述,地空导弹垂直发射系统具有反应快、火力强、造价低、可靠性高及可维修性好等优点。因为垂直发射系统要求导弹要具有发射后快速转弯的能力,所以使导弹自身的设备复杂,造价提高。另外,攻击近距离快速活动目标时,垂直发射会影响导弹杀伤近界距离。

三、发展趋势

1. 同心筒式发射装置

同心筒式发射装置可为任何一种舰载战术导弹提供独立的发射系统,其中的关键模块是独立式燃气排导系统和分布式发射控制电子设备。独立的燃气排导系统为在舰艇上自由布置导弹提供了条件;分布式电子系统可使各个独立的武器系统组成网络,灵活性更大,成本更低。与现役导弹发射装置相比,同心筒式发射装置不仅质量轻、结构简单、造价低,而且可显著提高发射系统的性能。

1)独立式燃气排导系统

每个同心筒式发射装置完全独立,且无运动部件,因而没有磨损,无须维修。2个发射筒均为轻型圆筒结构,仅有内筒、外筒、半球形端盖、底板等基本构件,如图6-9所示。同心发射筒是一个完整的发射系统,其燃气排导是将2个同心筒间的环形间隙作为排放燃气流的通道,导弹发动机产生的燃气通过发射筒底板上的开孔,在底板下面半球形端盖的作用下流转180°进入两筒间的环形间隙,改变底板上孔口的大小可控制燃气排放产生的推力。

2)分布式发射控制电子设备

为适应下一代防空武器系统的需要,将采用局域网络进行内部数据通信,各种导弹武器控制系统由发射控制局域网络给出发射信号,同心筒式发射装置接收并处理这些信号。某些情况下,武器控制系统与同心发射筒可进行双向数据通信。每个同心发射筒中有"热"端和"冷"端两套电路板,"热"端板还可控制对舱口盖的开启和除冰,"冷"端板只在准备发射导弹时才使用。所有同心发射筒使用通用的电子线路板,与武器类型无关,不同类型的导弹

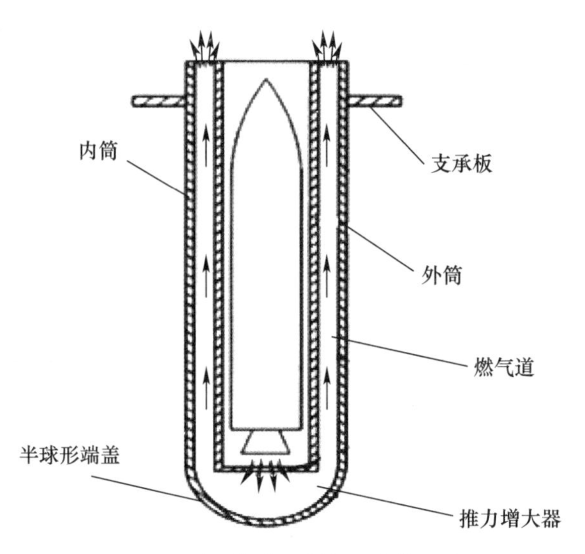

图 6-9　同心筒式发射装置结构示意图

仅软件不同。

电气结构过于复杂是新型导弹用于现役发射系统的最大障碍。如“战斧”导弹需要 1 个用于传输工作电源和信号的 72 脚连接器,点火装置还需要 1 个 16 脚插头。用 MK41 发射“战斧”和“SM2/标准”导弹的贮运发射箱内装有 1 个 145 脚的连接器,如果发射“捕鲸叉”和“海麻雀”导弹,则还需加装 400Hz 的电源电路。因此,必须对电气设备,包括数千个接点、辅助继电器和新电源进行改装、验证和试验后才能用现有的发射装置发射新型导弹。新型导弹的不断出现,使导弹与发射装置兼容的难度和成本大幅增加。同心筒式发射装置的电路结构解决了这一难题,其开放式通用电气系统可以在不改变发射装置电气系统的情况下适应新型导弹的发射。

2. 共架发射

采用共架垂直发射可以集中发挥各种型号导弹的长处,从而提高防空武器系统的作战性能,极大地增强综合作战效能。一方面,发射方式直接影响着武器装备的使用性能,尤其对武器系统的作战空域、系统反应时间、火力周期、火力强度、使用可靠性和全寿命周期费用的影响更加明显;另一方面,共架垂直发射也促进了防空武器相关技术的研究和进步,是地空导弹武器系统发展的必然趋势。以下是共架发射的基本要求:

(1) 采用模块化设计,多种、多发导弹采用模块化垂直发射,可以使设备大大简化、提高快速反应能力,也便于共架的实现。

(2) 发射模块能够装载不同型号导弹,具有在相应指控系统的控制下同时发射多枚导弹的能力。

(3) 在共架垂直发射中,导弹都是以箱(筒)弹方式装在发射装置中,包括“冷”发射和“热”发射的各种导弹。冷发射导弹采用现有的弹射方式,热发射的导弹可以采用同心筒的结构解决燃气排导问题。

(4) 制定统一的导弹发射箱(筒)的接口结构和尺寸。统一的接口可为在研的导弹提供尺寸标准,也利于发射装置的设计。

（5）充分研究导弹发控技术，了解各种地空导弹发控系统、指控系统和导弹系统的特点。在综合权衡的基础上，重新划分各系统之间的任务分工界面，制定通用的有关标准。同时，应用一系列新技术，制定地空导弹通用发控方案。

第二节　导弹初始转弯方案

垂直发射技术在地空导弹系统中的成功运用，主要是解决了地空导弹垂直发射的快速转弯技术，大大地提高了地空导弹系统的性能，以全空域、反应快、精度高、火力强的特点适应反空袭作战的要求。地空导弹垂直发射技术必须以体现高技术的现代雷达技术、数字计算机技术、信息处理及传输技术、导弹及控制技术、电子机械系统的自动控制技术等综合运用为基础，才能实现导弹的快速转弯，达到导弹战斗运用过程的“稳准快”。

垂直发射导弹的转弯一般采用程序控制，但不同类型的导弹对转弯程序控制的要求可能有所不相同。

一、转弯后终点参数要求

1. 导弹姿态参数

转弯结束后，导弹一般进入中制导或末制导飞行段。为了保证导弹的控制基准，或使半主动导引头的极化扭角在其允许范围之内，需在导弹进入中制导之前，对导弹的滚动姿态进行控制。转弯结束时的俯仰角和偏航角过大，影响到后续飞行段的飞行弹道，使需用过载增加，导弹速度损失增大；对于转弯后级间分离的导弹，使分离干扰增加。对于转弯后直接进入寻的制导的导弹，如果导弹姿态超过了导引头天线的极限偏角范围，则影响到对目标的截获。

2. 导弹弹道参数

对于拦截超低空目标的垂直发射导弹，为了减少导弹平均速度损失，减少拦截所需的时间，降低对目标探测或导引头作用距离的要求，往往对转弯结束时的飞行高度提出要求；对于采用指令中制导的垂直发射导弹，应使导弹在转弯结束后位于制导雷达的波束范围内，因此需对转弯结束后的导弹位置参数提出要求；为了满足导弹导引规律的要求，或其他特殊弹道设计要求，如高抛弹道，对转弯结束后的弹道倾角应提出要求。

以寻的制导导弹为例，弹目运动关系如图 6－10 所示。

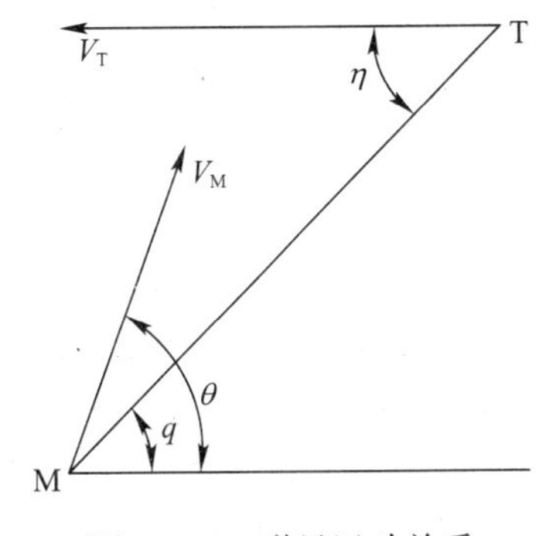

图 6－10　弹目运动关系

如采用比例导引法，其制导规律为

$$\dot{\theta} = k\dot{q}$$

图6-10中T为目标，M为导弹，$\dot{q}$ 为目标视线角速度。若 $\dot{q}=0$，则导弹弹道倾角变化率 $\dot{\theta}=0$，导弹沿直线飞行与目标相遇。为了实现 $\dot{q}=0$，需保证 $V_{\mathrm{M}}\sin(\theta-q)=V_{\mathrm{T}}\sin\eta$。即

$$\theta = \arcsin\left(\frac{V_{\mathrm{T}}}{V_{\mathrm{M}}}\sin\eta\right)+q \tag{6-1}$$

导弹转弯结束时，若其弹道倾角满足式(6-1)要求，则为最佳起控条件。

在建立弹上回路控制方程时，除考虑上述要求外，还应考虑导弹的控制品质要求。

二、转弯过程参数要求

合理选择俯仰转弯过程中的有关参数，满足转弯终点参数控制要求，是俯仰转弯方案设计的基本内容。与俯仰转弯过程有关的参数有转弯段加速度、转弯开始时间、转弯速率控制极限、燃气舵最大偏转角等。

以下分析转弯段加速度、转弯开始时间、转弯速率控制极限和燃气舵最大偏转角等参数变化对导弹转弯特性的影响。

1. 转弯段加速度

转弯段加速度的选择实际上是导弹推质比的选择。导弹转弯段往往采用助推器，转弯结束后助推器分离，因此转弯段加速度选择就是助推器推力大小的选择。对于倾斜发射的中远程防空导弹，为了提高导弹的平均速度，减小拦截近界，往往采用大推力助推器，但对于垂直发射导弹，助推器推力过大，导弹转弯时速度大，导弹转弯结束时导弹飞行高度增加，对减少转弯时间及拦截超低空目标是不利的，因此转弯段加速度不宜过大。在相同的转弯开始时间条件下，转弯段加速度小，导弹飞行速度也小，气动舵对转弯贡献小，几乎全靠燃气舵提供转弯控制动力，舵偏角可能出现饱和状态，燃气舵长时间处于饱和状态对转弯程序的快速实现是不利的，这说明包括转弯段加速度在内的转弯段参数不协调，需要进行参数调整。

2. 转弯开始时间

转弯开始时间定义为第一次给出导弹转弯控制指令的时间。转弯开始时间越早，导弹飞行速度越小，就越容易实现弹道的快速转弯，转弯段结束时导弹的飞行高度较低对于拦截超低空目标是有利的。对于其他拦截点来说，快速转弯使弹道不至于过于弯曲，对于减少由垂直发射造成的速度损失是有利的，因此一般应尽早开始转弯。

3. 转弯速率控制极限

转弯速率控制极限是自动驾驶仪的一个回路参数。一般希望转弯速率控制极限有较大数值，以增加导弹俯仰运动的快速性。转弯速率控制极限增加，导弹俯仰角变化快，弹道倾角变化快，转弯结束时导弹飞行高度低，完成转弯的时间短，这些对导弹飞行性能都是有利的。

转弯速率控制极限应与转弯控制动力方案相协调，使转弯控制力矩满足转弯速率控制极限要求。如果在整个转弯过程中所需的角加速度远小于转弯控制系统所能提供的角加速

度，或在整个转弯过程中所需的角加速度均大于转弯控制系统所能提供的角加速度（控制面一直处于饱和状态），则说明转弯速率控制极限与转弯控制动力方案是不协调的。

大的转弯速率控制极限会使导弹转弯段产生较大的攻角，因此该数值的选取应与导弹气动所允许的极限攻角相协调。另外，转弯速率控制极限与导弹姿态参数测量装置的量程应相协调。

4. 燃气舵最大偏转角

对于采用燃气舵转弯的导弹来说，转弯控制力矩是由燃气舵偏转产生的，燃气舵最大偏转角应保证导弹转弯过程中的角加速度要求。在转弯速率控制极限确定的情况下，当最大舵偏角较小时，在转弯过程中舵偏较长时间处于饱和状态，说明对需要的转弯速率和增益来说，燃气舵不能提供足够的转弯力矩；当最大舵偏角增大时，转弯过程中仅有很短时间舵偏为饱和状态，可以实现需要的转弯速率和增益；当最大舵偏角较大时，转弯过程中舵偏不出现饱和。但从转弯弹道来看，舵偏角大，阻力损失增加，对飞行特性是不利的。

三、转弯方案设计

1. 初始瞄准原理

对于攻击活动目标的地空导弹，发射时赋予导弹一定的初始射向和初始姿态，是发射系统的主要任务之一。因此，发射前发射系统要进行必要的初始瞄准。采用以导弹能全方位攻击为特点的垂直发射方式，导弹初始瞄准是由地面设备和导弹共同完成的。

一般来说，地面设备（指雷达系统、指控系统、发控系统、发射装置等）能快速、准确地测量、计算、传输导弹初始瞄准角数据，在导弹接电准备过程中能快速、准确地向导弹装订初始瞄准角数据；导弹发射升空，自动驾驶仪根据记忆的初始瞄准角数据，操纵舵机控制舵面偏转，使导弹转弯进入雷达系统的截获波束。至此，导弹发射后的自主飞行段结束。因此，完成垂直发射导弹的初始瞄准，应首先计算初始瞄准角的问题，也就是由地面设备准确地测量和计算导弹的初始转弯角度。

导弹引入雷达截获波束的目的是随后导弹要在地面雷达引导下进行飞行。对于某些地空导弹来说，在导弹进入雷达截获波束之前，需要保证导弹的初始姿态要求，即在制导开始的瞬间使导弹的飞行速度方向对准计算确定的导弹与目标的遭遇点，使通过导弹第 3 舵和第 4 舵中垂面的 OY_{CB}轴在通过纵轴 OX_{CB}的铅垂面内并指向下方，保证导弹随后飞行的控制基准，如“X”舵面布局飞行要求。考虑到转弯完成后，导弹的纵轴（OX_{CB}）与飞行速度方向的攻角较小，有些也采用导弹的纵轴（OX_{CB}）对准弹目预测早预点，如图 6－11 所示，X_{CB}、Y_{CB}、Z_{CB}分别表示弹体坐标系下的三轴。

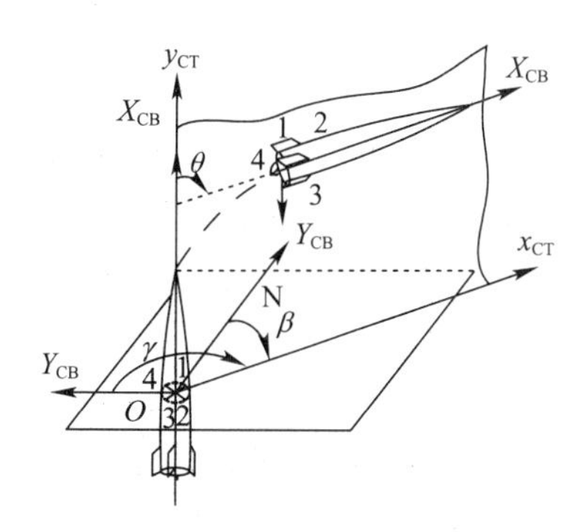

图 6－11　导弹初始偏转角坐标图

2. 初始瞄准角计算

导弹的初始瞄准角是由指控系统的数字计算机根据导弹与目标遭遇点坐标和制导雷达的坐标进行计算的。瞄准角包括方位角和高低角，在水平面内的瞄准角称为方位瞄准角，在铅垂平面内的偏转角称为高低瞄准角。

初始方位瞄准角用 γ 表示，初始高低瞄准角用 θ 表示。它们是在发射坐标系中定义的，该坐标系的原点 O 与导弹的重心重合，通过原点铅垂方向向上为 OY_{CT}轴（因导弹垂直发射，所以 OY_{CT}轴与导弹的纵轴 X_{CB} 重合），原点与遭遇点连线的水平投影线为 OX_{CT} 轴。通过 OX_{CT} 与 OY_{CT}轴的铅垂面称为射击平面。在水平面内导弹的 Y_{CB} 轴转到射击平面的角度定义为初始瞄准角 γ。在射击平面内导弹的 X_{CB} 轴俯仰转到遭遇点方向的角度定义为初始瞄准角 θ。

以典型地空导弹垂直发射车为例，图 6－12 为四联装筒弹处于战斗垂直状态俯视图。图中纵轴表示发射车的纵轴并指向车的后方，N 轴表示大地的正北方向，X_{CT}轴表示射击平面，$Y_{1、2、3、4}$轴表示弹体坐标系的 Y_{CB} 轴。

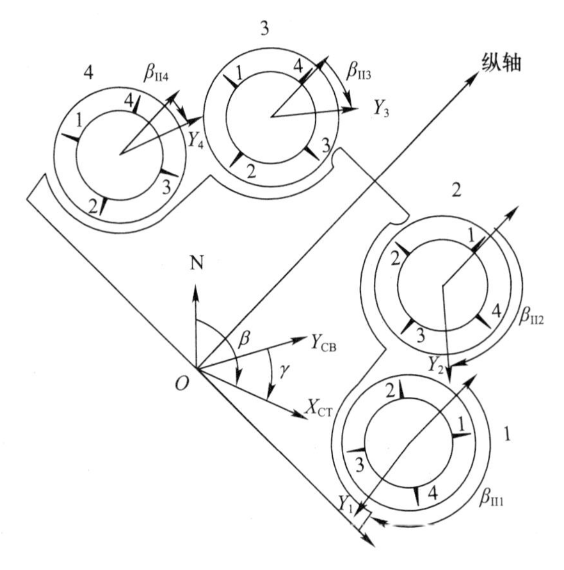

图 6－12　四联装筒弹处于战斗垂直状态俯视图

正北方向与射击平面间夹角，记为方位角 β。导弹在射击平面内铅垂方向与遭遇点方向的夹角，记为高低角 ε。在给导弹自动驾驶仪装订初始瞄准角时，不能直接以 β、ε 的形式装订，还要考虑以下影响因素：

（1）考虑发射装置与制导雷达相对位置的坐标影响。因为发射装置与制导雷达的相对位置是任意的，所以发射装置的位置是通过标定得到的三个方位角 β_1、β_2、β_3 来确定的。β_1 为正北方向 N 与发射车纵轴间的夹角，由计算机系统根据发射装置标定时相对制导雷达的方位角 β_1、β_2、β_3 进行计算，如图 6－13 所示。

在发射阵地中，制导雷达车放在中间，在其周围的 4 个象限的扇形区内，距离制导雷达一定距离配置发射装置。

制导雷达上安装有 4 个用于标定的基准点标志。一般情况下发射装置在 4 个扇形区的配置应满足发射装置标定时能看到 3 个标定基准点标志，以便于采用基本标定方法进行标定。用于标定的设备安装在发射车，以发射车的横轴为基准轴，按顺序测量各基准点的方位角 β_1、β_2、β_3，在标定设备内将标定方位角的角度值传输到指控系统计算机。

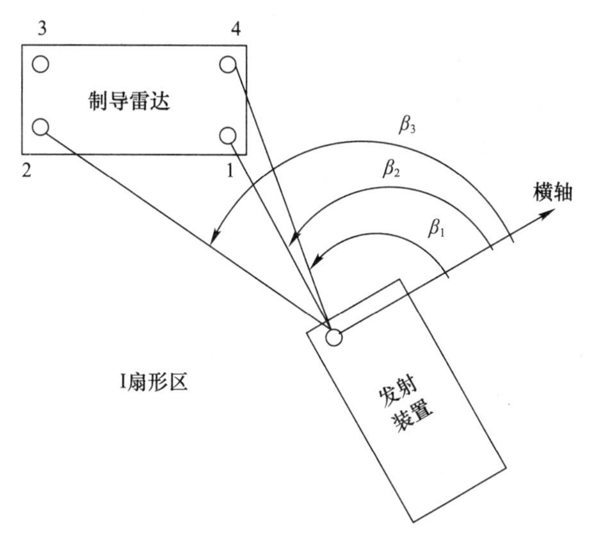

图 6－13　发射装置标定图

（2）导弹相对于发射车纵轴的位置是不同的。一般用结构参数 β_{II} 表示，指导弹的 Y_1、Y_2、Y_3、Y_4（Y_{CB}）轴与发射车的纵轴之间夹角。如图 6－12 所示。对于每一发导弹的 β_{II} 是固定的，提前送到数字计算机系统存储起来。

（3）考虑发射装置的俯仰部分与筒弹战斗状态时不是绝对垂直水平面的影响，其偏差角用 ε 纵向、ε 横向表示。$\Delta\gamma$、$\Delta\theta$ 是对发射装置俯仰部分不垂直度的修正，其修正值与 ε 纵向、ε 横向成正比。图 6－14 为初始瞄准角 γ、θ 修正图。

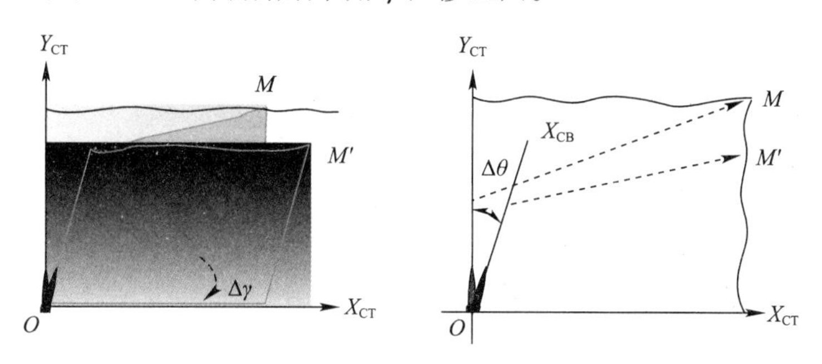

图 6－14　初始瞄准角 γ、θ 修正图

初始瞄准角 γ、θ 的计算公式为

$$\begin{cases} \gamma = \beta - \beta_{\mathrm{I}} - \beta_{\mathrm{II}} \pm \Delta\gamma \\ \theta = \varepsilon \pm \Delta\theta \end{cases} \tag{6-2}$$

3. 方位对准的“倒飞”方案

滚动角的大小和滚动方向，在导弹发射前由发控系统根据目标飞行方位给出。为了进行全方位攻击，并使滚动角转动最小，应正确选择滚动方向并允许“倒飞”，以图 6－15 呈 X 形布局的导弹为例，设 I 为导弹滚动的基准方位，当目标来袭方向在 Ⅱ－Ⅳ 上半部分时，导

弹只需沿顺时针或逆时针方向滚动一个不超过90°的角度即可完成方位对准;若目标来袭方向在Ⅱ－Ⅳ下部,仍以Ⅰ为导弹滚动的基准方位,则导弹的最大滚动角可达180°,这将增加方位对准的时间。如在这种情况下以Ⅲ作为导弹滚动的基准方位,则导弹最大滚动角为90°,这就是所谓的“倒飞”。可见在允许“倒飞”的方位对准方案中,最大滚动角不超过90°即可实现全方位拦截。

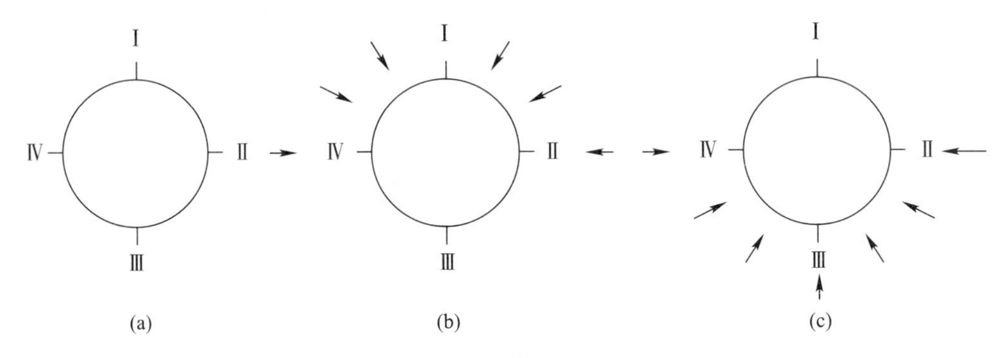

图6－15　“倒飞”示意图

“倒飞”条件的判断是由目标探测系统给出的,假设导弹垂直放置在发射平台上且Ⅰ基准指北,当目标探测系统判断目标来向与Ⅰ基准方向夹角大于90°时,即可发出“倒飞”指令,该“倒飞”指令装订到弹载计算机上,实现导弹的“倒飞”方案飞行。同时,“倒飞”指令也送给制导站,使送出的导弹控制指令改变符号,以实现在指令控制段导弹的“倒飞”。

在导弹垂直发射初始转弯过程中,飞行中方位对准与俯仰转弯可同时进行(边滚边转),也可先滚后转或先转后滚。边滚边转可减少转弯对准段的飞行时间,有利于作战近界,但气动交联影响大,控制系统设计比较复杂。先滚后转的气动交联影响小,但转弯时导弹速度较大,转弯段时间增加。先转后滚同样存在气动交联大和转弯对准时间增加的问题。选择哪种转弯对准方案应结合型号具体情况,在详细分析导弹的气动特性、控制特性、弹道特性基础上确定。转弯与方位对准一般应在导弹起飞后2～3s内完成,由于该飞行段导弹速度低,空气动力远远满足不了导弹转弯和方位对准的快速性要求,因此弹上应有专门用来转弯和方位对准的动力源。

第三节　捷联惯导技术

垂直发射导弹在初制导阶段需要依靠自主导航方式将其引导到制导雷达的截获矩阵内。惯导技术,尤其是捷联惯导技术能够提供导弹的全部导航、制导参数(位置、线速度、角速度、姿态角),是完成导弹初制导的关键技术之一。

惯导系统分为平台式惯导系统和捷联惯导系统。平台惯导系统在早期的航海、航空、航天以及陆用的高精度导航、制导中几乎一统天下。一直到20世纪70年代,随着计算机技术、微电子技术以及控制技术在惯性技术领域的应用,出现了捷联式惯性系统,平台惯导系统受到了强有力的挑战。为了便于理解,本节首先介绍平台惯导系统。

一、平台惯导系统

平台惯导系统的工作原理如图 6－16 所示。取 Oxy 为测量坐标系，载体的瞬时位置为 (x,y) 坐标。如果在载体内用一个导航平台把两个加速度计的测量轴分别稳定在 x 和 y 轴向，则加速度计分别测量载体 x 和 y 轴的相对惯性空间的运动加速度，经导航计算机的运算得到载体的航行速度 v_x、v_y 和瞬时位置 x、y。

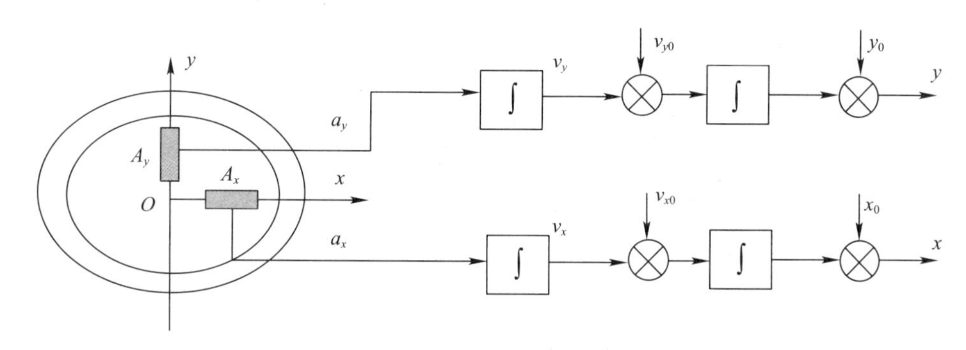

图 6－16　平台惯导系统的工作原理

1. 稳定平台

稳定平台在惯导系统中的作用是支承加速度计，并把加速计稳定在惯性空间，或按导航计算机的指令使其工作在几何稳定状态或空间积分状态。几何稳定状态（又称稳定工作状态）指平台在基座运动和干扰力矩的影响下能相对惯性空间保持方位稳定的工作状态，空间积分状态（又称指令角速度跟踪状态）指的是在与指令角速度成正比的指令电流的控制下，平台相对惯性空间以给定规律转动的工作状态。

下面以单自由度陀螺仪单轴稳定平台为例说明平台稳定过程，如图 6－17 所示。陀螺自转轴、内环轴和平台稳定轴三者相互垂直，其中平台稳定轴是陀螺输入轴的方向，陀螺内环轴也称进动轴，它是陀螺输出轴的方向。假设要求平台绕稳定轴以指令角速度 ω_c 相对惯性空间转动，给陀螺内环轴上的力矩器输入与指令角速度 ω_c 成正比的指令电流 I_c，力矩器产生指令力矩 M_c，沿陀螺内环轴作用在陀螺上。指令力矩 M_c 使陀螺绕输出轴转动，产生转角 β。信号器测得 β 角并转化为电压信号 V_s，通过放大器放大后送给稳定电机。稳定电机产生稳定力矩带动平台绕稳定轴相对惯性空间以角速度 $\dot{\alpha}_p$ 转动，当 $\dot{\alpha}_p$ 的大小达到所需要的角速度 ω_c 时，由 ω_c 造成的沿陀螺内环轴方向的陀螺力矩 M_g 将与同轴的指令力矩 M_c 相平衡。此后，陀螺内环轴的转角 β 不再增大，平台就以 $\dot{\alpha}_p=\omega_c$ 转动，实现平台在空间积分状态下的工作要求。

2. 平台指令角速率

假如平台始终跟踪地理坐标系（通常选东北天坐标系），要求平台系相对于惯性系的转动角速率 ω_{ip} 与地理系相对于惯性系的转动角速率 ω_{ig} 相等，用 i 代表惯性系，p 代表平台系，g 代表地理系。即 $\omega_{ip}=\omega_{ig}$。

平台指令角速率为

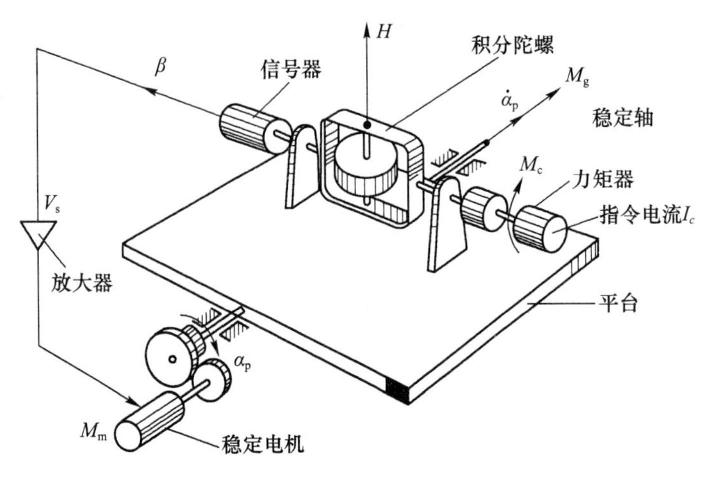

图 6-17　单自由度陀螺仪为敏感元件的单轴稳定平台

$$\omega_{ig} = \omega_{ie} + \omega_{eg} \tag{6-3}$$

式中：ω_{ie}为地球自转角速率；ω_{eg}为地理系相对于地球系的转动角速率。下面分别给出ω_{ie}和ω_{eg}在地理坐标系上的投影。

1）ω_{ie}在地理坐标系上的投影

地理系上的地球自转角速率如图 6-18 所示，由于ω_{ie}与载体所在点地理坐标系的东向垂直，ω_{ie}投影到载体所在点地理坐标系的北和天。

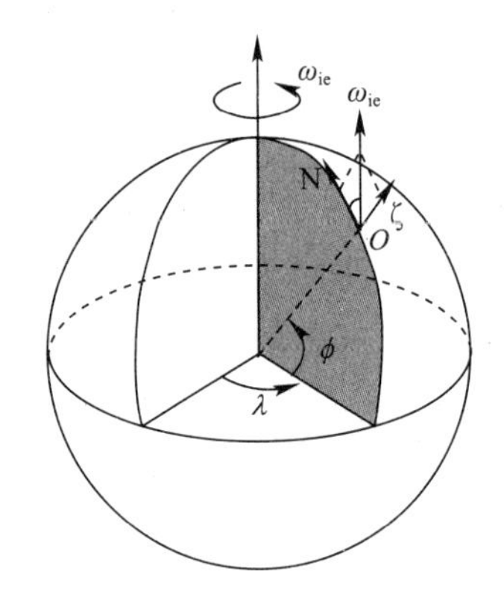

图 6-18　地理系上的地球自转角速率

ω_{ie}在地理坐标系各轴的投影表达式如下：

$$\omega_{ie}^{g} = \begin{bmatrix} \omega_{ie}^{E} \\ \omega_{ie}^{N} \\ \omega_{ie}^{\zeta} \end{bmatrix} = \begin{bmatrix} 0 \\ \omega_{ie}\cos\phi \\ \omega_{ie}\sin\phi \end{bmatrix} \tag{6-4}$$

2）ω_{eg}在地理坐标系上的投影

载体东向速度引起地理坐标系相对地球自转轴转动，如图 6-19 所示。假定地球为球形，载体在地球表面，载体东向速度为v_E，转动半径OO'为$R\cos\phi$，载体东向速度引起的地理坐标系相对地球坐标系转动角速率 $\omega_1 = v_E/(R\cos\phi)$。

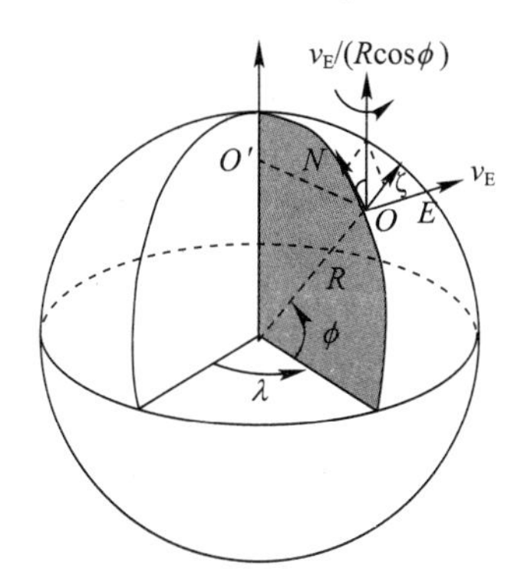

图 6-19　东向速度引起的地理坐标系相对地球坐标系转动示意图

ω_1 分解到地理坐标系为

$$\omega_1^g = \begin{bmatrix} \omega_1^E \\ \omega_1^N \\ \omega_1^\zeta \end{bmatrix} = \begin{bmatrix} 0 \\ \dfrac{v_E}{R\cos\phi}\cos\phi \\ \dfrac{v_E}{R\cos\phi}\sin\phi \end{bmatrix} = \begin{bmatrix} 0 \\ \dfrac{v_E}{R} \\ \dfrac{v_E}{R}\tan\phi \end{bmatrix} \tag{6-5}$$

北向速度 v_N 引起地理坐标系绕 OE' 轴旋转，转动角速率 ω_2 分解到地理坐标系为

$$\omega_2^g = \begin{bmatrix} \omega_2^E \\ \omega_2^N \\ \omega_2^\zeta \end{bmatrix} = \begin{bmatrix} -\dfrac{v_N}{R} \\ 0 \\ 0 \end{bmatrix} \tag{6-6}$$

载体北向速度引起地理坐标系相对地球坐标系转动如图 6-20 所示。

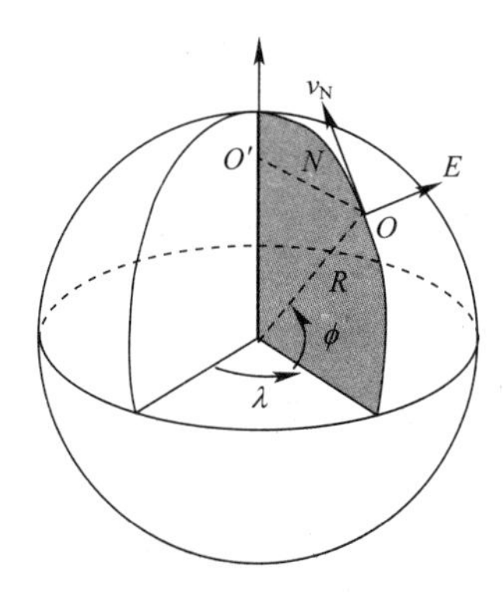

图 6-20　北向速度引起的地理坐标系相对地球坐标系转动示意图

将两个方向速度引起的地理坐标系相对地球坐标系转动角速度合成，得

$$\boldsymbol{\omega}_{eg}^{g}=\begin{bmatrix}\omega_{eg}^{E}\\ \omega_{eg}^{N}\\ \omega_{eg}^{\zeta}\end{bmatrix}=\begin{bmatrix}-\dfrac{v_N}{R}\\ \dfrac{v_E}{R}\\ \dfrac{v_E}{R}\tan\phi\end{bmatrix} \tag{6-7}$$

施加给平台的指令角速度 ω_{ip} 为

$$\boldsymbol{\omega}_{ip}^{g}=\begin{bmatrix}\omega_{ip}^{E}\\ \omega_{ip}^{N}\\ \omega_{ip}^{\zeta}\end{bmatrix}=\begin{bmatrix}-\dfrac{v_N}{R}\\ \omega_{ie}\cos\phi+\dfrac{v_E}{R}\\ \omega_{ie}\sin\phi+\dfrac{v_E}{R}\tan\phi\end{bmatrix} \tag{6-8}$$

3. 速度计算

根据比力方程,假设测量系为地理系(g 系):$f=\dot{v}_{eg}^{g}+\omega_{eg}^{g}\times v_{eg}^{g}+2\omega_{ie}^{g}\times v_{eg}^{g}-g$。

改写为

$$\dot{v}_{eg}^{g}=f-\omega_{eg}^{g}\times v_{eg}^{g}-2\omega_{ie}^{g}\times v_{eg}^{g}+g \tag{6-9}$$

式中:f 为加速度计感受的比力;$\omega_{eg}^{g}\cdot v_{eg}^{g}$ 为测量坐标系相对地球转动引起的向心加速度;$2\omega_{ie}^{g}\cdot v_{eg}^{g}$ 为载体相对地球速度与地球自转角速度的相互影响而形成的哥氏加速度;g 为地球重力加速度(太阳、月球、其他星体忽略)。

通过微分方程求解,可以得到载体相对地表的东向运动和北向运动:

$$\begin{cases}v_E=v_{E0}+\int_0^t\dot{v}_E\mathrm{d}t\\ v_N=v_{N0}+\int_0^t\dot{v}_N\mathrm{d}t\end{cases} \tag{6-10}$$

4. 经度和纬度计算

速度引起的经、纬度变化如图 6-21 所示,东向速度分量 v_E 引起经度变化,转动半径 $O'A=\dfrac{V_E}{R\cos\phi}$,北向速度分量引起纬度变化。

经度变化率和纬度变化率与速度分量关系如下:

$$\begin{cases}\dot{\lambda}=\dfrac{v_E}{R\cos\phi}\\ \dot{\phi}=\dfrac{v_N}{R}\end{cases} \tag{6-11}$$

在已知初始经纬度的情况下,可以求解每个时刻点的经度和纬度。

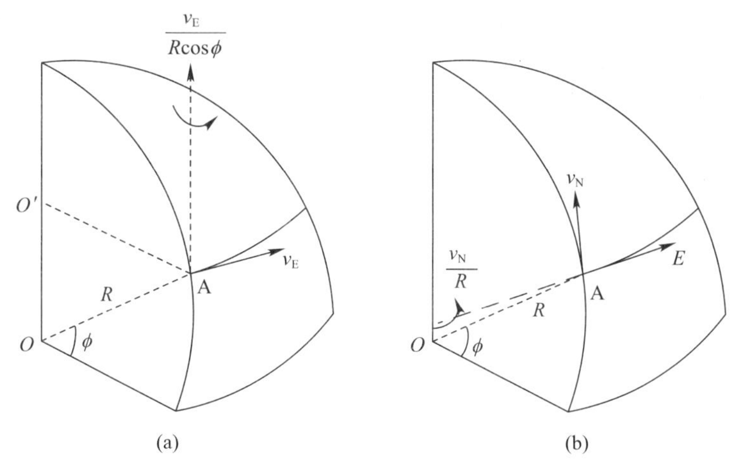

图 6-21 速度引起的经、纬度变化

(a)速度引起的经度变化；(b)速度引起的纬度变化。

5. 基本原理

平台惯导系统原理框图如图 6-22 所示。平台惯导系统的导航加速度计和陀螺都安装在机电导航平台上，加速度计输出的信息，送导航计算机，由其计算航行器位置、速度等导航信息及陀螺的施矩信息。陀螺在施矩信息作用下，通过平台稳定回路控制平台跟踪导航坐标系在惯性空间的角速度。而航行器的姿态和方位信息，则从平台的框架轴上直接测量得到。

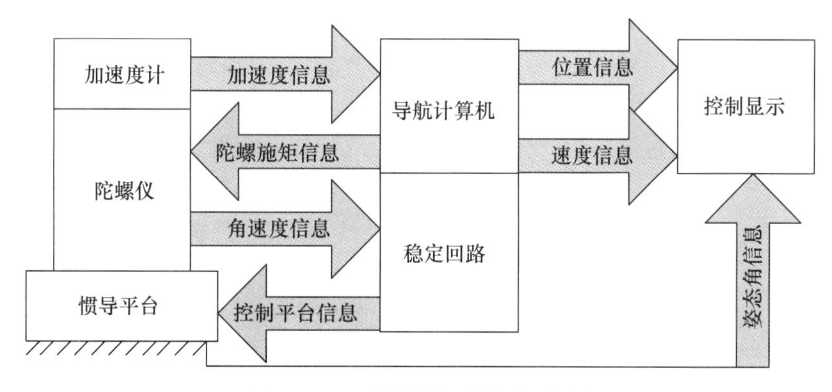

图 6-22 平台惯导系统原理框图

二、捷联惯导系统

1. 捷联惯导系统的基本原理

捷联惯导系统原理结构如图 6-23 所示。捷联惯导系统的特点是没有实体平台，用计算机来完成导航平台的功能，即采用所谓的“数学平台”。捷联惯导系统中的测量元件直接捆绑在载体上，测量元件角速率陀螺仪和加速度计是沿机体系三轴方向安装。加速度计测量的是载体坐标系轴向比力，因为是固连在载体上，所以测得的都是载体坐标系下的物理量,这个比力需要转换到惯性坐标系上,转换的关键是要实时地进行姿态基准计算来提供数学平台,即实时更新姿态矩阵,也称为捷联矩阵或方向余弦矩阵。陀螺仪输出的是载体相对惯性空间转动的角速率在机体系中的投影,利用这个角速率进行姿态矩阵的计算。有了姿态矩阵就可以把加速度计测量的沿载体坐标系轴向的载体的比力信息变换到导航坐标系轴向,然后进行导航计算,同时从姿态矩阵的元素中提取姿态和航向信息。

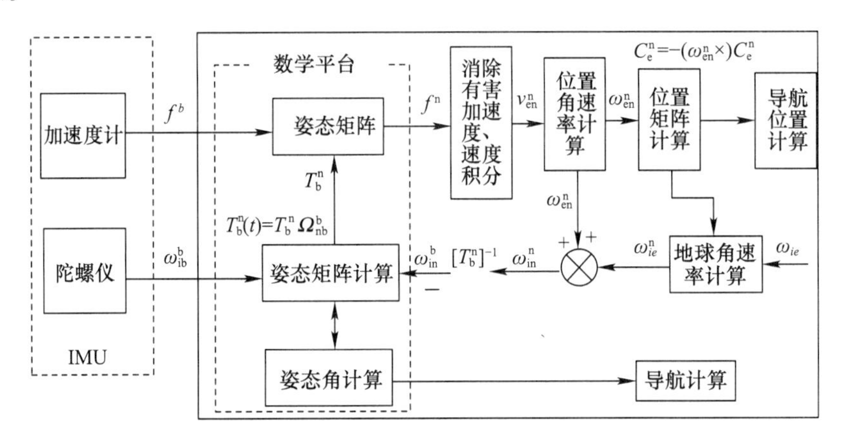

图 6-23　捷联惯导系统原理结构图

解算过程为:线加速度计测得载体各轴相对惯性空间的线加速度 f^b,经姿态矩阵 $\boldsymbol{T}_b^n$ 转换到导航坐标系(n 系,通常选用地理坐标系),得到 f^n,f^n 包括了有害加速度,通过速度方程得到载体相对于地球的速度 a_{en}^n,积分得到载体相对地球速度 v_{en}^n,经过位置角速率计算得到 ω_{en}^n,利用位置更新方程得出载体经纬度,利用姿态更新方程得出载体姿态角。

2. 姿态矩阵的更新计算

捷联惯导系统中,通过姿态矩阵的计算可以给出弹体的姿态,并为导航参数的计算提供必要的依据。由于载体的姿态是变化的,因此姿态矩阵也在不断变化,这就需要对姿态矩阵进行更新。

1)姿态矩阵和姿态角的计算

捷联惯导系统中的姿态矩阵就是弹体系 $Ox_by_bz_b$ 与导航系(如地理系)$Ox_ny_nz_n$ 间的方向余弦矩阵 $\boldsymbol{T}_b^n$。

如果弹体有俯仰、偏航和滚转角时,载体的实际位置可以起始 O 位置(弹体系与导航系相重合)开始,分别绕 y_n 轴逆时针转 ψ(偏航),绕 z_n' 逆时针转 ϑ(俯仰),绕 x_n'' 轴逆时针转 γ(滚转),如图 6-24 所示。

令弹体系 $Ox_by_bz_b$ 转换到导航系 $Ox_ny_nz_n$ 的方向余弦矩阵

$$\boldsymbol{T}_b^n=\begin{bmatrix}T_{11} & T_{12} & T_{13}\\ T_{21} & T_{22} & T_{23}\\ T_{31} & T_{32} & T_{33}\end{bmatrix}$$

根据坐标变换公式,有

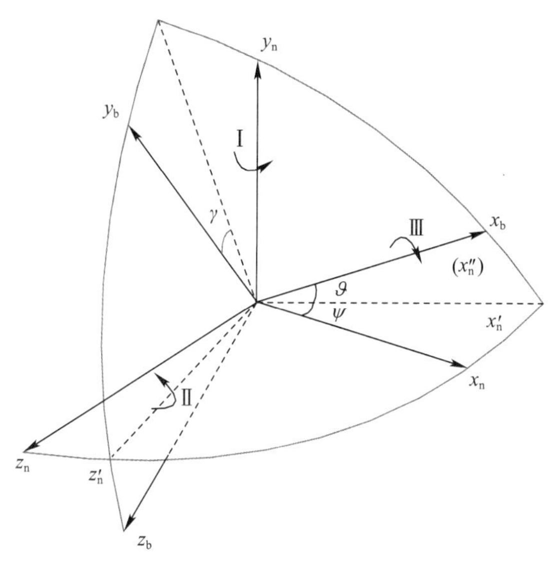

图 6-24　导航系与弹体系的关系

$$\boldsymbol{T}_b^n=\begin{bmatrix}1 & 0 & 0\\ 0 & \cos\gamma & -\sin\gamma\\ 0 & \sin\gamma & \cos\gamma\end{bmatrix}\begin{bmatrix}\cos\vartheta & -\sin\vartheta & 0\\ \sin\vartheta & \cos\vartheta & 0\\ 0 & 0 & 1\end{bmatrix}\begin{bmatrix}\cos\psi & 0 & -\sin\psi\\ 0 & 1 & 0\\ \sin\psi & 0 & \cos\psi\end{bmatrix}=$$

$$\begin{bmatrix}\cos\vartheta\cos\psi & -\sin\vartheta & -\cos\vartheta\sin\psi\\ -\sin\gamma\sin\psi+\cos\gamma\sin\vartheta\cos\psi & \cos\gamma\cos\vartheta & -\sin\gamma\cos\psi-\cos\gamma\sin\vartheta\sin\psi\\ \cos\gamma\sin\psi+\sin\gamma\sin\vartheta\cos\psi & \sin\gamma\cos\vartheta & \cos\gamma\cos\psi-\sin\gamma\sin\vartheta\sin\psi\end{bmatrix}\quad(6-12)$$

方向余弦矩阵 $\boldsymbol{T}_b^n$ 为规范化正交矩阵，即 $(\boldsymbol{T}_b^n)^{-1}=(\boldsymbol{T}_b^n)^T$。

当计算机建立姿态矩阵后，弹体的姿态角便可由 $\boldsymbol{T}_b^n$ 的各元素得到：

$$\begin{cases}\gamma=\arctan(T_{32}/T_{22})\\ \vartheta=\arcsin(-T_{12})\\ \psi=\arctan(-T_{13}/T_{11})\end{cases}\quad(6-13)$$

实际飞行过程中，载体的姿态角 γ、ϑ 和 ψ 是不断变化的，因此，姿态矩阵 $\boldsymbol{T}_b^n$ 各元素也是变化的，需要不断更新（修正）姿态矩阵。

2）姿态速率 ω_{nb}^b 的计算

姿态速率 ω_{nb}^b 是由角速率陀螺的测量值经过处理得到的。捷联惯导系统中，由于陀螺直接固联于弹体上，因此，陀螺测量的信号是弹体轴相对惯性空间（i 系）的转动角速率，以 ω_{ib}^b 表示。ω_{ib}^b 表示弹体轴的绝对角速率，它应该是如下运动的矢量合成，即弹体系（b 系）相对导航系（n 系）的转动角速率 ω_{nb}^b、导航系（n 系）相对地球系（e 系）的运动角速率 ω_{en}^b、地球系（e 系）相对惯性系（i 系）的运动角速率 ω_{ie}^b。这样陀螺的输出应为

$$\omega_{ib}^b=\omega_{ie}^b+\omega_{en}^b+\omega_{nb}^b\quad(6-14)$$

则

$$\omega_{nb}^{b}=\omega_{ib}^{b}-(\omega_{ie}^{b}+\omega_{en}^{b}) \tag{6-15}$$

式中:ω_{en}^{b}为飞行速度引起的位置角速率;ω_{ie}^{b}为地球自转角速率在弹体系上的矢量。

通过导航计算可以得到 ω_{en}^{n} 和 ω_{ie}^{n},使用姿态矩阵 $\boldsymbol{T}_{b}^{n}$ 的逆矩阵 $\boldsymbol{T}_{n}^{b}$,将这两个量由平台系逆投影到弹体系(b)上,则可以得到 ω_{en}^{b}和 ω_{ie}^{b}。

若 $\boldsymbol{T}_{b}^{n}=\begin{bmatrix} T_{11} & T_{12} & T_{13} \\ T_{21} & T_{22} & T_{23} \\ T_{31} & T_{32} & T_{33} \end{bmatrix}$,则 $\boldsymbol{T}_{n}^{b}=\begin{bmatrix} T_{11} & T_{21} & T_{31} \\ T_{12} & T_{22} & T_{32} \\ T_{13} & T_{23} & T_{33} \end{bmatrix}$。

这样弹体系(b 系)相对导航系(n 系)的转动角速率 ω_{nb}^{b}为

$$\omega_{nb}^{b}=\omega_{ib}^{b}-\boldsymbol{T}_{n}^{b}(\omega_{ie}^{n}+\omega_{en}^{n}) \tag{6-16}$$

3) 姿态矩阵的更新计算

即姿态矩阵 $\boldsymbol{T}_{b}^{n}$ 的变化率直接给出:

$$\dot{\boldsymbol{T}}_{b}^{n}(t)=\boldsymbol{T}_{b}^{n}\boldsymbol{\Omega}_{nb}^{b} \tag{6-17}$$

式中:$\boldsymbol{\Omega}_{nb}^{b}$由 ω_{nb}^{b}分量构成,形式如下:

$$\boldsymbol{\Omega}_{nb}^{b}=\begin{bmatrix} 0 & -(\omega_{nb}^{b})_z & (\omega_{nb}^{b})_y \\ (\omega_{nb}^{b})_z & 0 & -(\omega_{nb}^{b})_x \\ -(\omega_{nb}^{b})_y & (\omega_{nb}^{b})_x & 0 \end{bmatrix}$$

初始姿态矩阵 $\boldsymbol{T}_{b}^{n}|_{(t=0)}$ 由测出的弹体初始姿态角 θ_0、γ_0 和 ψ_0 按 $\boldsymbol{T}_{b}^{n}$ 矩阵计算建立,通过数值积分算法可以得到任一时刻的姿态矩阵 $\boldsymbol{T}_{b}^{n}$。

3. 捷联惯导系统的特点

随着电子技术、计算机技术、现代控制理论的不断进步,为捷联惯性技术的发展创造有利条件。硬件方面,新一代低成本中等精度的惯性器件,如压电陀螺、激光陀螺、光纤陀螺、石英加速度计的研制成功,为捷联惯导的飞速发展打下物质基础。元器件中没有传统陀螺的转子式结构,因而具有结构牢固、可靠性高、启动时间短和对线性过载不敏感等特点。在较宽的动态测量范围内具有良好的线性度,是非常理想的捷联惯性测量器件。软件方面,算法编排、误差建模、误差标定与补偿、测试技术等关键技术的不断提高,极大地促进了捷联惯导技术的迅猛发展。

垂直发射的导弹,要求滚动角和俯仰角范围都很大。滚动角范围最大可达 180°,俯仰角变化范围可达 100° ~130°。传统的自动驾驶仪和所用的惯导系统,由于它们的角度工作范围有限,不能满足导弹垂直发射条件的工作要求。现在最理想的选择方案是捷联式惯导系统。这种系统的角度工作范围大,完全能满足导弹垂直发射的要求。它是利用三个二自由度陀螺分别测量弹体的三个角速度,并将测量数据送到弹上计算机进行计算和坐标转换,产生相应的控制指令,使控制舵面按程序动作,实现导弹的滚动和俯仰转弯。

捷联惯导系统的关键技术包括:大量程、高精度的速率陀螺,弹载高速运行的微型计算机,数学模型与程序设计和半实物仿真试验。大量程、高精度的速率陀螺是捷联惯导系统的核心部件。20 世纪 70 年代中期,由于激光陀螺取得了重大技术突破,使陀螺体积和重量大大减小,而且动态范围大、可靠性高、功耗小、反应快。20 世纪 60 年代出现的新型调谐挠性机械陀螺也取得了发展,具有精度适中、结构简单、重量轻、体积小、易加工等优点。这些研究成果促进了捷联惯导技术的发展。高速运行的微机是捷联惯导系统的基础。近年来微机技术的迅速发展,使捷联惯导系统完全能满足战术导弹垂直发射的要求。精确数学模型的建立、计算方法的设计以及实时任务模块程序的编制是捷联惯导系统中最关键的部分,技术难度和工作量都很大。

第四节　推力矢量控制技术

推力矢量控制技术也称推力转向技术,通过控制发动机尾喷流方向来控制飞行器飞行,即可补充或取代常规飞行控制而产生的气动力,来对飞行器进行飞行控制。垂直发射导弹在最短的时间内以最小转弯半径完成程序转弯,使导弹快速转向目标平面。理论与实践都表明,气动控制无法解决这个问题,推力矢量控制是解决这一问题的理想方案。

一、导弹控制方法

导弹的控制方法大体可以分为空气动力控制和推力矢量控制两类。空气动力控制是利用操纵舵翼取得的空气动力来控制弹体的飞行方向和姿态角。而推力矢量控制则是利用改变火箭发动机等推进装置产生的燃气流方向,即改变产生的推力方向来控制弹体的飞行方向和姿态角等,因此称为推力矢量控制。采用气动舵时空气动力必须避免失速,因此舵翼和弹体取得的攻角有极限,而该极限限制了导弹的回转能力。而且,在高空和低速动压低的飞行条件下,产生的升力降低,回转能力下降。利用推力矢量控制的回转因仅用推力,所以回转能力的主要参数是推力的大小、利用推力矢量控制的推力偏转角和弹体的惯性力矩等。因不使用空气动力所以无失速限制,与气动舵相比具有可取大攻角(70° ~90°)进行回转的特征。而且回转能力不受飞行高度限制,所以在飞行初段就可使弹体进入指定航线是推力矢量控制的最大优点,回转能力可大幅度超过气动舵,其缺点是火箭动机燃烧结束时因无推力而不能进行控制。图 6 – 25 为推力矢量控制与气动控制的示意图。

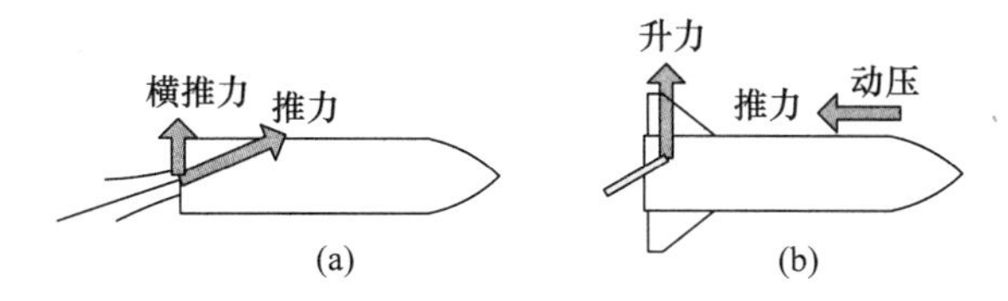

图 6 – 25　推力矢量控制与气动控制示意图

(a)推力矢量控制;(b)气动控制。

推力矢量控制与气动控制比较:

(1) 推力矢量控制仅有推力时工作,气动控制无论有无推力都工作;

(2) 推力矢量控制有无空气都工作,气动控制仅在有空气时工作;

（3）推力矢量控制与速度无关，产生对应推力的横向力，而气动控制产生与速度的平方成比例的升力；

（4）推力矢量控制可以取大功角急回转，气动控制为避免失速，攻角有上限，急回转能力受限。

二、推力矢量控制技术分类

推力矢量控制技术按其使推力偏向的手段不同大体可分为图 6－26 所示的三大类，即可动喷管、二次喷射以及机械导流板推力矢量控制技术。

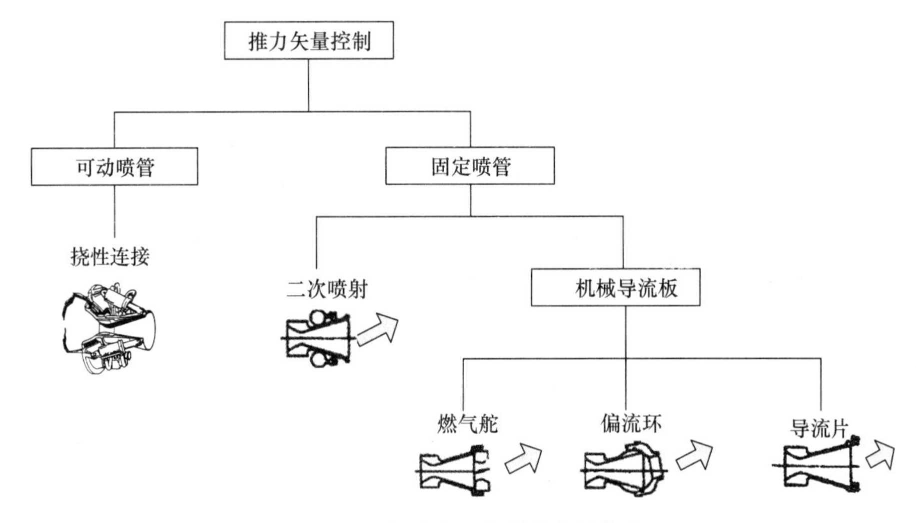

图 6－26　推力矢量控制技术的分类

1. 可动喷管

可动喷管致偏类推力矢量控制装置是指通过伺服机构带动整个发动机或部分喷管摆动，使喷流方向发生偏转，产生所需的侧向力和力矩，包括柔性摆动喷管方式、球窝接头摆动喷管方式、铰接接头摆动喷管方式、液浮轴承摆动喷管方式和常平架摆动喷管方式等。

可动喷管致偏类推力矢量控制装置的控制效率较高，推力损失较小，但发动机喷管连接处必须密封，且所需伺服机构的功率较大，质量和所占空间较大，成本较高，限制了它在小型导弹上的使用。但该种装置在火箭和战略弹道导弹上得到了广泛应用（如“民兵”Ⅰ型导弹、“海神”导弹），在战术导弹上的应用仅局限于昂贵的高性能导弹，如 SM3 舰载拦截弹、THAAD 反导拦截弹。

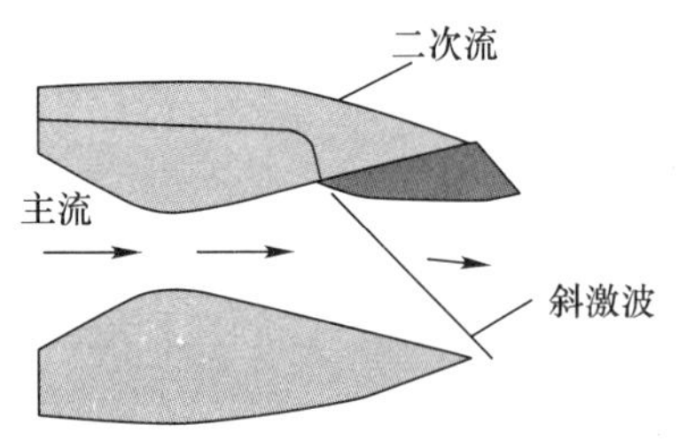

图 6－27　二次喷射推力矢量控制

2. 二次喷射

二次喷射型推力矢量控制装置中，流体通过吸管扩散段被注入发动机喷流，注入的流体在超声速的喷管中产生一个斜激波，引起压力分布的不均衡，从而使气流偏斜，如图 6－27 所示。

二次喷射型推力矢量控制装置主要分为液体二次喷射和热燃气二次喷射两种。液体二次喷射主要是指高压液体喷入火箭发动机的扩散段产生斜激波,从而引起发动机主喷流偏转,但此时会降低主流推力效率。液体二次喷射推力矢量控制装置的主要优点在于其工作时所需的控制系统质量小、结构简单,主要应用于不需要很大喷流偏转角的场合。热燃气二次喷射推力矢量控制装置中燃气直接取自发动机燃烧室或单独的燃气发生器,然后注入扩散段。热燃气二次喷射推力矢量控制装置在高温高压环境下工作,其燃气阀研制非常困难且主发动机燃烧室压强波动较大,固体火箭发动机燃气二次喷射系统如图 6-28 所示。

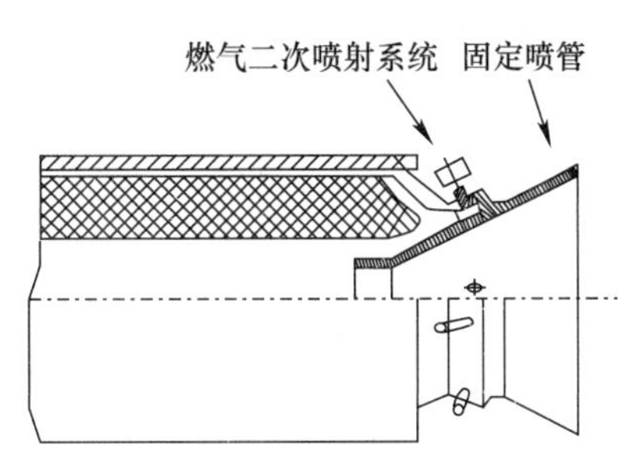

图 6-28　固体火箭发动机燃气二次喷射系统

二次喷射方式虽无推力损失,但必须有贮存喷射流体的贮箱,增大了安装空间。当前,液体喷射技术趋于淘汰,燃气喷射技术仍在验证中。

3. 机械导流板

机械导流板式推力矢量控制通过驱动设置在喷管后部使气流偏向的导流板产生冲击波来改变推力方向。在机械导流板式推力矢量控制中,使用最多的有燃气舵、偏流环和导流片三种。另外,除上述三种方式外,在原理上与上述三种方式近似的派生型还有多种,但实际用例较小。以下简要说明燃气舵、偏流环和导流片这三种方式。

1) 燃气舵

在喷管内部或后方设置 3 ~ 4 片舵翼,通过改变该燃气舵的角度来改变推力方向。燃气舵的优点是不仅可以提供俯仰和偏航控制,也能提供滚转控制,还可以和气动控制共用普通的执行机构,响应时间相对较快;缺点是由于燃气舵片暴露在发动机尾焰中,即使在舵片不发生偏移的时候也会导致一定的比冲损失量,而且对其耐热性能要求很严。燃气舵方式是垂直发射地(舰)空导弹和空空导弹常用的推力矢量控制装置。美国 AM-9X 导弹是一种红外近距格斗空空导弹,其推力矢量控制采用燃气舵方式,如图 6-29 所示。

图 6-29　AM-9X 空空导弹尾部燃气舵

2）偏流环

在火箭发动机喷管后方设置圆筒形导向器(偏流环),可绕出口平面处的喷管轴线上的一点转动,如图6－30所示。利用偏流环的偏转扰动燃气引起气流偏转改变推力的方向。该方式具有可取推力偏向角较大和损失较少的特征,在特性方面也最优,但其要求的伺服力矩比较大。偏流环通常支承在一个万向支架上,可进行俯仰和偏航平面的运动,在要求进行三轴控制时,必须使用多喷管。

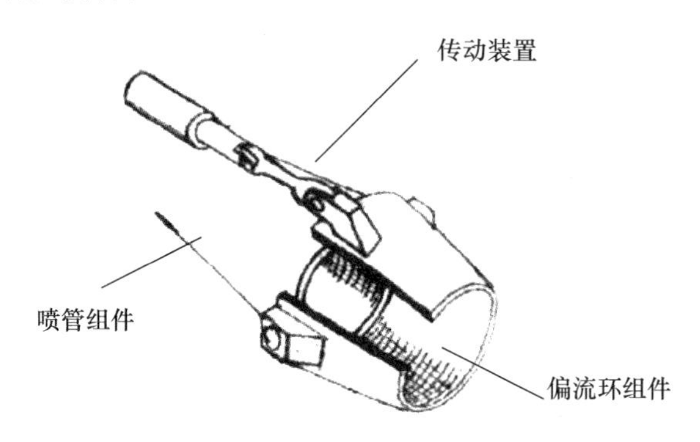

图6－30　偏流环结构

3）导流片

在喷管后方,利用从喷管外侧向其内部进出导流片的方式来改变推力方向。其特征是推力偏向角较小,在进行控制时推力损失较大,在不进行控制时没有推力损失。另外,利用导流片进行三轴控制时也必须使用多喷管。俄罗斯R73空空导弹尾部导流片,如图6－31所示。导流片相对气流形成阻力,有10%左右的推力损失,而且因直接接触高温气体,导流片材料的耐热性是个很严酷的问题。不过其驱动装置质量较轻,传动装置可以小型化,而且安装空间较小。

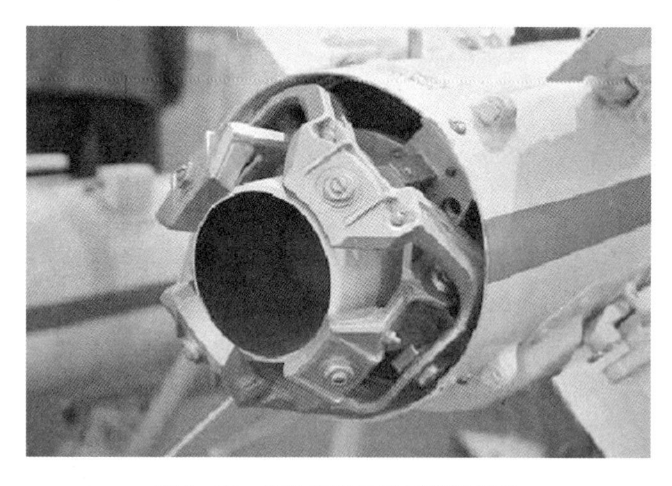

图6－31　R73空空导弹尾部导流片

综上所述,燃气舵、偏流环、导流片三种机械导流板式推力矢量控制在推力偏向角、推力损失和三轴控制性方面比较如表6－1所示。

表6-1　机械导流板式推力矢量控制的特征对比

	推力偏向角	推力损失	三轴控制性
燃气舵	10°以下	约10%(推力偏向角5°时)	单孔喷管
偏流环	20°以上	约5%(推力偏向角5°时)	多孔喷管
导流片	10°以下	10%~15%(推力偏向角5°时)	多孔喷管

随着火箭技术的发展,推力矢量控制技术有了很大的突破。在战略和空间固体发动机中已成功地采用了多种推力矢量控制技术,而对战术导弹,特别是对防空导弹,这些技术从原理上讲都是可行的,关键在于怎样使控制系统体积小型化,质量轻型化。随着防空导弹发展的需要,要求提高精度、提高可用过载、垂直发射、主动段攻击,对推力矢量控制技术的要求日益迫切,也促进了推力矢量控制技术的工程实现。

第五节　大攻角飞行控制技术

垂直发射的防空导弹要求在短时间内由初始垂直状态完成程序转弯,必定导致导弹出现大攻角飞行。大攻角飞行条件下,导弹的空气动力学特性将变得非常复杂,主要表现为非线性空气动力学耦合和参数不确定,依照小扰动线性化分析等常规方法设计的飞行控制系统可能无法满足工程实际的需要。分析大攻角飞行条件下的导弹空气动力学耦合的机理,并探讨大攻角飞行控制解耦策略,对于设计大攻角飞行条件下的飞行控制系统,发展现代战术导弹具有十分重要的意义。

一、大攻角飞行空气动力学耦合机理

导弹大攻角空气动力学耦合主要有两种类型:一种是由导弹大攻角气动力特性造成的;另一种是由导弹的动力学和运动学特性引起的。导弹大攻角飞行气动力特性表现为空气舵面控制交叉耦合、横流诱导滚转和诱导侧向力,以及纵向和侧向气动力交感等方面。导弹的动力学和运动学特性引起的耦合表现为导弹力和力矩平衡方程中变量的相互影响。下面分别就这几个问题进行讨论。

1. 空气舵面控制交叉耦合

导弹大攻角飞行时,弹体上下表面的气流状态是不相同的。如果弹体上下两个舵面作偏航控制,尽管舵面偏转角度相同,但因弹体迎风处和背风处舵面周围气动量的差异,导致两个舵面产生的气动力是不同的。此时,除了产生偏航控制力外,还诱导了不利的滚转力矩;反之,如果上下舵面作滚转控制,尽管舵面偏转角度相同,但因气动量的差异,导致两舵面产生的气动力是不同的。此时,除了产生滚转控制力矩外,还诱导了不利的偏航力矩。随着攻角和马赫数的增大,气动量的差异越来越大,这种气动舵面控制交叉耦合也会越来越显著。

2. 横流诱导滚转和诱导侧向力

导弹大攻角飞行时,空气流流场不仅沿导弹纵轴方向分布,而且沿导弹横向也有分布,如图6-32所示。在横向气流流场中,导弹空气舵(或弹翼)将可能产生一种与滚转角和攻

角有关的空气动力矩。相对横向气流，如果弹体上相邻的两个空气舵(或弹翼)与攻角面的夹角相等，则弹体横截面上产生的漩涡分布左右对称，则左右两边压力分布相同，不会产生使导弹滚转的力矩；如果弹体上相邻的两个空气舵(或弹翼)与攻角面的夹角不等，则流经弹体和空气舵(或弹翼)的横流及压力分布关于攻角面不再对称，此时会形成垂直于攻角面的合力，即诱导滚转力矩、诱导侧向力和使弹轴垂直于攻角面摆动的诱导侧向力矩，攻角面两侧气流越不对称，诱导滚转力矩、诱导侧向力和诱导侧向力矩越大。

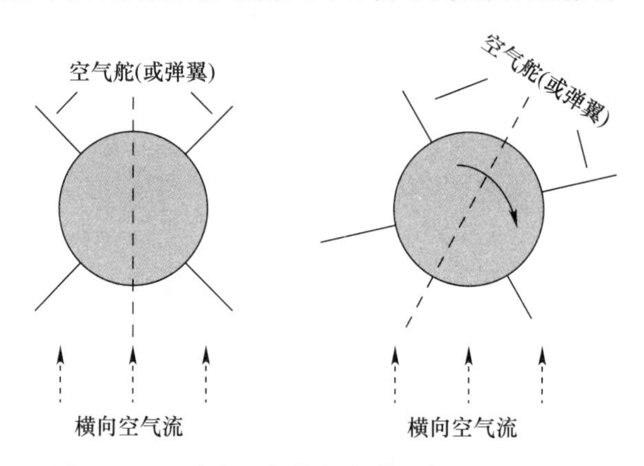

图 6 - 32　空气舵(或弹翼)与横向气流场位置关系

3. 纵/侧向气动力交感

导弹飞行马赫数、空气来流状态，以及导弹局部与空气流相对位置关系决定了导弹弹体、空气舵和弹翼上的空气流分布。由于导弹局部相对空气流位置关系由导弹飞行攻角和侧滑角决定，如图 6 - 33 所示，所以导弹承受的气动力不仅与马赫数有关，还与攻角和侧滑角呈非线性关系，作用于导弹上的气动作用力是飞行马赫数、攻角和侧滑角等多个变量的函数。因攻角和侧滑角反映的是纵向和侧向两个平面内导弹与空气流的角度关系，所以必然存在纵/侧向平面气动力交感现象，这种交感现象在大攻角或侧滑角情况下将变得很强。

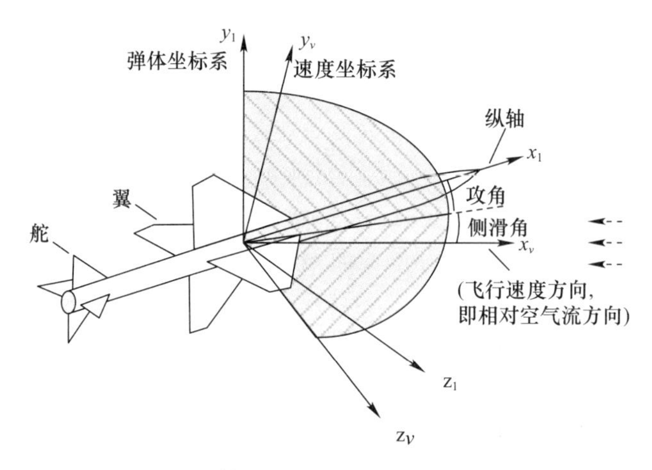

图 6 - 33　弹体相对空气流形成的攻角和侧滑角

4. 动力学及运动学耦合

导弹受力平衡方程中,存在滚转角速度与攻角乘积及滚转角速度与侧滑角乘积两项运动学耦合。当导弹以大攻角或大侧滑角飞行时,运动学耦合对导弹动力学特性的影响较大。导弹力矩平衡方程中,转动惯量与滚转角速度乘积的惯性交叉耦合项将导弹的俯仰、偏航和滚转通道耦合在一起。如果导弹俯仰和偏航通道姿态控制时先进行滚转稳定控制,则这种惯性交叉耦合项对俯仰和偏航通道的影响是很小的;如果导弹在进行俯仰和偏航通道姿态控制的同时存在大角度的滚转,则这种惯性交叉耦合项对俯仰和偏航通道的影响将变得很大。

二、大攻角飞行控制解耦策略

大攻角飞行导弹的空气动力学解耦可以从总体、气动和控制等方面着手解决,从控制角度考虑,主要的技术途径有三个。

1. 引入解耦算法

从抵消大攻角飞行三通道间的交叉耦合项出发,考虑耦合因素的影响程度和建模精度的不同,需采用不同的解耦策略。对影响程度大、能够进行精确建模的耦合项,可采用完全补偿方法,即采用非线性解耦算法实现完全解耦,如动力学及运动学耦合;对影响程度较大、建模精度较高的耦合项,过于复杂的情况下,如有必要,可采用线性解耦算法实现部分解耦,主要目的是防止这种耦合危及系统的稳定性,如纵向和侧向气动力交感;对影响程度较大但建模精度较差的耦合项,可采用鲁棒控制器抑制其影响,也可在总体设计上可通过改变气动外形的方法削弱其影响,如诱导滚转和诱导侧向力;对影响程度较弱、建模精度较差的耦合项不作处理,依靠飞控系统本身的鲁棒性解决。理论和实践证明,对影响程度较弱、建模精度较差的耦合项使用不精确解耦算法的系统比不解耦系统的性能更差。

2. 引入倾斜转弯技术

倾斜转弯控制技术,又称为BTT(Bank - to - Turn)控制技术,是指在导弹飞行过程中,实时控制导弹绕纵轴转动,使其理想的或所要求的法向过载矢量总是落在导弹的对称面内或最大升力面上。与倾斜转弯控制不同,大多数战术导弹在寻的过程中,保持弹体相对纵轴的稳定不动,控制导弹在俯仰和偏航两个平面上产生相应的法向过载,其合成法向力指向控制规律所要求的方向,这种控制方式成为侧滑转弯(Skid - to - Turn,STT)。对于STT导弹,所要求的法向过载矢量相对弹体而言,其空间位置是任意的,而BTT导弹由于滚动控制的结果,所要求的法向过载总会落在有效的升力面上。引入BTT导弹为弹体提供了使用最佳气动特性的可能,并显著提高了导弹的升阻比。按照控制导弹滚动的角度范围不同,BTT导弹有三种类型:BTT - 45°、BTT - 90°和BTT - 180°。如采用BTT - 45°倾斜转弯,使得导弹在大攻角飞行时,其45°对称面对准指令平面,此时导弹的气动交叉耦合最小。这种方案在对地攻击导弹的大机动飞行段、垂直发射地空导弹的初始发射段得到了广泛应用。垂直发射导弹作程序转弯过程中,首先控制导弹滚动,使其对称面内弹体 Oy 轴对准纵向的偏转平面,该过程即采用了BTT - 45°倾斜转弯控制技术。

3. 引入推力矢量技术

推力矢量控制是一种通过控制导弹主推力相对弹体轴向的偏移产生改变导弹方向所需

力矩的控制技术。这种方法不依靠空气舵产生气动操纵力，即使在低速、高空状态下仍可产生很大的控制力和力矩。垂直发射导弹初始转弯的燃气舵控制、反导拦截弹质心周围小火箭发动机提供的直接侧向力控制，都采用了推力矢量控制技术。在大攻角飞行阶段，推力矢量控制方式除比空气舵具有高得多的操作效率外，还为解决空气舵控制带来的气动耦合问题提供了重要的技术手段。大攻角飞行空气动力学耦合中，空气舵面控制交叉耦合、横流诱导滚转和诱导侧向力都与弹体上的空气舵或弹翼有关，引入推力矢量技术可避免空气舵或弹翼结构在大攻角飞行条件下对空气流的影响，从结构上避免了诱导滚转力矩和侧向力矩的出现。

三、大角度机动飞行控制方法

对于垂直发射的导弹，最重要的要求就是导弹发射后在最短时间内以最小转弯半径完成程序转弯。这里介绍利用四元数法建立导弹运动学方程组，解决欧拉角导弹运动学方程组奇异问题。

典型地空导弹的舵面为“X”形布局。定义 $OX'_bY'_bZ'_b$为弹体执行坐标系，O 点为质心，OX'_b与弹体纵轴重合，OY'_b、OZ'_b轴见图 6－34。

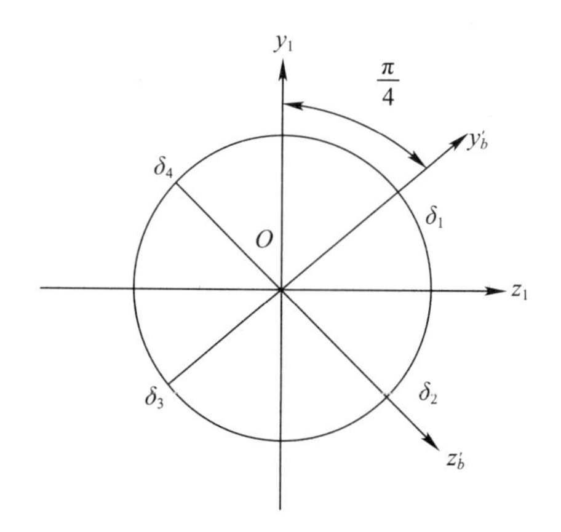

图 6－34　弹体执行坐标系

将导弹运动的方程建立在弹体执行坐标系上，用欧拉角参数建立的导弹绕质心转动运动学方程为

$$\begin{cases}\dot{\vartheta} = \omega_{y'_b}\sin\gamma_1 + \omega_{z'_b}\cos\gamma_1 \\ \dot{\psi} = \dfrac{1}{\cos\vartheta}(\omega_{y'_b}\cos\gamma_1 - \omega_{z'_b}\sin\gamma_1) \\ \dot{\gamma}_1 = \omega_{x'_b} - \tan\vartheta(\omega_{y'_b}\cos\gamma_1 - \omega_{z'_b}\sin\gamma_1)\end{cases} \tag{6-18}$$

式中：ϑ、ψ 以及 γ_1 分别为导弹的俯仰角、偏航角以及滚转角（γ_1 为 OY'_b轴与包含弹体纵轴 OX_b 的铅垂面之间的夹角）；$\omega_{x'_b}$、$\omega_{y'_b}$ 以及 $\omega_{z'_b}$ 为导弹转动角速度在弹体执行坐标系内的

投影。

由方程组(6-18)可见,当导弹垂直发射时,$\vartheta=\pi/2$,方程组奇异。解决此问题用四元数是比较方便的方法,有4个参数,只有一个联系方程,且不退化,同时还可减少三角函数的计算,提高计算速度和精度。

1. 四元数介绍

所谓四元数,是指由一个实数单位1和3个虚数单位$\boldsymbol{i}$、$\boldsymbol{j}$、$\boldsymbol{k}$组成并具有下列形式的数:

$$q=P_0\circ 1+P_1\boldsymbol{i}+P_2\boldsymbol{j}+P_3\boldsymbol{k} \tag{6-19}$$

通常省略1而写成如下形式:

$$q=P_0+P_1\boldsymbol{i}+P_2\boldsymbol{j}+P_3\boldsymbol{k} \tag{6-20}$$

式中:P_0、P_1、P_2和P_3为实数;$\boldsymbol{i}$、$\boldsymbol{j}$、$\boldsymbol{k}$为虚数单位,可看作三维空间的单位矢量。$\boldsymbol{i}$、$\boldsymbol{j}$、$\boldsymbol{k}$满足如下运算公式:

$$\begin{cases}\boldsymbol{i}\circ\boldsymbol{i}=\boldsymbol{j}\circ\boldsymbol{j}=\boldsymbol{k}\circ\boldsymbol{k}=-1\\ \boldsymbol{i}\circ\boldsymbol{j}=-\boldsymbol{j}\circ\boldsymbol{i}=\boldsymbol{k}\\ \boldsymbol{j}\circ\boldsymbol{k}=-\boldsymbol{k}\circ\boldsymbol{j}=\boldsymbol{i}\\ \boldsymbol{k}\circ\boldsymbol{i}=-\boldsymbol{i}\circ\boldsymbol{k}=\boldsymbol{j}\end{cases} \tag{6-21}$$

数P_0是四元数的标量部分,$P_1\boldsymbol{i}+P_2\boldsymbol{j}+P_3\boldsymbol{k}$是四元数的矢量部分。

2. 四元数表示弹体转动的公式

对于四元数$q=P_0+P_1\boldsymbol{i}+P_2\boldsymbol{j}+P_3\boldsymbol{k}$,可以采用如下的表示形式:

$$q=\cos\frac{\theta}{2}+\sin\frac{\theta}{2}\cos\alpha\boldsymbol{i}+\sin\frac{\theta}{2}\cos\beta\boldsymbol{j}+\sin\frac{\theta}{2}\cos\gamma\boldsymbol{k} \tag{6-22}$$

对照q的表达式,有

$$\begin{cases}P_0=\cos\dfrac{\theta}{2}\\ P_1=\sin\dfrac{\theta}{2}\cos\alpha\\ P_2=\sin\dfrac{\theta}{2}\cos\beta\\ P_3=\sin\dfrac{\theta}{2}\cos\gamma\end{cases} \tag{6-23}$$

式(6-23)组成的四元数称为特征四元数,它的范数$\|q\|=1$,以后应用中所遇到的四元数均为特征四元数,统称四元数。四元数可以描述一个坐标系或一个矢量相对某一坐标系的旋转,四元数的标量部分$\cos(\theta/2)$表示了转角的半余弦值,而其矢量部分表示瞬时转轴的方向,这里的$\cos\alpha$、$\cos\beta$以及$\cos\gamma$是瞬时转动轴与参考坐标系坐标轴之间的方向余弦值。因此,一个四元数既表示了转轴的方向,又表示了转角的大小,往往称其为转动四

元数。

对于一个相对原始坐标系 $OXYZ$ 不发生旋转变换的矢量 $\boldsymbol{V}$，$\boldsymbol{V}=x\boldsymbol{i}+y\boldsymbol{j}+z\boldsymbol{k}$，在坐标系发生旋转变换之后，得到新的坐标系 $OX'Y'Z'$，矢量 $\boldsymbol{V}$ 在新坐标系为 $\boldsymbol{V}=x\boldsymbol{i}'+y\boldsymbol{j}'+z\boldsymbol{k}'$，则不变矢量在两个坐标系上的投影分量之间存在如下关系：

$$\boldsymbol{V}_{\mathrm{E}}'=q^{-1}\boldsymbol{V}_{\mathrm{E}}q \tag{6-24}$$

式中：$\boldsymbol{V}_{\mathrm{E}}=x\boldsymbol{i}+y\boldsymbol{j}+z\boldsymbol{k}$，$\boldsymbol{V}_{\mathrm{E}}'=x'\boldsymbol{i}+y'\boldsymbol{j}+z'\boldsymbol{k}$。

将式(6-24)展开，弹体坐标系与地理坐标系之间的转换关系，利用四元数参数，矩阵表示为

$$\begin{bmatrix}x'\\y'\\z'\end{bmatrix}=\begin{bmatrix}P_0^2+P_1^2-P_2^2-P_3^2 & 2(P_1P_2+P_0P_3) & 2(P_1P_3-P_0P_2)\\2(P_1P_2-P_0P_3) & P_0^2+P_2^2-P_1^2-P_3^2 & 2(P_2P_3+P_0P_1)\\2(P_1P_3+P_0P_2) & 2(P_2P_3-P_0P_1) & P_0^2+P_3^2-P_1^2-P_2^2\end{bmatrix}\begin{bmatrix}x\\y\\z\end{bmatrix} \tag{6-25}$$

弹体坐标系与地理坐标系之间的转换关系，利用欧拉角参数表示为

$$\begin{bmatrix}x'\\y'\\z'\end{bmatrix}=\begin{bmatrix}\cos\vartheta\cos\psi & -\sin\vartheta & -\cos\vartheta\sin\psi\\-\sin\gamma\sin\psi+\cos\gamma\sin\vartheta\cos\psi & \cos\gamma\cos\vartheta & -\sin\gamma\cos\psi-\cos\gamma\sin\vartheta\sin\psi\\\cos\gamma\sin\psi+\sin\gamma\sin\vartheta\cos\psi & \sin\gamma\cos\vartheta & \cos\gamma\cos\psi-\sin\gamma\sin\vartheta\sin\psi\end{bmatrix}\begin{bmatrix}x\\y\\z\end{bmatrix} \tag{6-26}$$

根据式(6-25)和式(6-26)两个矩阵的对应关系，比较可得

$$\begin{cases}\sin\vartheta=2(P_1P_2+P_0P_3)\\\tan\psi=\dfrac{-2(P_1P_3-P_0P_2)}{P_0^2+P_1^2-P_2^2-P_3^2}\\\tan\gamma=\dfrac{2(P_2P_3-P_0P_1)}{P_0^2+P_3^2-P_1^2-P_2^2}\end{cases} \tag{6-27}$$

当 $\vartheta=\pi/2$ 时，得

$$\tan(\psi+\gamma_1)=\frac{2(P_2P_3+P_0P_1)}{P_0^2+P_3^2-P_1^2-P_2^2}=A$$

在垂直段，ψ、γ 没有实际意义，所以规定 $\tan\psi=A$。

在采用四元数法时，求解四元数微分方程式：

$$\dot{q}=\frac{1}{2}q\omega \tag{6-28}$$

式中：q 为动坐标系的转动四元数；ω 为旋转角速度，$\omega=0+\omega_{x_b'}\boldsymbol{i}+\omega_{y_b'}\boldsymbol{j}+\omega_{z_b'}\boldsymbol{k}$，按四元数乘积展开上式：

$$
\begin{cases}
2P_0 = -P_1\omega_{x_b'} - P_2\omega_{y_b'} - P_3\omega_{z_b'} \\
2\dot{P}_1 = P_0\omega_{x_b'} + P_2\omega_{y_b'} - P_3\omega_{z_b'} \\
2\dot{P}_2 = P_0\omega_{x_b'} + P_3\omega_{y_b'} - P_1\omega_{z_b'} \\
2\dot{P}_3 = P_0\omega_{x_b'} + P_1\omega_{y_b'} - P_2\omega_{z_b'}
\end{cases} \tag{6-29}
$$

由式(6－29)可见,四元数微分方程式只要解由 4 个一阶微分方程式组成的方程组就可以了。

3. 四元数的积分初值计算

q 为地理坐标系转到弹体执行坐标系的转动四元数,则由 3 个转动四元数由映像方式合成:

$$
q = q_\psi q_\vartheta q_{\gamma_1} \tag{6-30}
$$

式中,$q_\psi = \cos\dfrac{\psi}{2} + \boldsymbol{k}\sin\dfrac{\psi}{2}$,$q_\theta = \cos\dfrac{\vartheta}{2} + \boldsymbol{i}\sin\dfrac{\vartheta}{2}$,$q_{\gamma_1} = \cos\dfrac{\gamma_1}{2} + \boldsymbol{j}\sin\dfrac{\gamma_1}{2}$。

利用四元数乘法展开,当 $\theta = \pi/2$ 时,写成矩阵形式:

$$
\begin{bmatrix} P_0 \\ P_1 \\ P_2 \\ P_3 \end{bmatrix} = \frac{\sqrt{2}}{2} \begin{bmatrix} \cos\dfrac{\psi + \gamma_1}{2} \\ \sin\dfrac{\psi + \gamma_1}{2} \\ \sin\dfrac{\psi + \gamma_1}{2} \\ \cos\dfrac{\psi + \gamma_1}{2} \end{bmatrix} \tag{6-31}
$$

当初始时刻,$\vartheta = \pi/2$,取 $\psi = \psi_{RD}$(目标航向角),$\gamma_1 = \pi/4$,四元数初值变为

$$
\begin{bmatrix} P_{00} \\ P_{10} \\ P_{20} \\ P_{30} \end{bmatrix} = \frac{\sqrt{2}}{2} \begin{bmatrix} \cos\left(\dfrac{\pi}{8} + \dfrac{\psi_{RD}}{2}\right) \\ \sin\left(\dfrac{\pi}{8} + \dfrac{\psi_{RD}}{2}\right) \\ \sin\left(\dfrac{\pi}{8} + \dfrac{\psi_{RD}}{2}\right) \\ \cos\left(\dfrac{\pi}{8} + \dfrac{\psi_{RD}}{2}\right) \end{bmatrix}
$$

思 考 题

1. 地空导弹垂直发射技术有哪些优点?

2. 简述地空导弹垂直发射技术的发展趋势。
3. 捷联惯导技术与平台惯导技术有何区别?
4. 推力矢量控制装置有哪些,各有什么特点?
5. 什么情况下会出现大功角气动耦合?
6. 垂直发射过程中需装定的角度有哪些,如何装定?
7. 如何针对发射装置水平度和垂直度误差,进行初始瞄准角的修订?
8. 地空导弹垂直发射过程分为哪几个阶段?

参 考 文 献

[1] 朱坤岭,汪维勋. 导弹百科辞典[M]. 北京:宇航出版社,2001.
[2] 中国人民解放军总装备部军事训练教材编辑工作委员会. 发射工程学概论[M]. 北京:国防工业出版社,2003.
[3] 陈怀瑾. 防空导弹武器系统总体设计和试验[M]. 北京:宇航出版社,1995.
[4] 王立工. 防空导弹地面设备总体工程[M]. 北京:宇航出版社,1996.
[5] 北京航天情报与信息研究所. 世界防空反导导弹手册[M]. 北京:中国宇航出版社,2020.
[6] 金其明. 防空导弹工程[M]. 北京:中国宇航出版社,2002.
[7] 娄寿春. 面空导弹武器系统设备原理[M]. 北京:国防工业出版社,2010.
[8] 赵承庆,姜毅编. 火箭导弹武器系统概论[M]. 北京:北京理工大学出版社,1996.
[9] 中国人民解放军总装备部军事训练教材编辑工作委员会. 发射技术(上册)[M]. 北京:国防工业出版社,2004.
[10] 周载学. 发射技术(上)[M]. 北京:中国宇航出版社,1993.
[11] 邱志明,王书满,刘方. 舰载通用垂直发射技术概论[M]. 北京:兵器工业出版社,2014.
[12] 于存贵,王惠方,任杰编. 火箭导弹发射技术进展[M]. 北京:北京航空航天大学出版社,2015.
[13] 于本水. 防空导弹总体设计[M]. 北京:中国宇航出版社,1995.
[14] 韩品尧. 战术导弹总体设计原理[M]. 哈尔滨:哈尔滨工业大学出版社,2000.
[15] 吴明昌. 地面设备设计与试验(上)[M]. 北京:宇航出版社,1994.
[16] 邱旭阳,王威. 空天防御发射技术发展研究[J]. 现代防御技术,2011,39(6):52 - 56.
[17] 李喜仁. 防空导弹发射装置[M]. 北京:宇航出版社,1993.
[18] 姚昌仁,张波. 火箭导弹发射装置设计[M]. 北京:北京理工大学出版社,1998.
[19] 高明坤,宋廷伦. 火箭导弹发射装置构造[M]. 北京:北京理工大学出版社,1996.
[20] 郝继光,谭大成,姜毅. 航天器发射技术[M]. 北京:北京理工大学出版社,2020.
[21] 张胜三. 火箭导弹发射车设计[M]. 北京:中国宇航出版社,2018.
[22] 姚昌仁,唐国梁. 火箭导弹发射动力学[M]. 北京:北京理工大学出版社,1996.
[23] 贺卫东,常晓权. 航天发射装置设计[M]. 北京:北京理工大学出版社,2015.
[24] 吕佐臣. 飞航导弹发射装置[M]. 北京:宇航出版社,1996.
[25] 向振文. 导弹发射车液压快速调平与起竖技术研究[D]. 贵阳:中国航天科工集团十院,2015.
[26] 陆作其. 车载雷达车座平台全自动调平系统的设计与实现[D]. 镇江:江苏大学,2009.
[27] 张芳. 高精度平台调平控制系统研究[D]. 太原:中北大学,2008.
[28] 张树冲. NJ307 车载雷达调平控制系统的研究与实现[D]. 南京:东南大学,2010.
[29] 凌轩. 高机动雷达天线车调平系统理论及实验研究[D]. 武汉:华中科技大学,2009.
[30] 沈秀存. 导弹测试发控系统[M]. 北京:宇航出版社,1994.
[31] 王捷生,李建冬,李梅. 发射控制技术[M]. 北京:北京理工大学出版社,2015.
[32] 程武山. 分布式控制技术及其应用[M]. 北京:科学出版社,2008.
[33] 李占英. 分散控制系统(DCS)和现场总线控制系统(FCS)及其工程设计[M]. 北京:电子工业出版社,2015.
[34] 相征. 基于 VxWorks 嵌入式系统的数据通信[M]. 西安:西安电子科技大学出版社,2011.
[35] 张明,张训涛. 计算机测控技术[M]. 2 版. 北京:国防工业出版社,2010.
[36] 庄波海. CPCI 总线发控计算机组合研制[D]. 哈尔滨:哈尔滨工业大学,2013.

[37] 王储．某型号导弹测发控系统研制[D]．哈尔滨:哈尔滨工业大学,2013.
[38] 郭毅．某防空导弹武器系统 CAN 通信设计[D]．南京:南京理工大学,2012.
[39] 赵伟忠．现场总线技术在导弹发射控制系统设计中的应用研究[D]．上海:上海交通大学,2007.
[40] 杜江,付京来,郑建辉．基于测发一体化技术的导弹发射控制系统设计[J]．计算机测量与控制,2010,18(3):605 -607.
[41] 王晓铭,臧晓惠．基于共架发射的通用化发控系统的集成设计[J]．海军航空工程学院学报,2008,23(4):391 -394.
[42] 吴勇英．基于 VxWorks 的导弹模拟器的设计与实现[D]．西安:西北工业大学,2007.
[43] 张志峰．导弹模拟器通用开发平台研制[D]．哈尔滨:哈尔滨工业大学,2013.
[44] 薛尚清,杨平先．现代通信技术基础[M]．北京:国防工业出版社,2005.
[45] 杜尚丰,曹晓钟,徐津．CAN 总线测控技术及其应用[M]．北京:电子工业出版社,2007.
[46] 王廷尧．以太网技术与应用[M]．北京:人民邮电出版社,2005.
[47] 谭大成．弹射内弹道学[M]．北京:北京理工大学出版社,2015.
[48] 袁曾凤．火箭导弹弹射内弹道学[M]．北京:北京工业学院出版社,1987.
[49] 张柏生,李云娥．火炮与火箭内弹道原理[M]．北京:北京理工大学出版社,1996.
[50] 仝建禄,刘少伟,王洁．某型战术导弹弹射器的仿真研究[J]．战术导弹技术,2005,1:63 -65.
[51] 朱明善,刘颖,林兆庄,等．工程热力学[M]．北京:清华大学出版社,2001.
[52] 苏中,李擎,李旷振,等．惯性技术[M]．北京:国防工业出版社,2010.
[53] 杨军,杨晨,段朝阳,等．现代导弹制导控制系统设计[M]．北京:航空工业出版社,2005.
[54] 蔡盛．舰载导弹共架垂直发射方位瞄准系统研究[D]．北京:中国科学院研究生院,2010.
[55] 王永寿．导弹的推力矢量控制技术[J]．飞航导弹,2005,1:54 -59.
[56] 宋亚飞,高峰,何至林．流体推力矢量技术[J]．飞航导弹,2010,11:71 -75.
[57] 李臣明,刘怡昕．转速闭锁对远程弹箭的影响[J]．弹道学报,2010,22(01):45 -48.